心 海 泛 舟

管以东 著

合肥工业大学 出版社

图书在版编目（CIP）数据

心海泛舟/管以东著. —合肥:合肥工业大学出版社,2016.10
ISBN 978－7－5650－2971－4

Ⅰ.①心… Ⅱ.①管… Ⅲ.①心理辅导 Ⅳ.①B849.1

中国版本图书馆 CIP 数据核字(2016)第 221479 号

心 海 泛 舟

管以东 著　　　　　　　　　　　　责任编辑　张惠萍　王钱超

出　版	合肥工业大学出版社	版　次	2016 年 10 月第 1 版
地　址	合肥市屯溪路 193 号	印　次	2016 年 10 月第 1 次印刷
邮　编	230009	开　本	787 毫米×1092 毫米　1/16
电　话	人文编辑部:0551－62903205	印　张	28.25
	市场营销部:0551－62903198	字　数	612 千字
网　址	www.hfutpress.com.cn	印　刷	安徽联众印刷有限公司
E-mail	hfutpress@163.com	发　行	全国新华书店

ISBN 978－7－5650－2971－4　　　　　　　　定价:68.00 元

序

叶一舵

管以东老师邀请我为其新书《心海泛舟》写个序，我欣然应允。这不仅因为他是我好友姚本先教授的弟子，也因为在我看来，他是一名优秀的中学心理健康教育工作者。

《心海泛舟》谈不上是一本真正意义上的著作，它没有严谨的体系，没有太多的"研究"，也没有"高大上"的学术观点，它其实就是一种工作总结，就是一系列心理健康教育活动的汇编。说实话，我从未给这样的书写过序。但是，当我细读这些文字和图片的时候，我还是有些许的感动。我看到了一位中学心理健康教育实践者跋涉的心灵之路，看到了一位钟爱心理健康教育事业的忠诚、热情、执着的心理老师，也看到了一位中学德育工作者的教育情怀。

六年来，管老师利用各种机会谦虚恭敬地和全国名家学者交流学习，积极主动地向全国各地的同行一线老师请教，他把自己成长路上遇到的每一位老师当成生命中的贵人，汲取他们身上的精神养分。在此基础上，他学以致用，学以育人。我们可以看到：管老师的课堂从课上到课下，从学生到家长，从学校到社区，从合肥到安徽乃至到全国的其他一些地方；他积极关注青少年成长的关键阶段，利用开学的入学适应、青春期、考试前后、中高考等关键点设置不同的课程；在心理课堂上，他致力于让每一个孩子和家长感受到尊重和爱，感受到彼此成就、共同成长的幸福体验；他还组建了中国蓝天团体心理联盟。

其实，六年时间不算长，管老师也是心理健康教育战线上的一个"新兵"。他没有什么惊人之举，也谈不上丰功伟绩，但他一步一个脚印，一步一个台阶，用自己点滴的贡献为中小学心理健康教育事业添砖加瓦。中小学心理健康教育需要像管老师这样的钟情者、热爱者和执着者。我相信，如果每个心理老师都有这样的价值取向，都能做出应有的努力，假以时日，不仅能成就自己，也必定能成就中小学心理健康教育事业更美好的未来。

（叶一舵，福建师范大学心理学系教授、博士生导师，中国心理学会认定的心理学家）

名家推荐语

从《心海泛舟》，可以看见管老师凭借其热忱与信念，积极投入、组织一系列的心理健康教育活动，那是一段对学生、家长与老师的心灵之旅！从无到有，建构学校心理健康教育的单位与体制，主动培训老师及家长，创办多元的学生团体心理及亲子活动，落实学生心理课程，循循善诱，启迪学子！管老师更从个人做起，推己及人，将心理健康教育拓展成为地区及全国的重要心理辅导研讨活动，汇聚多年心理专业写成的《心海泛舟》值得您细细深读！

——台湾栗苑里高中　余宗晋

《心海泛舟》记录了合肥市第二十九中学管以东老师六年来的心理专业成长历程，书的内容包括个人成长学习、心理课堂教学以及丰富多彩的心理主题教育及培训活动，展示了一位心理专业老师的成长之路。该书内容丰富、翔实，文字质朴、精练，为有志于提升自己专业发展的心理辅导教师提供了有价值的借鉴和深刻的启示，值得一读。

——上海市七宝中学心理教师　鞠瑞利

这本集子是管以东老师职业追求的一个缩影。不难看出，管老师是个有心的、严谨的且非常热情的人。一篇篇记录，是他不断学习、研修、体悟和奉献的心路历程，其中不乏智慧火花。对年轻的心理辅导者来说，这是一本不错的能带来职业灵感的学习材料。

——常州高级中学　赵世俊

管老师以他独特的人格魅力逐渐成为一线心理老师的明星，这本书是管老师六年来专业化路程的经历，朴实地记录了管老师的学习、工作情况，内容贴近生活、贴近实际，值得一线老师借鉴学习。

——厦门市金尚中学心理中心主任　李远

足见以东一路走来，在学校心理健康教育领域悉心探索践行，擅长积累反思，乐于智慧共享，实为难得，由衷敬佩！让我们合力推进学校心理健康教育工作，守护青春，牵手未来！

——辽宁抚顺二中　白云阁

本书是合肥市第二十九中学管以东老师六年心理辅导专业化发展历程的浓缩，对于在中小学心理辅导工作中迷茫的一些心理老师而言，无疑是一个成功且可供借鉴的专业化之路。

——贵阳一中　袁章奎

目　录

一、成长学习

二、学生心理健康活动

三、心理课堂反思

四、志愿团体辅导

五、教师、家长培训

六、心理教育团队建设

七、班主任心理教育工作

八、心育感悟实录

九、心理教育活动荣誉

十、媒体报道

一、成长学习

参加全国班级心理联盟会载誉而归

　　12 月 3 日，应全国班级心理联盟和江苏省心理协会学校心理分会的邀请，合肥第二十九中学政教处主任、心理辅导中心负责人管以东老师参加了在江苏吴江举行的全国班级心理联盟大会，经过大会的评选，二十九中心理辅导中心荣获了"心理健康教育先进集体"荣誉称号。

　　本次大会由《中小学心理健康教育》杂志社主办，吴江市教育局承办。两天的会议，内容丰富多彩，有南京师范大学傅宏教授的中小学心理健康状况的主题名师论坛，有各地有名的心理辅导中心经验介绍，有幼儿园、小学、初中、高中代表学校心理健康教育参观，还有名师主题工作坊，如：健脑操、学生心理危机干预、团队辅导以及亲子关系教育。

2010-12-07

二十九中参加省教育学会心理学年会载誉而归

2010年12月18日，安徽省教育学会心理学专业委员会2010年学术年会在安庆师范学院隆重召开，作为农民工子女特色学校代表，合肥二十九中应邀参加了本次年会，管以东老师的论文《影响农民工子女心理健康的家庭因素分析及反思》经大会组委会评审，荣获一等奖。

本届学术年会一共两天，第一天上午开幕仪式，安庆师范学院院长致欢迎辞，学会副会长合肥师范学院教授李群做了年度总结发言。紧接着大家共同聆听了安徽工业大学心理健康中心主任王军、安庆师范学院严云堂副教授和合肥八中李妮老师的主题发言。下午大家分大学组和中小学组进行了讨论和经验介绍，管以东老师详细介绍了合肥二十九中作为省内最大的农民工子女特色学校十年来迅猛发展的概况，重点介绍了本学期以来心理健康教育工作的状况。从开展课题研究到组建心理咨询室，从开展个体咨询到团队辅导，从心理讲座到家长学校，从心理橱窗到假日社团，二十九中心理健康教育工作开展有声有色，得到与会同志的一致认可。

晚上和第二天上午与会同志聆听了香港城市大学岳晓东教授的两场《心理咨询简易投射技术》和《心理辅导老师的自我成长》主题报告，从"房树人"投射技术的分析，以及现场心理情景剧辅导，岳教授深入浅出地指导广大心理老师如何自我成长，如何用自己的聪明和才智影响来访者，赢得大家热烈的掌声。在闭幕仪式上，李群副会长对本次年会广大参会者的积极性特别是很多一线中小学心理咨询室工作人员执着的工作态度和刻苦钻研的精神给予了充分的肯定，鼓励广大心理工作者在各自的工作岗位上做出一份应有的贡献，推动安徽心理健康教育事业蓬勃发展。

参加本次心理学学术年会的合肥中小学代表队还有一中、八中、实验学校、三十中、四十五中、六十三中以及马钢实验小学等。

2010-12-19

2011 年安徽社会心理学会第五届年会，我们都在这里

人生最大的幸福和快乐：做自己喜欢做的事情，和自己喜欢的人在一起！

到今天终于慢慢地明白志同道合的真正含义，周末两天的年会刚刚结束，但是心中感慨与欣慰犹在！

每个人在自己内心深处都渴望皈依，都渴望找到属于自己的一片天地，在这片天地我们可以自由起舞。会上又碰到了自己的老师，以及很多新朋友，他们的魅力和学识让我再次感受到在心理专业知识的殿堂里的那份惬意。

范和生教授的儒雅，老会长王邦虎教授的随意平和大师风范；老师姚本先教授的洒脱、风度翩翩、谈笑风生；老师黄石卫教授的谦逊、笑容可掬。

李本和教授深入浅出地讲解了心理学各种理论，引得全场啧啧称赞；孔燕教授的资优学生心理辅导，还有两位同门汪海彬和石升起，算是记住了。

我在大会上也做了讲话，是关于开拓社会资源促进农民工子女心理健康的，不仅是汇报，更是一种呼吁，我强调了我关注对象的重要性，对社会贡献价值的性价比高。并且呼吁现场的很多大学教授关注民工子女的心理健康，引起与会很多教授、社会工作者兴趣，很多老师表示以后要积极联系，建立实验基地，共同携手关爱他们的成长。大会也给我论文一等奖的褒奖。

收获最大的，是把我的妻子引进了社会心理学学会，妻子就一篇《大学语文与大学生心理健康的培养》也作了主题发言，她的发言形式别样，引起大家赞赏不已。

这么多年来，只要我知道的关于心理学方面的会议，我都积极参与，其实一方面是爱好，一方面每次回到组织，都能让自己重新归零，汲取更多的力量和勇气来面对新的生活。爱好心理学，关心全社会的心理健康事业发展，关心我们身边人的心理健康，首先我们自己要健康，先救自己，才能救苍生。

2011-04-20

二十九中制定心理危机干预方案
全方位呵护民工子女健康成长

自2011年合肥二十九中成立心理健康辅导中心以来，"心理中心"的老师们通过咨询、讲座和团体心理辅导、拓展运动、心理电影等多种形式开展心理教育。开学初，还对全校1800名同学建立了心理档案，近日又制定了《合肥市第二十九中学学生心理危机干预工作方案》，做到及早预防、及时疏导、有效干预、快速控制学生中可能出现的心理危机事件，降低学生心理危机事件的发生率，减少学生因心理危机带来的各种伤害，促进学生健康成长。

"方案"中规定各个班级建立心理委员制度，心理委员必须具备以下条件：乐于助人、热心班级心理健康工作，热爱生活、为人乐观开朗、热情诚恳、心理健康状况良好并能善于与人沟通，具有良好的语言表达能力。同时各位老师以及心理委员对班级中存在以下特征的同学要重点爱护：性格孤僻，朋友很少或者几乎没有朋友，很少主动与人交流；家庭情况复杂：单亲、父母重新组合、父母双亡；经济非常困难；长期忍受疾病困扰；情绪长期低沉、抑郁；冲动，暴力倾向严重；有过自杀倾向和言论。

"方案"中特别提出做到保密爱护这些同学，维护学生权益，不得随意透露学生的相关信息，避免加重该生的心理负担。

同时也倡议学校各处室建立支持系统。通过开展丰富多彩的文体活动，丰富学生的课余生活，培养他们积极向上、乐观进取的心态，在学生中形成团结友爱、互帮互助的良好人际氛围。全体教师尤其是班主任老师应该经常关心学生的学习生活，帮助学生解决学习生活上的困难，与学生交心谈心，做学生的知心朋友。班级心理委员对有心理困难的学生应提供及时周到的帮助，真心诚意地帮助他们渡过难关。动员有心理困难学生的家长、朋友对学生多一些关爱与支持，必要时要求学生亲人来校陪伴学生。

2011-04-07

二十九中在全省德育论坛上呼吁
全社会关爱农民工子女

8月15日下午三点，安徽省首届中小学德育教育论坛在合肥清风苑宾馆拉开帷幕，来自全省的280多位中小学德育工作者参加了本次会议。本次大会由安徽省教育厅基教处和安徽青年报共同举办。在为期两天的德育教育论坛大会上，大家聆听了马鞍山红星中学祁永敏校长《学校德育实效性的思考》和阜阳城郊中学白群峰主任的《幸福德育的那些事儿》的报告，报告精彩纷呈，赢得了大家不断喝彩。同时来自全省10所德育工作优秀的学校作了德育工作经验介绍，大家感同身受获益匪浅。在德育论坛交流发言中，合肥二十九中学管以东主任做了主题为"让城市成为家，关爱农民工子女的健康成长"的二十九中德育工作经验介绍，他从当前农民工进城的大潮谈到农民工犯罪率上升的趋势，从城市的繁华谈到农民工生活的困境，呼吁全社会特别是报刊媒体都来关爱这个弱势群体，并积极开展补偿性教育，让他们获得健康成长使他们成为推动城市和社会发展的生力军。管老师从合肥二十九中开展的一系列仪式、感恩教育、责任教育，以及不断开拓社会资源，把教育心理专家请进校园指导学校教育，把退休老校长和有经验的家长请上学校的课堂，同时联系安徽大学、合肥工业大学、中国科技大学等大学生社团走进学校与农民工孩子结对子写信交流，组建蓝天文艺社团，积极开展农民工子女心理健康教育。二十九中在朱维同校长的带领下携手同心，一起营造同在蓝天下共同成长进步的良好氛围，有效地促进了农民工子女的健康成长。安徽青年报的韩阳社长非常关注农民工子女的成长，表示在以后的安徽青年报上进一步关注，并加强对农民工城市生活的正面宣传。

2011-08-17

安徽心理学会年会有感

翻开日历已经是 2012，扑面而来的龙年已经让我逐渐淡忘了过去的 2011，但是不得不重新补写下 12 月 24 日在淮南洞山宾馆安徽心理学会年会概况。

欣喜地又碰到了姚老师、葛老师、桑老师、胡老师，当然还有韦遴和小燕子。

非常钦佩程跃老师创建的金色摇篮，研究潜能的开发，让我不得不对孩子的成长和阶段性的开发有些反思。针对中外教育我们应该给孩子什么？尊重他们的成长需求，全面开发，全面发展。孩子到底需要什么，什么样的教育方式，全面的还是个性化的，我觉得还是融为一体得好。

中午和金融学校两位大姐一起走访了王艳同志的放飞心灵工作室，热情的招待和细心的关照让人流连忘返。淮南因为有你们更精彩！

2012-01-04

有幸遇到潘哥和岳晓东老师

人与人在交流中才能澄清自己，让自己更明白前行的方向和目标。有些人在你身边影响着你，比如你的朋友和家人；有些人通过电视媒体网络影响着你，比如那些名人、古人、大腕。接收积极的影响必然能重新让你吹起前行的集结号，奋力迈向人生新的目标。当然切忌和庸人愚蠢的人及不明事理的人交往，那样也会被同化。其实这个世界也许就是这样，不是你影响了我，就是我影响了你。但是大家都应该朝着积极向上的方向发展，如果方向错了，就会差之毫厘，谬以千里。

周五晚，接到师范学院陈老师电话，说潘哥来了，非常开心。潘哥是我敬重的同学和兄长，不仅是他的学识，而且在学校心理健康教育方面的探索和实践方面也很有建树，他为人谦和、儒雅博学。从第一次见面，到暑假在心理健康教育硕士班学习，然后到吴江参加江苏心理学会活动，寒暑假又一起在师大学习交流，转眼快三年了。经过几年的锤炼，他形成了成熟稳健的校长风范。从他身上我学到了许多东西，如务实、给自己一个明确的定位、朝着既定的目标前行；做任何事，到任何地方，都要做一个有意义的人，做一个对周边有益的人。

岳晓东老师，我已经是第四次听他的课，他一直在课堂上强调心理咨询工作"助人自助"，尤其是他的催眠课程的宣泄疗法，给我很深印象，对我很有教益，我一直在课堂教学中使用，化解学生心中的疙瘩。昨天他在课堂上和我们分享的是他的最近一本书中对三国人物的心理解析，如刘备的戴高帽艺术。他还在现场演绎了和马加爵的对话，特别强调，咨询师要站在对方的立场思考处理问题。同感不等于同意，共情不等于同情。他还和我们一起分享了合肥名人李鸿章大人的心理名言：受得天下百官气，养就胸中一段春。

每个人都在渴望着成长，一种是单打独斗的成长，一种是团队的成长。但是，每个人要从自身做起，作为老师要懂得和学生沟通，与家长交流，和自己的同事和领导沟通，默默进行疏导引导，让周围的人都能找到愉快的感觉。

2012-09-24

二十九中开展校本培训邀请专家做报告

11月26日下午三点半，全体教职工汇聚在二楼会议室，邱先明副校长带领全体二十九中老师共同聆听了合肥师范学院陈宏友副教授的一场《我的舞台很精彩》主题报告，作为本学期开展校本培训的重要内容。

　　陈宏友老师首先向广大老师提出三个疑问：为什么要当老师？愿意当老师吗？怎样当一名老师？带领大家一起反思当教师究竟是为学校、为自我还是为了兴趣。他希望广大老师做好人生的规划，让师生共同成长。陈老师深入浅出地分析老师在教育教学过程中遇到的问题，特别是针对所谓的"差生"，陈老师阐述了改变"差生"能够成就优秀老师的道理。陈老师分析了教育工作中的四类老师：任务型、经验型、专家型和教育家型，呼吁广大老师热爱教育工作，充满激情走上讲台。教师要不断实践总结，并且要积极行动起来，教学相长，不断反思不断成长，坚持不懈。两个小时的报告很快结束，陈老师诙谐聪慧的语言和高深的专业知识不时引来全体老师们的热烈掌声。最后邱先明副校长要求大家积极行动起来，教书育人，迅速成长，成就自己、成就学生、成就教育事业。

2012-11-27

成都快乐的心灵之旅——中国心理教师年会感想

　　这个八月早已期待已久，这个八月让人心情荡漾，这个八月在天府之国，与我可爱的中国心理教师群兄弟姐妹们有一次美丽的心灵约会。

难忘约会

罗家永老师 第一印象：板寸头，睿智，有大胸怀，对人关心体贴。中午在一起吃饭，友谊宾馆旁边巷子里的大排档，也是有滋有味。做起团体活动来，罗老师爆发力很强，一下子把所有人的积极性调动起来，不管是励志的中国人还是可爱的两只黄鹂鸟，还有好玩的石头、猴子、残疾人、神仙游戏，尽在他的掌控中。在三天的学习生活中，他开发的有趣团体游戏和活动操，是我们快乐的源泉，我们在快乐中体会，快乐中拓展，快乐中学习。

黄老师一家 黄老师是位宁静致远的女老师，对于个体咨询的把控和技术的指导，绝对属专家级别。特别是他的老公，令我很感动，三天陪伴支持着我们，做好我们所有后勤的保障和服务，脸上一直挂着灿烂的醉人的笑容。他安排的川味聚餐实在过瘾，川味的泥鳅、鱼和鸭蹼以及兔子肉，都辣得让人流泪。回到合肥还辣有余味。四川人，好样的！

赵世俊老师 他给我的印象极深：他的眼睛、头发、脸上皱纹还有小胡子。他令我佩服，历经人生沧桑，无追求不谈人生，无坎坷不谈人生，无艰辛痛苦不谈人生。

王标小老弟 他是现场的开心果。聪明，思维敏捷，脑瓜中永远装着很多疑问和感触。

尤迎九老师 他来自无锡，是现场的明星，每个人都找他签名赠书。他是迎接九大出生的，很有涵养，很深沉。

李妮同志 一贯语言犀利，观点独到明确，精明干练，是大家敬佩的对象。

王奎小妹 她让我第一次感受到被称为大叔的感觉。她是江西师大的毕业生，很谦虚，很可爱，很聪明，火红的衣服让我记住我们是同门"旭日东升"组合。

惠君大姐 她思维缜密，看上去就是搞科研的，倡导做真人，做真事，对我启发很大，人的一生不就是在求真、求善、求美吗？她让我非常敬佩。

范骏的热情开朗，蔡晓英老师的直爽感性，蔡佳的求知好学，李华平的一腔热血，陈静的温文尔雅，王玲小妹的小家碧玉，李丹的聪颖缜密，张鸣老师的涵养，苏月珍老师的谦逊，刘爱萍老师的笑容可掬，还有罗菲、李艳华、余朝君，最美的你们都印刻在我的脑海中。见到大家如同见到人生的不同风景，不管是春的明媚还是夏的火热，秋的成熟与冬的沉寂。每一个人，每一颗心都如同一颗颗的钻石镶嵌在我的心中，留下了我人生中难忘的美好的回忆。

三天难忘的事

活动场地标准高，成都高新区管委会会议室，人人面前一只话筒，人人随时都可发言。

最后大团圆分享中，大家流露出依依不舍的情怀。蔡小英老师眼角的泪花，李艳华和华平如同亲兄妹的真情，"幸福人生路"游戏中让人捧腹不已，"123 握手"游戏中心中爱的温度不断升腾。

当然最后我也不忘在成都介绍我的家乡安徽，介绍我们可爱的合肥，介绍合肥二十九中，介绍我们开展的心理健康教育工作，分享我们走过的路程和感动的瞬间。

孩子的收获与小惊险

当然孩子也有很大的收获，洋洋和小姐姐每天玩得很开心，我们在里面开会，他们无拘无束在外面玩耍。他们做小推车游戏，他们画画，他们追逐，都是美好的。惊险的一幕就是在地铁站里，我先一步，门刷一下就关上，孩子们还站在站台上，让我吓了一跳。回来时，在火车站下车时，孩子一路狂奔向前，把我们大人丢在后面，直到我们过天桥还找不到孩子，这是第二次惊险。

每个人来到这个世界上，就是一直在寻找心灵的归属，我们从别人的身上才能更准确地了解自己、找到自己。中国教师QQ群这一群人，一群有心的可爱的人！我们在一起！快乐的三天结束了，留下的是一段难忘的美好回忆，每天放松开会，像成都市民一样上班挤地铁，心态确是很欢畅，正儿八经开会，又是如此放松难忘，有感动有欢乐，一段难忘幸福的美好时光。2013年8月！凉爽的成都真美！

2013-08-15

与严介和大师亲密接触

很多大师都有个性，很多大师都有自己独特的魅力。他个性张扬，却有赏识的目光，他向全中国承诺拿出10个亿奖励有个性的青少年。当我斗胆向他提出2014年华佗论剑个性奖学金能否再现合肥时，他承诺可以，而且给我们合肥 200 个名额。他就是大师严介和。他激情四射，他的大胸怀、大智慧、大志气深深感染了我们现场所有的人。我也深受打动，最后总结讲话时，我情不自禁对所有获奖同学祝贺的同时，激发大家努力拼搏：你们 100 名同学都是从全市 100 多万中小学生中精挑细选而来，也许今天你们只是一棵小树，但是相信过了 5 年、10 年、20 年，同学们一定会长成参天大树，形成一片靓丽风景，像今天的严老师、严主席一样为社会做出大贡献，用我们的聪明才智孝顺父母，建设美丽家园、美丽合肥、美丽中国。让家人为我们骄傲，让合肥、安徽因为我们而自豪！同学们加油！

什么是个性？我想就是与众不同，就是你独特的闪光点。个性也是敢于打破常规、超出一般。非常荣幸参加 2013 年合肥华佗论剑个性奖学金颁奖典礼。本次颁奖典礼，从全市中小学中精挑细选的 100 名同学获得了个性奖学金。个性奖学金也是对我们传统教育的叫板，对同质化教育的一种挑战。100 名同学都是"有个性的"，有的同学是科技创新特长生，平素喜欢进行小发明、小创造；有的同学是计算机高手，获得过许多计算机大赛的奖项；有的同学很有爱心，积极参加各项社会志愿者活动。有的爱动脑筋，有的喜欢钻研，有的做事沉稳，有的敢于直言，有的积极乐观……这些各不相同的个性，是我的同学们身上最闪光的地方。

2013-08-20

张日昇老师的教育启示

与其他老师相比，张老师在课堂上非常严格，我们听课的课堂就像小学生的课堂一样，大家都要正襟危坐，容不得半点打瞌睡，更不要说随意走动、讲话、玩手机了。要有违反就要被他的扇子敲打一下脑门，张老师非常讲究师道尊严，上课下课有礼有序！就是大热天，张老师依然西装领带翩翩君子风度！张老师特别讲究信，信任、追随，甚至把很多的心理现象归到佛门和禅宗，对于箱庭，其实我的理解更多的是一种自我鞭策，在做的过程中，不断修正自我，在和别人的比较中，找到自己、定位自己，小玩具却有大智慧。

世界上本无所谓有，无所谓无！当你赋予他生命的时候，世界和眼界就开阔了！每个人对于玩具和场景都有不同的理解，张老师讲究的是彼此分享，关注陪伴和倾听。当然没有任何一种道理放之四海而皆准，一切都是一种工具，需要老师的指导和运用。

张老师在上课中经常提到自己的父母和女儿妻子，研究也好，玩也好。我也日渐体验。其实亲人是我们生命中最重要的一部分，我们在一起，我们是一家人，家人彼此的心理支持，就是我们走向社会的动力源泉，不管在哪，不管怎样，我还有个家；不管受到多大的伤害，家永远是疗养修复中心。亲密无间的家人关系，让我们的生活和生命的家园更加牢固、坚不可摧。

张老师也提到生活精神状态，有时完全可以放松下来，地球依然在转，没有你也可以！

每个人不停地追逐，其实都在寻找，寻找一个真实的自己，我到底该往哪里去？在不断接触千千万万的人的过程中可能从别人身上找到自己，从千万个事情中找到自己适合的事情。

他的目光冷峻，他严格苛刻，他重师道尊严，他很可爱！

2013-08-21

北师大高益民教授做客二十九中
开展毕业班心理减压讲座

11月15日下午3点，二十九中阶梯教室里人山人海，北京师范大学博士生导师高益民教授专门为二十九中300名毕业班学子开展一场心理减压讲座。

高教授这场讲座的主题是"是己自立，勇猛冲刺"。他首先请大家谈谈目前学习压力，然后从生命力的根源取决于人本身谈起，跟全场的同学们一起讲解了人的心理生命力和生理生命力。他列举了很多生动的事例引导同学们正确面对中考，鼓励大家即使面对中考这只老虎，也要迎难而上。高老师诙谐幽默深刻的教育，不时引来热烈的掌声。很多同学现场提问高教授，向高教授请教如何解决自己学习困惑，和父母沟通的困惑，还有很多同学递上了小纸条，高老师都一一耐心解答。最后，许多同学还涌上前来和高教授握手，请他签名留念。

二十九中在推进校园文化建设的进程中一直依托北京师范大学优质教育资源，精心打磨校园蓝天文化，确定"显己以自立，宽人而协同"的包容性，肯定校园文化精神理念，"博爱、刚健、探索、自由"的蓝天精神鞭策着每一个二十九中人不断进取拼搏，奔向美好的未来。

2013-11-18

包河区20所学校参加省首届教育心理学大会

11月30日，安徽省首届教育心理学大会在合肥新世纪大酒店举行，包河区20所中小学50多位心理健康老师参加了本次大会。

本次大会的主题是"心理学与青少年成长环境优化"。会上大家共同聆听了教育部长江学者北京师范大学心理学方晓义教授主题报告"家庭治疗——改变儿童青少年心理行为的新方法"，还聆听了北师大心理学教授姚梅林老师"学习规律视角下的心理辅导"。师范附小的刘燕老师还专门介绍了附小心理健康教育特色工作，刘老师的主题发言是"启迪心灵　明亮人生"。她通过丰富的图片展示了附小的心理课堂、心理拓展、家庭心理辅导以及专家学者进课堂工作，精彩的分享赢得了现场100多位参会老师的热烈掌声，新当选的安徽教育心理学会会长合肥师范学院李群教授对包河区的心理健康教育大加赞赏。

2013-12-02

二十九中积极参加全国班主任培训

为期两天的全国班主任培训会12月1日下午5点在合肥金山银海大酒店落下帷幕，二十九中选派了7位班主任老师参加了本次培训会。

在本次培训会上，大家共同聆听了李镇西老师的"爱心与民主教育"、刘朝升老师的"把成长的主动权还给学生"、郭文红老师的"给孩子留下一抹温馨的记忆"以及潘玉婷老师的四场班主任主题报告。每个老师都用自己鲜活的教育人生路向大家展示了一名班主任老师的精彩人生，他们用自己的青春和激情诠释着教育者浪漫的情怀和高尚的情操。参加培训的七年级班主任老师感慨万千：四场报告让人如沐春风！真正的教育如同一次幸福的人生旅程，带领学生领略人生如此美丽的风景。九年级的班主任贾秀英老师听后这样分享：他们四位老师与其说是教育家，不如说是行者，朴实得和泥土一样，却是如此芬芳，他们用每一天的细节导演自己的致青春。真正的教育就是实实在在，来不得半点虚假。管以东老师一直在拍摄着老师们讲课的每一个精彩的环节，他们每一位都是在用心、用一生去守护着孩子们，在课堂上、在郊外、在操场上与他们一起快乐成长，收获幸福人生。

二十九中一直关注教师和班主任的专业化成长，选派老师到北京、上海、广州、山东等发达教育省市参加各种培训，只要有机会，汤善龙校长便积极鼓励大家参加各种培训，提高自身业务素质。他常说，教师成长才能促进学生成长，学生成长学校才能获得真正的发展。

2013-12-03

难忘的 2013 年社会心理学年会

漫天的大雾没有阻挡我们的步伐，所谓情深深雾蒙蒙。又看到了很多熟悉的面孔，黄石卫老师、孔燕老师、范和生老师等等，还看到了久违的我们的兄弟姐妹，有淮南一中、二中，马鞍山含山中学，我们附小、巢小、50 中、63 中、包河中学、八中的同仁们！

这么多年来，共同的目标让我们的生活更精彩，让我们的人生更丰富。

上午大家一起聆听了来自北京的王俊秀老师深刻的社会心态分析，潘莉教授语言精练、思路清晰的报告，王云飞老师有独到见解的演讲，王世民老师、晋玉老师内容丰富的发言。在下半场活动上，我们的中小学老师们积极踊跃发言：王艳老师汇报了淮南一中已经成为淮南市的未成年人心理辅导站的情况，让人激动人心。她的发言洋洋洒洒，表达了从事心理健康教育让自己和家庭越来越好、事业婚姻更加美满幸福的喜悦心情；二中陶老师谦虚诚恳的态度让人感动；李妮同志对合肥市中小学心理教育的未来前景的展望振奋人心。孔燕老师对于大家的表现非常赞赏，表示要加强对中小学心理健康教育的关注和支持；范和生会长表示，今天会上，学术理论与实践经验进行了一次对垒，对高校的学术研究提出了挑战。

　　最让人欣慰和激动是，我们中小学的力量在社会心理学会中越来越大。不是对垒，而是一种自信和从容！我为你们骄傲，可敬可爱的兄弟姐妹们！

　　这些人，这些事，虽然刚刚过去，但我们在一起，真诚地面对我们的工作和人生，将成为我们人生难忘的美好回忆。虽然雾蒙蒙，我们内心的方向和目标却越来越明晰；虽然是寒冬，但是我们相互依靠、相互温暖，燃烧出熊熊烈火，不仅让人看到我们，而且我们要照亮世界！

　　我未来的梦想是：把快乐带给别人，把信心带给别人，把梦想带给别人。人生旅程不在乎结果，而在乎沿途的风景！不在乎得到什么，而在于我做了什么。和自己喜欢的人做喜欢做的事，让人们因为我的存在而幸福！

　　还要感谢母校合肥师范学院给我颁发了"应用心理学"本科兼职教师聘书，谢谢晋玉老师、陈庆华老师、吴秋芬老师、李群老师和黄石卫老师！你们都是我生命中的贵人，我一定会加油的！

2013-12-09

二十九中开展"做一名快乐、幸福的老师"主题道德讲堂活动

12月11日下午3点30分，二十九中本学期第二期道德讲堂正式开讲，安徽省精神文明建设研究中心副秘书长、安徽演讲学会会长崔跃松老师做客二十九中，开展"做一名快乐、幸福的老师"主题道德讲堂活动。

崔老师从人生的幸福感谈起，要求广大老师尊重每一位孩子，让他们获得尊严，指出自由是人类最美的一朵花。崔老师列举了很多因为家庭教育缺失和老师教育失误而造成的悲剧，警醒大家，并提出教师要用爱和责任为孩子们撑起一片蔚蓝的天。针对大家的工作，崔老师指出我们不要怨天尤人，要改变心态积极面对我们的教育工作。崔老师还列举我们二十九中很多优秀老师的典型事例，引起了现场老师的强烈共鸣。两个小时的精彩报告不时赢得老师们的热烈掌声。百年大计，教育为先；教育大事，德育为先。汤善龙校长一直强调培养教师高尚的师德和高瞻远瞩的眼光，把大学教授请上课堂，把社会名人请进二十九中，把家长请上讲台，让二十九中的课堂丰富多彩，让校园有文化、有品位，让高尚情操和蓝天理念引领着广大老师前行，让孩子们健康幸福成长。

2013-12-12

全国未成年人心理辅导中心任其平主任指导二十九中心理健康教育工作

12月13日下午，全国未成年人辅导中心任其平主任来到二十九中与广大老师开展互动交流，指导大家如何开展心理健康教育工作。

下午4点半，二十九中三楼会议室里热情洋溢，邱先明副校长代表学校热烈欢迎任其平主任，并介绍了学校的历史和发展。心理辅导中心管以东主任汇报了自2010年以来坚持开展心理健康工作的历程以及取得的成绩。紧接着大家纷纷就目前学生中出

现的厌学、进城务工人员子女家庭教育缺失以及青少年叛离问题积极向任主任提问。任主任从马斯洛的需要层次理论谈起，指导大家尊重关爱学生的心理需要，多元评价孩子，让每一个孩子在班级中找到自尊和自信，体验到生命的价值和意义。任主任列举了国内外很多教育事例指导大家如何低层次小步伐提高学生的学习成绩，同时积极发现、发扬孩子的优点，帮助他们健康成长。任主任指出在教育学生的过程中，师生关系、父母关系应该放在第一位置，关系好是教育的基础。任主任指导大家针对我校的进城务工子女，多开展家长学校工作，指导家长如何与孩子沟通交流，针对有心理偏差学生的家长，学校要积极有效重点教育，开展家庭教育治疗，帮助家庭全面成长。短短的一个多小时的交流分享，给在场的班主任和心理辅导老师深刻的启示，包河区屯溪路等中小学的老师也积极参与本次交流研讨。最后邱先明副校长还带领大家一起参观了学校的蓝天心灵氧吧。自2010年学校成立心理辅导中心以来，二十九中的领导一直关注着进城务工人员子女的心理健康教育，通过日常的心理大课堂、心理咨询辅导、心理社团活动、心理小报以及心理阅读和"5·25"心理健康日活动等多种形式进行教育、疏导，同时积极开拓社会资源，把安大、安师大、北师大等全国的心理专家请上课堂开展教育活动，有效地帮助了学生健康快乐成长。

2013-12-13

奇人任其平

有幸和任老师亲密接触，一起分享人生。任老师人如其名，平和、平静，和他在一起便心静如水。他没有和你高谈阔论，始终以欣赏的目光看着你，聆听你，好奇与专注的表情，让你难以忘怀。任老师和恩师姚本先老师是同学，从安师大到安庆师范学院到晓庄，一直不断开拓着属于自己的平台。目前作为陶老师工作站的当家人，他一直坚持每周和青少年面对面开展心理咨询与辅导，他坚信每一位孩子都有自己的闪光点，他从学生咨询到家庭治疗，从改变孩子到改变父母的态度，赢得了每一位来访学生和家长的信任。他可能没有那么热血沸腾，但是平静智慧的目光中充满着信任与安全。

2013-12-15

包河区 30 多位老师参加南京心理健康教育培训

　　4 月 14 日，来自全省 100 多位从事中小学心理健康专兼职教育工作者来到古都南京参加由合肥市特色中小学研究会组织的首届心理健康教育培训会，其中包河区 30 多位老师参加了本次培训活动。

　　上午 8 点，在南京空军第一招待所 7 楼会议室，大家共同聆听了江苏省心理教育名师吴蓉老师的主题报告：《心理教师个人成长》。吴老师指导大家认识自己的角色，认清成长方向，她指出成功的心理教师要有丰富的阅历、扎实的专业训练、良好的自我觉察能力和较强的语言表达能力，以及良好的职业道德。吴老师还以亲子对话、师生对话和家长对话等鲜明的事例指导大家进行共情有效的沟通。下午 14 点，来自南京陶老师工作站的副站长李建军老师专门就《中小学心理健康活动课的设计》给大家上了一节生动的指导课。李老师和大家一起分享了南京市三位心理健康老师的特色心理

课，并从理论上指导大家根据中小学年龄特征分阶段有效开展心理课堂教学。培训期间，大家还参观了南京玄武区心理辅导中心，听取了两节中小学老师的心理课，体验了团体沙盘游戏。来自包河区巢小、卫岗、48 中、64 中、29 中等 30 多位老师也参加了本次培训活动，培训人数居全市各区之首。

南京，行！

连续两天的学习、参观、听课、听讲座、交流讨论，一群人在一起思考着我们的方向。如同看到的那个视频《一颗种子的未来》，每个人都如同懵懂的一颗种子来到这个世界上生根发芽，在大千世界中，寻找着属于自己的方向和未来，不断地阵痛、挣扎，不断地定位。那么心理老师的方向在哪儿？在课堂，在校园，在咨询室，在家长中，还是在社会上？一是有为才有位；二是切实帮助学生和家长解决现实问题；三是要走出咨询室主动出击，解决问题。

再次看到潘哥，听他的课非常自然、亲切，他毫无保留地帮我们分析面临的困境，指出我们该如何应对、走向何方。心理老师的定位是以课堂为载体，面向全体的学生、老师和家长以及社会去努力工作。心理老师不再扮演保驾护航的角色，而应该帮学生添翼飞高。

在玄武高级中学听了两节课，关于记忆和兴趣。吴杨老师首先通过一组数据考验同学们的记忆力，然后分组讨论：怎样记忆更有效？小组的脑力激荡后，再交换锦囊。张燕老师的主题课堂非常有趣，不管是浪漫国度、科技国度、原始生态国度、管理国度还是财富国度，都能让孩子们在选择讨论中不断调整自己，正确认识自己。

2014-04-14

天鹅湖畔畅谈《家庭教育》何去何从

6月22日下午，《新安晚报》、安徽网第一届家庭教育论坛在天鹅湖嘉和苑小学举行，来自全市的12位家庭教育专家和新安晚报社《家庭教育》编辑参加了本次论坛，市教育局宣教处费勇处长和王一斌主任也来指导工作。论坛主题是《家庭教育》何去何从。

"做现代家长，创和谐家庭"，这是家庭教育的主题思想。费勇处长提出了家庭教育重在沟通，他要求家长要学会等待，旨在打造合肥形象的学子；他还提出学校是容忍犯错的天堂。他让我们分享了教子的案例：家长和孩子的一段精彩对话。儿子对老爸说：3岁前听您安排，3岁到7岁你牵着我走，7岁到11岁我开始怀疑你，11岁到15岁和你对着干，15岁到20岁完全不听你话，成家立业后觉得老爸有些话是正确的，40岁后觉得爸爸当初说得太对了。

梁秀梅老师让我们分享了一个孩子的教育案例，针对一个上学迟到的孩子。老师了解到，孩子迟到的原因是他父亲经常晚上带他出去应酬，很晚才回家，第二天早晨便迟起。老师向家长指出，这种做法不妥，家长反而说，你不就是一位老师嘛！家长的态度助长了孩子不写作业的习惯，成绩可想而知。

这个案例不禁让我想到在前天的家长会上，一位当厂长的家长说孩子厌学，我们指出，家长应配合学校做引导工作。家长反而说，上了大学又怎样？很多大学生还不是照样跟着自己初中没有毕业的母亲后面打工！孩子的视野其实在于我们家长的引导！

田建华老师探讨了中国的 8000 万残障人形成的原因，反思不优生优育的恶果。他说，只养不教或者只宠不教、只打不教是不行的，中国家长要尊重、理解、信任、鼓励孩子，培养孩子良好的学习、生活、健体习惯，帮助孩子成长。

殷平主任从《爸爸去哪了》提出了家庭中的彼此友好、相互尊重的重要性。他说，自己买的老版本《三毛流浪记》和妻子买的《小熊》精装版，孩子更喜欢小熊的形象画面和生动图片。

纪念老师作为亲子阅读的倡导者，他细致地让我们分享了在亲子阅读过程中如何升华家庭亲子关系。

王一斌主任也要求《家庭教育》团队联合起来，发挥个人特长，帮解决学生中的实际问题，提升学生家庭教育水平，为 110 万中小学生和家庭提供支援。他特别提出要聚合大家的智慧，拧成一股绳。

我也发表了自己的观点。我觉得家庭教育应从新婚夫妇入手；家庭教育其实是一种预备和准备状态；家庭教育应从平面媒体走向网络论坛。

董雪梅老师也就家庭教育的运营分别从幼儿园、小学、中学和不同方面进行探讨。

费勇处长和杨和宝主任还为我们颁了奖！

家庭教育学校必须重视，势在必行！应多管齐下成就孩子们精彩的人生！

2014-06-22

和 TA 们一起托起明天的太阳

第一次认识张超，认识这一群可爱的人，原来 TA 们如此的热情、真诚、奉献。怀着好奇的心情走进一中，想和郭缨、圆圆老朋友们见见面，一下子被欢乐的小苹果活跃了！被 TA 们的热情激动了！为自己每一个生命精彩而喝彩！为团队共同的目标呐喊！有趣的游戏"桃花朵朵开"、"风中劲草"，让我们重回 16、17 岁的激动兴奋，洋溢在脸上的是灿烂，留在心底的是火红的爱心！

用一种喜欢的水果代替自己的名字，伸手拍一下对方的右背表示打招呼，伸出双手在胸前绕一圈，说一声"好棒"，用一种全新的沟通方式，在最短的时间内，认识更多的人。我给你带来了礼物，我送给你的是爱心，我带给你的是问候！伴随着激扬的音乐声，所有的参与者手搭着肩，欢快地跳起了长龙舞。我们用热情感染你，我们用问候温暖你，我们用祝福融化你，不管你是谁，不管来自何方，放下平时的角色和身份，以平静的心态、平等的身份融入活动，收获真诚、感动、关爱、平等。让我们学会沟通、信任、支持和欣赏。

我们用爱托起太阳，我们共同的太阳，温暖你，温暖我！

2015-03-09

台湾"国学"大师朱荣智先生
做客二十九中家庭教育讲堂

3月27日下午14点，由《新安晚报》主办的"传承家风"主题进课堂活动在二十九中举行，台湾师范大学朱荣智教授应邀为广大家长们做了一场"传统文化与家庭教育"的主题讲座。

朱教授从自己从小的不幸遭遇谈起家庭教育对个人成长的重要性。他指出，每一个孩子要有生气才能争气，只有争气将来才会神气。他首先要求家长们自己要做出榜样和模范，并指出，爱，任何时候都是无法用物质取代的，他希望家长们认识个人生存的尊严、生活品质以及生命价值，家长们付出多少意味着将来收获多少，付出越多生命的价值就越大。朱教授特别强调坚持做对的事情，把对的事情做好！关于孩子成长的标准，朱教授说，在家庭教育中，父母一定不能把孩子的学习当成唯一的事情，要教会孩子懂规矩，培养孩子树立正确的人生观、价值观，朱教授还为大家熟练地背诵《论语》中的经典片段："弟子入则孝，出则悌，谨而信，泛爱众而亲仁，行有余力，则以学文"。针对当前孩子中出现的任性，朱教授指出，可率性但不能任性，作为父母要关注孩子想做的事情和应该做的事情，有时的关心是问，有时的关心是不问，父母要教育孩子懂得苦难是人生的重要宝贵财富，要心平气和地接受现实，认识自己、成就自己、发展自己。

有的家长提出孩子每天都要玩游戏，说了多少次都不听。朱教授指出，父母应该引导孩子发现更有意义的事情，吸引孩子转变注意力。有的家长们提出孩子对学习没有兴趣，对前途丧失信心。朱教授指出，父母要帮助孩子制定合适的目标，让孩子获得成就感，从而产生对学习的兴趣。朱教授最后希望，每一位家长都要对自己、家庭和孩子有信心，为孩子的健康成长做出努力。一个半小时的精彩讲座不时被热烈的掌声打断，大家感觉受益匪浅。二十九中政教处管以东老师还让所有的家长建立微信群平台，及时通过微信传递家庭教育正能量，促进自身学习改变，促进教育方式的转变，为孩子健康成长保驾护航。

2015-03-29

毕业生减压关键是家长自己减压

周末有幸参与八中学生家长沙龙，学习李妮老师主持毕业班学生家长沙龙，让家长们分享自己的解压之道。有的家长想得太长远了，比如工作，比如未来的生活。其实，关注当下最重要。孩子们总是担心自己考不好，对不起父母和老师，背负着歉疚心理走上中高考战场是很难发挥好的水平的。正确的解答可以这样：人生是一场马拉松长跑，途中有很多个坑，很多个坎，中高考只是其中的一个，只要尽力，即使失误家长也要安慰孩子，用合肥话讲"好大事"！要输得起才能站起来。减压还有一种很好的办法就是和孩子侃大山，聊热门话题，聊有趣八卦。还有的家长提出带孩子一起运动，每天在接送孩子的过程中，一个骑电动车，一个跑步，这也是一种很好的陪伴。我们反对家长的陪读，这样本身也是给孩子很大的精神压力，觉得父母都是为了我，搞不好对不起他们；另一方面，对于父母来说，全力以赴必然有输不起的心态。非常认可一个家长的观点，享受和孩子在一起的美好时光，对于我们的生活，最好的方式就是心甘情愿快乐地接纳。陪读家长的心理最让人担心，因为你关注孩子，孩子回家你就像侦探一样，让孩子毛骨悚然。家长务必管住自己的嘴，少说多做，做好孩子的大后方，让孩子感受父母是最坚强的后盾，和父母一起迎接新的挑战。

良好的家庭氛围，温和宽松的成长环境，夫妻恩爱宽容就是给孩子减压的最好礼物，无论外面风雨多大，我有家！

2015-04-12

听郑日昌先生讲毕业生减压

第二次听老先生讲课。郑日昌先生虽然已经退休但是精神矍铄。完全演讲式的课堂没有 PPT，没有任何辅助设施，一个多小时生动的讲演引人入胜，真让人佩服！

老先生首先指出，要想中高考顺利，离不开学得好、状态好、考得好、报得好。首先是如何避免过度的紧张。增强自信是第一位的，多想自己有利的一面，多说积极的话语，多做成功的事情，劳逸结合、张弛有度。有人看到了阳光灿烂，有人看到了天气炎热；有人看到了起风，有人说这是风调雨顺；有人说下雪天冻死人，有人说北国风光无限美好。积极的心理暗示也有很多技巧，比如家长之间的聊天，老是和比自己孩子成绩优秀的家长聊天，很难有成就感，跳不出这个怪圈，皱眉头或者担心霉运往往就会倒霉。其次，老先生现场教大家放松，通过深呼吸、放松肌肉、冥想法、大声宣泄、相互按摩等方式让自己心情舒畅。针对家长对孩子关心过多的情况，老先生提出要尊重孩子的心理需求，需要陪同就陪同，不需要是千万不要像特务一样跟随，那样反而适得其反、帮倒忙。关于考前左右脑的调节，郑老师提出，运动、娱乐、玩耍放松不可缺少。针对考试中心态的调节，郑老师建议，可以采取闭目翻书、先易后难、大胆放弃、深呼吸、搓手微笑等方式。

2015-04-12

假期城郊中学心理拓展

非常荣幸受白群峰主任和文明同学的邀请，到城郊中学参加毕业班心理拓展活动，感受庭院深深的城郊生动教育理念，一方面调动学生的积极主动性，让学生参与学校的管理评价，让学生从跑操中获得心灵的舒展。

再次感受家永老师一分钟鼓掌、一掌同声游戏的乐趣，让学生参与"一封挑战信"活动，大声说出你的姓名，分享弱者失去机会，强者抓住机会，感悟人生中的很多机会，我们应勇对挑战。接着体验神奇的水杯实验，分享心得时让大家依次体悟倒水的感觉、放针的感觉。罗老师随时肯定上台同学的表现，指出，不管是放弃还是尝试，都是挑战与机遇并存；有时遗憾是人生的一部分，要学会突破自我设限。在《明天会更好》乐曲的播放中分享自己的心得体会。有的学生分享潜力很大，需要坚持，不要一下子把所有的能量都拿出来，缺少勇气就错失机会，要敢于面对生活中的挑战。

韦遴科长集风采、帅气、时尚于一体，他以《寻找教育的温暖》被题，从跳楼男孩的"蛋壳效应"到心理老师要营造一个有温室的效应的解说，道出教育把暖的力量传递给学生的意义。

最过瘾的是操场上的拓展活动，从 12、123、1234567 鼓掌集体游戏到班级口号大比拼；从"龙卷风"游戏到动力圈，最后罗老师带领大家一起做手语操，并邀请 10 位同学一起做"不要认为你自己没有用"。台上的同学分享内心感受：我喜欢万众瞩目，我的未来前程似锦！

我笑口常开，好运自然来！我们二十九班是最勇敢的！

城郊中学孩子们积极主动的精神、奋发向上的状态，白群峰主任软软的心、温暖的目光、指挥若定，温文尔雅、幽默风趣，校领导的风范都让我印象深刻。城郊让我内心"加油"一次，注定人生旅程中多一份难忘的美好回忆。

2015-05-04

全国"诚信与法治"大赛主持后感

　　登上昆仑才知道什么叫高峻。全国演讲大赛汇聚一堂，这才明白什么叫高手如云，什么叫山外有山！一直沾沾自喜，曾几何时我荣获全国演讲大赛一等奖，可能是高手没有参加的原因。演讲家们的唇枪舌剑，彬彬有礼，却暗含杀机。第一次主持站在那么多的高手评委面前，一开始真的紧张，慢慢才能从容淡定。我为合肥代言需要豪情，更需要实力，演讲之路，永远在路上！

2015-08-09

听岳晓东老师解析三国人物心理

　　9月19日下午，应邀参加在天鹅湖新城国际会议中心举行的 Dlap 心理实验室创业者联盟启动仪式，会上聆听了岳晓东老师解析三国人物心理。岳晓东老师首先指出决策管理的三大属性：预见性、选择性和风险性。其次逐次分析了曹操、刘备的心理特征。三国时期的三大领导人曹操、刘备、孙权，曹操经历的挫折最多，然而他却最豁达，放情歌唱：何以解忧，唯有杜康，对酒当歌，唯有杜康！而刘备失败后整天痛苦纠结，凭什么我失败、为什么失败、怎么可能失败？岳老师要求每个人都要有自己的压力管理自助餐，小时候开心是本能，长大后开心变成一种技能。领导艺术就是分摊艺术，针对不同的观点，沟通时我们要跟着感觉走，按着想法做。

2015-09-20

跟徐光兴老师学习《精神分析与催眠》

国庆两天，非常荣幸跟徐光兴学习《精神分析与催眠》，了解了影响世界的最大的心理学家之一弗洛伊德的来龙去脉。徐老师深入浅出地分析了心理咨询与家庭与社会系统和支持环境的关系，并介绍了多种心理疗法：绘画疗法，音乐疗法，沙盘、舞蹈、插花疗法。帮你解析你所不知道的梦：梦是对愿望的满足，梦是睡眠的保护者。弗洛伊德认为浮现在脑海中的任何东西，都不是无缘无故的，都具有一定因果关系，借此可挖掘出潜意识中的症结。自由联想就是让病人自由诉说心中想到的任何东西，鼓励病人尽量回忆童年时期所遭受的精神创伤。

最可贵的是徐老师带我们一起解析了很多心理电影《双雄》《催眠大师》《七重天》中的主人公心理。假如我不能上撼天堂，我将下震地狱。心理老师既要学习南海观世音以慈悲为怀，也要学习九华山地藏菩萨以坚韧为性。

感谢徐老师带给我们的是一个精神的视角，从另外一面看待世间人和事。

2015-10-04

解放孩子的时间空间，
把每一天打造得更加精彩

最近一位上初中的小朋友跟我说，多么怀念小学的时光，没有那么多的作业；更怀念幼儿园的时光，不用做作业。很多家长在谈到，当孩子进入初中后，便积极行动起来控制孩子的时间，让他们专心致志搞学习，所有业余爱好一律封锁，甚至运动也减少，然而往往事与愿违。玩的时间控制了，但是孩子的学习效率没有明显提升，反而出现磨洋工的现象。有的孩子说，整天就是学习、学习、学习，一点意思都没有。是的！假如生活的乐趣都没有了，学习究竟有何价值？难道我们要用"十年寒窗无人问"的老祖宗教条来要求今天的孩子？这一祖训，不仅过时，而且扼杀孩子的天性以及生活的热情。遥想古代的文人，尚且琴棋书画样样精通，何况今日之少年。任何一个人都不是单纯的个体，而是身心综合体。任何一个孩子都需要得到身心的满足。家长要让孩子活在当下，生活的每天充满乐趣，让孩子每一天都有新鲜感，对未来充满希望。陶行知先生说：要解放儿童的头脑，使他们能想；要解放儿童的双手，使他们能干；要解放儿童的眼睛，使他们能看；要解放儿童的嘴，使他们能谈；要解放儿童的空间，不把孩子关在笼子里，使他们能到大自然、大社会中去扩大眼界，取得丰富的社会知识；要解放儿童的时间，不把他们的功课表填满……不要学少爷小姐，不要把手插在裤兜里，自己的事要自己干，衣服要学洗，破了要学缝，烧菜弄饭都要学，还要扫地抹桌，有益的事都要做。

2015-10-11

朴实无华教育界精神领袖魏书生

魏老师朴实如同泥土，他把自己比作文竹，没有华丽，只有清新高直。听魏老师的课能让人精神得以解脱，能激发我们拥抱自己的教育生涯，做好一辈子规划、一年的计划、一天的安排。教育本身就是条条大路通罗马，而非自古华山一条路。芸芸众生要有生存的责任，品尝生存的快乐。自强不息，向内发力，向上生长，不做发牢骚、说坏话、吹凉风的人。当老师要把一件件小事做好，咬定青山不放松，任尔东南西北风。现实生活中，很多人老是关注别人的地，而荒废自己的田。教育是平凡的岗位，关键是培养孩子读书的习惯、写日记的习惯、批改错题的习惯、自己当家做主的习惯。把一件小事做实、做细，挖掘践行传统教育中的有教无类、寓教于乐、教学相长等教育思想。记住魏老师的松、静、匀、乐，以一颗平常心、快乐心面对周围的人和事情，自己天天开心、日子洒脱。

2015-11-05

追逐，但不忘自由飞翔

——邂逅张文质老师

追逐，但不忘自由飞翔，这是聆听张文质老师《做一个有思考力的教师》讲座的感悟。

我们是否已经没有时间思考人生和事业，是否整日上头千条线、下面一根针，长期处于急速运转的状态，没有闲暇去整理思绪，忘记了人生的最终归宿。成功教育的界定是学业的成功还是阶段性成功？我们应该始终是一个追赶者，但不忘自由飞翔。

我们培养了很多优秀的孩子，同样也培养了很多所谓的失败的孩子，教育没有最好的，只有合适的。教师要培养孩子的自主性、能动性，要帮助学生学会自主管理。教师是引导者、协助者、促进者。孩子的成长不仅需要我们的鼓励，更需要我们平心静气地引导。

为什么许多教师的孩子难出高才生？是否这些教师自己整日生活在焦虑、紧张、斤斤计较的心态中。教育孩子首先要喜欢和孩子在一起。心阅四方、泛舟书海、相聚阳光。张老师指导我们全科阅读、全员阅读、全空间阅读，不管是父性思维还是母性思维，读书能让我们睿智心善。幸福和优秀之间不是选择其一的关系，幸福肯定会优秀，优秀却不一定幸福。

2015-11-07

聆听柯茂林老师心理讲座的心得

柯老师说，过度关爱是一种伤害，过分关心成为负担。老师对学生的过分关注，夫妻之间过分关注，都会成为被关注对象的负担。

心理疾病专门欺负好人和追求完美的人。好人常常压抑自己，追求完美的人总是苛求自己。

柯老师还说，要分清早恋与异性交往，可能是亲情缺乏；学生需要呵护，亲情不够往往导致早恋。

柯老师嘱告我们，要注意各种心理危机的征兆：性格变化判若两人，频频发呆魂不守舍，举动反常，幻觉妄想，都不可轻视；一些无意识举动往往预示危机信号，如咬嘴唇、掐嘴唇预示内心压抑，掐手、捏颈、顿足捶胸，反映了情绪稳定。鸟之将死，其鸣也哀；人之将死，其言也善。关注学生无意识动作，是我们洞察学生心理的重要切入点。

2015-11-07

孩子生命的质量取决于家庭生活质量

11月10日走进桂花园与广人心理同行聆听陈纪纲老师"家庭教育系列谈"。

父母决定着孩子发展的方向，父母决定孩子究竟能走多远。新时代的父母要从衣食父母角色走向智慧，从批评说教走向情感交流。孩童时代的孩子如果缺少拥抱抚摸，长大以后就会皮肤饥饿，缺少体感和情感。母亲要为孩子创造无条件抱持的环境。父母首先要学会闭上嘴，以行动唤醒孩子的体感；其次，孩子需要关注的视线、表情和声调。外向和内向妈妈的最大差异就是能否及时给予孩子情感的回应。母亲陪伴，在场而不上场，鼓励孩子走向父亲。母爱对孩子的影响在于让孩子增强经营情感获得幸福的能力，增强对人际关系的信任感，能与他人建立良好关系。

父爱的力量，在于为孩子成长提供良好的示范。父亲要与孩子亲热、平等，常和孩子一起做游戏，一起探索未知的世界。培养孩子做事认真负责等良好的行为习惯，不论孩子做得如何，都要给以鼓励。善于喝彩方能出彩，要培养孩子的胆略、坚韧性格和获得成功的能力。向人求助也是一种能力。也应该训练、培养。

替孩子做主的最终会害了孩子，最终会出现"醉酒男"，"大逆不道之子"，"杯砸母"。

生命的质量取决家庭而非学校。父母要关注孩子的未来。孩子只关注父母当下的情绪，父母的淡定从容就是教育孩子最好的良方。

以上是陈纪刚老师教导我们的。

2015-11-10

听冯永熙、潘月俊两位老师解读学困生心声

11月21日，全国教师学会学校心理分会为期三天的学业能力促进和学困生主题研修班在合肥五十中西区举行。冯永熙老师在讲座中指出，学生的学习差异是客观存在的，导致学生学习差异的主要因素有：学习能力，学习速度，学习动机与兴趣，学习基础，学习习惯，学习适应，学习策略，学习情绪情感等。他强调运用积极心理学的理念调动学生的自我追求的信心和理念：我想了解自己，接纳自己；我想制定合适的学习目标，我想学会评价自己；我想让大家喜欢我；我想学习可以更有趣，我想生活过得更快乐；我想学会解决成长中的各种问题；我想未来更精彩。

　　潘月俊老师在讲课中首先指出教师的课下辅导和让学生上补习班的弊端。他说，正常上课和课下辅导如同在饭店吃饭，大厅用餐和包厢用餐，其实菜肴味道一样，关键在于能否吸收营养。他针对当下很多教师不会教学生怎样学习，只是一味提要求的现状，提出可以从明白道理、掌握方法、提升信心、激发自尊、宣泄情绪等方面入手。他说，教师教学要从关爱学生的心理入手，进而让学生亲其师信其道。潘老师还讲解了很多训练学生有效学习的方法。他提出个人的辅导理念：每一个的孩子都是向善的。孩子们都想父母以他们为荣，取悦父母及成人，被社会团体接纳为一分子，积极参与他人的活动，学新事物，令他人感到惊奇，说出自己的意见与选择，有机会时能自己做决定。一个人要想改变另一个人，首先要改变自己。

2015-11-22

同课异构《考后心态调整》观后感

　　11 月 20 日上午，合肥市心理教研室李妮老师组织的同课异构《考后心态调整》在合肥十七中举行。大家共同聆听了合肥一中陈圆圆老师、合肥八中张晓哲老师和北城中学谭松林老师的三节异曲同工的心理课。

　　陈圆圆老师风格清新，亲和力很强，让人如沐春风。她列举了 5 种考后心态，安排 5 组同学表演心理剧，生动有趣；继而指导广大学生怎样调整心态：调整认知，打破限制性思维，接纳自己、学会倾诉，寻求帮助。讲课内容引人入胜。

张晓哲老师的课，逻辑思维很强，抓住心理课的关键，强调学生自我发现、自我解答、自我反省的重要性。分组产生组长时强调纪律，在讨论的环节中，让同学为别人解决问题找到方法，比如过度紧张，外部压力大，努力不够，成就感较低等。

谭松林老师的课运用了很多专业的心理学知识来分析考后的心态及对策。

三位老师三个角度，融合了知识灌输、品德教导和心理课自察三个层面的教学方法。心理课到底如何上，值得认真探究。如何处理学生的感受和学生认知，靠上课引导和教师教导，口头交流和书面交流，重视目标和重视手段，重视氛围和重视理性探讨，重应变和重视原定设计，重自我升华和重视教师概括总结等关系，等等，都是需要探究的大课堂。

2015-11-22

心路相逢　向您致敬

合肥心理咨询师协会年会周末在社会主义学院举行，非常荣幸地得以参与。会上，我们聆听了安徽中医药大学龚维义教授关于《与衰老和睦共处》的讲演。他指出，老年人心理健康有五大秘诀：服老、不畏老、会遗忘、伴友乐、慢松闲。他要求心理工作者学会正确应对死亡，帮助求助者和家属，实现与死亡和解的历程。应坦然面对死亡，抗拒和敌对只能引起更多的焦虑、害怕和恐惧，认同和与之和解，反而带来放松与宁静。他让大家分享如何平静尊严安详死去。生命的终点，也是另一个起点，把握现在！

　　中国科技大学心理咨询中心主任沈克祥老师，提出孩子的心理症状起源于家庭，孩子的心理问题主要是人际关系的问题。他通过调查发现，学生的幸福指数影响因素主要是：环境（社会风气、校园文化、班风学风、学校声望、发展前景、未来规划），人际（家庭关系、朋友交往、师生沟通），条件（容颜状况、家庭经济状况、成绩情况）等，他发现，家庭和睦、有知心朋友、受到尊重是促使幸福指数提升的重要因素。

　　学生轻生倾向的影响因素有：父母对子女学习期望过高，父母高频率的争吵，缺少良好人际关系和社会支持系统，自我人格不健全，思维极端、情感淡漠。这些家庭可能是：父母下岗、有家人重病、贫困、单亲、家庭受灾、有家族病史。自杀源于绝望，绝望源于孤独，孤独原于良好关系的丧失。心理咨询师应用心陪伴，等得起、耐得起，做来访者稳定的好客体。

2015-12-24

二、学生心理健康活动

七、八年级学子写信为学哥学姐擂鼓加油

5月31日大课间时间，全体二十九中学子聚集在田径场内举行隆重的升旗仪式。迎风飘扬的国旗下站着两名小同学，他们分别代表着八年级和七年级同学，他们每人要宣读一封给他们学哥学姐的信，表达对毕业生的祝福，为他们加油。

八年级的王邦霞同学在广播里激情飞扬地说道：敬爱的学哥学姐们，还有半个月你们就要走上中考的战场，创造出属于你们的一片未来，我们都知道你们很辛苦，压力很大，承担着父母的心愿，但是只要你们努力拼搏，你们付出的汗水和心血就会化成胜利的果实。你们就要达到顶峰，只要你们再努力一下，再坚持一下，你们就是最终的赢家。人生能有几回搏，此时不搏更待何时！七年级姜玉琳同学说得非常亲切：大哥哥、大姐姐们！你们是我们学习的好榜样，我们这些学弟学妹们要学习你们不畏艰难，勇往直前，好好学习，天天向上的精神！我们会默默地为你们祝福，给你们打气！只要努力，你们一定如愿所想！加油啊！

两位同学的话语深深地打动了毕业班的同学，他们以热烈的掌声感谢弟弟妹妹们的这份祝福！在这久久不能平息的掌声中，我们看到了毕业班学子的感动、激动和振奋，相信他们一定会全力以赴，用青春和勤奋的汗水，用持之以恒的学习态度和满意的成绩接受火红六月的考验和洗礼！

2016-06-21

二十九中"心灵氧吧"让民工子女心灵自由呼吸

11月1日在庄严的升旗仪式后，二十九中政教处组织了一次"心灵氧吧让我们心灵自由呼吸"的主题教育活动。自开学二个月来，合肥二十九中心理健康辅导中心已经接待了30多名前来咨询沟通的农民工孩子，我们帮助他们放松心情，找回自信，快乐健康地成长。

关注未来、关爱民工子女健康成长，一直是二十九中教育工作的宗旨。本学期开

始，一支由 6 位热心心理教育的老师组成的心理辅导小组，承担起对农民工子女心理调查和辅导咨询工作。大家还给心理辅导室起了一个温馨的名字："心灵氧吧"。周一到周五中午 12：50—13：50 以及周三下午的 17：00—18：00 向全体同学和家长开放。在"心灵氧吧"里，有着五颜六色、非常舒适的沙发和小凳，老师为孩子们端上一杯杯热热的茶，与大家促膝谈心，帮他们化解心中的烦恼，让他们心情变得舒畅，让孩子们对前途充满信心。在"心灵氧吧"里，老师也与家长沟通，家长们帮助一些简单粗暴的教育方法，让家庭氛围变得更加温馨甜蜜。

2010-11-01

二十九中举办心理健康讲座
提高民工子女的自信心

11 月 29 日下午三点半，合肥二十九中政教处、心理辅导中心组织了一场主题为"走出心灵的沼泽地"的心理健康讲座。政教处主任、心理辅导中心管以东老师主讲，200 名农民工孩子聆听了本次讲座。

管老师从广州亚运会的盛况谈到了中国的强大，从 1840 年鸦片战争以后中国人民遭受的耻辱谈到在不屈不挠的斗争中国人民翻身做主，然后导入了有的人心灵深处的沼泽地——自卑。他分析了中学生自卑大多因为自身的长相、缺陷、家庭贫困、人际交往欠缺以及学习落后等；他列举了巴尔扎克、李嘉诚、俞敏洪等名人出身的卑微；列举了拿破仑、邓小平、潘长江等人身材不高却成就显赫；列举了史铁生、霍金、阿

炳等名人身体残疾却成绩卓著、举世闻名。他和广大同学一起反思对照，"我们的基础比他们好多了，我们如果努力，难道不能取得令人刮目相看的成绩？"接着管老师就战胜自卑的方法提出了五点意见：正确认识自己，勇于实践，知足平衡，自我激励，扬长避短。他还特别提出了三点提高信心实践训练的方法：敢于正视别人的眼睛，抬起头来挺胸走路，大声地说话。

最后，在舒缓的音乐中，他带领大家一起欣赏了一幅夜空深邃璀璨的画面，要求每个人写出心中的自卑。他说：每个人心中都有自卑，要化自卑为动力，要甩掉包袱，唯有奋发向上，勇于实践探索。人生成长就是不断地积聚能量，让自己变得强大的过程。他号召广大的农民工孩子不要埋怨自己的家庭出身、相貌以及缺陷，只要努力拼搏，就一定能在精彩人生的大舞台上走得更远、飞得更高。

2010-11-30

二十九中开展团体心理辅导引导民工子女告别自卑

12月20日下午三点半，合肥二十九中政教处举行了一场"走出自卑的牢笼"的团体心理辅导。本次团体辅导活动针对正处于青春发育期的八年级学生，共有近两百名同学参加了本次活动。

根据合肥二十九中的市级课题《农民工子女心理健康状况以及干预》的初级阶段报告以及调查问卷得出，很多的农民工孩子在谈到导致自己自卑的因素，一是是学习，二是贫困的家庭生活，城市的高楼大厦和他们居住的恶劣环境形成强烈的反差。针对孩子们自卑的心理，政教处组织了本次团体心理辅导活动。管以东老师首先通过大屏幕给广大同学举出很多鲜明的例子：巴尔扎克身高1米57，早年被寄养，根本没有体会到家庭的温暖，却在书籍的王国里寻找到他的乐趣，成为著名的小说家；中国香港的长江实业集团主席李嘉诚童年过着艰苦的生活，为了养家糊口从不依赖别人，交不起学费辍学，先在一家钟表公司打工，之后又到一塑胶厂当推销员，后来成为大企业家；轮椅作家史铁生用残缺的身体，说出了最为健全而丰满的思想，是当代中国最令人敬佩的作家。通过这些鲜明的事例引导广大农民工孩子明白"英雄不问出处"。

管老师告诉大家，面对我们的长相、身高和贫困的家庭出身，整日怨天尤人、牢骚满腹是不理智，也无济于事，我们唯有化压力为动力，在逆境中自强不息才有出路。管老师还教育大家，合肥市目前已经创造了良好的入学条件，让农民工孩子和城市里孩子一样享受优质的教育资源，我们要珍惜优良的学习环境，通过自己的努力改变人生。他还激励广大学生，每个人的潜力都是无穷的，只要努力，就能发挥出来。管老师还给大家提出几条行之有效改变自卑的行为训练方法：敢于直视别人的眼睛，抬起头挺起腰走路，大声表达自己的观点。

最后管老师号召大家学会自我激励，并现场感受自我激励的力量。他让同学们大声地喊出"我能行！我能做得到！"一个同学站起来大声自我激励，紧接着一排同学大声呼喊，最后200名同学全体起立高声呼喊，呼声震天，高亢有力。管老师最后说道：人生的旅程不可避免充满沟坎，经历风雨才有阳光灿烂，经历困难和挫折的磨砺，才能让我们变得更加坚强，相信我们民工子女努力发奋，不畏艰难，勇敢面对人生，就一定会在生命的长河里扬帆远航，就一定能在人生的舞台上书写出精彩的篇章，就一定能像雄鹰一样飞得更高！

2010-12-21

"心灵氧吧"：新年来到开了花

伴随着这个冬日里温暖的阳光，伴随着我们满腔的热情和喜悦，2011年元旦如期而至！新年的钟声即将敲响，新年的欢乐氛围也染红了我们快乐的生活，合肥二十九中心理辅导中心《心灵之花》学生版、教师版、家教版第一期正式隆重推出。

本期《心灵之花》心理健康小报是在校长室的指导下，由心理辅导中心 6 位同志齐心协力。学生版面向广大学生，指导学生如何正确地交往，如何改变坏习惯，如何赢得他人对你的信任，有很多激励农民工孩子成长的文章；教师版主要针对在广大教师中存在一系列心理不健康的现象，指导教师如何应对压力、走出心理误区；家教版指导广大农民工的家长如何教育孩子，如何与孩子沟通，以及怎样培养孩子的信心，磨炼孩子的意志力。岁末年初，《心灵之花》学生版、教师版、家教版三版齐发，一定能很好地促进我校教师、学生和家长的心理健康，一定能让我们合肥二十九中朝着健康积极的方向蓬勃发展。

2010-12-31

心向蓝天，春暖花开，
"心灵氧吧"绽放笑容

自 2010 年 9 月合肥二十九中"心灵氧吧"创立以来，通过学生心理问卷、心理咨询、家长心理咨询、心理讲座以及团队训练和《心灵之花》小报，对学生及家长的心理健康教育起到很好的促进作用。

2011 年 3 月 2 日中午，心理中心 6 位同志再次召开会议，讨论了《关于加强合肥市第二十九中学心理健康教育工作的实施方案》。在新的学期，"心灵氧吧"不断创新，为增强学生心理教育的针对性、实效性，开展丰富多彩的心理辅导。内容包括：（1）开设心理健康大课堂。对七年级同学，以上大课的形式，每月一节课，就"如何适应新环境、怎样交友、培养自信心"等主题进行心理健康课堂教育。（2）对八年级同学开展团队心理辅导。包括"青春期的烦恼、学会宽容、师生交往的行为训练、面对挫折的心理防御、意志是克服忧虑的有效武器"等主题。（3）对九年级同学主要是服务中考开展心理讲座。主题有如何缓解考试压力，如何化压力为动力赢在中考，以及毕业指导等。（4）建立学生心理档案和特殊学生专门档案。具体包括以下几个方面：家庭是否完整，经济收入，个人简要履历（学习、思想、行为、疾病），个性心理特点（爱好、性格），失败和成功的经历以及自身存在的烦恼和困惑。该"档案"除了记录一个学生的心理健康状况外，还可以从中发现其潜能和预防某些心理疾病的发生。每个班级针对表现异常的学生建立专门特殊心理档案，加强指导，对毕业班级成绩优秀、心态不好的同学尤为重视。（5）播放励志电影，促进学生健康成长。每周放一次电影，以励志片为主，培养学生的自尊自信，提高学生心理健康水平和适应能力。（6）增设班级心理委员。其主要职责是在校心理辅导老师的指导下，为本班同学提供心理服务；

给同学们讲解心理常识；负责本班学生心理疏导，随时向心理辅导老师报告本班学生的心理情况；协助班主任和心理辅导教师做好心理健康辅导工作等。

3月4日，在全体学生大会上，心理辅导中心还专门做了一次"心向蓝天，春暖花开"的主题讲话，并就如何填写心理档案进行指导。管老师反复强调，本次学生心理档案的建立旨在帮助学生心理健康成长，请广大同学务必填写真实，同时对同学们的隐私坚持保密的原则。心理辅导中心也将在下周正式开放，请广大同学利用每天中午12：40至13：40的时间段，前来和老师沟通交流，认识自己，接纳自己，快乐积极生活。

2011-03-04

心理健康大课堂　阳春三月开讲

普及心理教育，关注农民工子女心灵健康成长，架起沟通的桥梁，创建和谐校园，这些是二十九中德育工作的重点内容。自从学校心理辅导中心提出在本学期开展七年级心理健康大课堂的工作方案后，得到学校领导和年级组的大力支持。以"阳春布德泽，万物生光辉"为题，对农民工子女开展心理健康教育。对七年级学生开展了"我是谁"心理主题大课堂教育。

我是谁？我来自哪里？我将去往何处？古往今来的智者文人都在不停地思考着这些问题。心理中心的老师们用诙谐幽默的语言和广大学生讨论镜子中的一个"我"，提出并解析怎样认识自我的问题。心理老师还带领大家一起参加关于认识自我的小测验，请出8位同学现场介绍自己，同时还指导广大同学怎样悦纳自我，怎样认识和解决生活的失败和不足，走出心理的困境，降低心理期望，扬长避短，提高信心。最后，心理老师让全体同学起立，在激昂的《相信自己》的音乐中，全体对着前方大声呼喊"天空因蔚蓝而美丽，大海因为宽广而美丽，我们因为自信而美丽，相信自己，我能行"。200名同学呼声震天，激荡在校园的上空。在三月的阳光下，我们看到了二十九中正朝气蓬勃走向新的未来。

2011-03-08

举办"赢在中考与压力共舞"
毕业班心理讲座

　　"中考对于我们每个同学意味着什么？是机会、是经历、是亮剑、是收获、自我证明……"这是 3 月 25 日中午在 29 中阶梯教室里心理老师讲座的开场白。为了缓解中考压力，增强广大同学的信心，合肥二十九中心理中心专门组织了一场"赢在中考、与压力共舞"毕业班心理讲座。

　　心理中心的管以东老师先从压力谈起，帮助广大同学寻找压力源，并根据"耶基斯——多德森定律"告诉同学们压力的程度对广大同学考试中发挥的影响。同时就广大同学存在着一些错误的认知作了具体的分析，比如一门心思想着潜在的危机，而不关注问题的解决，或是陷入惊恐不安之中，老爱钻牛角尖，不能自拔。针对成绩欠佳的同学，管老师要求他们以全面、相对、发展的观点看待自己的不足，学习成绩欠佳，不等于样样差，不等于没有前途；学科成绩不好，体育好，文艺好，有才艺也是优势；现在不好将来可以好，36 行行行出状元，不管是上省级示范、普通高中、职业中专还是打工走向社会，只要努力将来都有前途。管老师特别要求广大同学珍惜现在，努力在当前，尽力搞好学习，制定合适的目标，并要求大家提升能力、改变认知。他还以蝴蝶破茧而出的例子教育大家，人生有压力才会精彩，激励大家去体验生活的过程，直面所有的障碍和困境，充满信心地去克服它，战胜它！人生最大的敌人就是自己！

　　最后管老师还给大家列举了 10 种增强信心克服压力的办法，带领全体同学大声自我激励呼喊：只要我努力，一定能超越自己；我胸有成竹，我沉着、自信；我是一个聪明的孩子；天生我才必有用；我相信自己的潜能；我能行，我一定能成功。参加本次心理健康讲座的同学一共有 200 多名，大家觉得受益匪浅，深受启发，并表示一定会认真面对生活，以积极良好的状态迎接中考。

2011-03-25

合肥二十九中学开学典礼
让幸福导航　拉开新生活的帷幕

9月1日上午，阳光明媚。新华社等10多家媒体在包河区教体局陈雪梅同志的带领下参加了二十九中参加开学典礼。今天二十九中开学典礼的主题是"做幸福的包河人"。

幸福一：校长说，共建和谐幸福校园

在庄严的升旗仪式后，校长朱维同首先代表学校对各位领导和来宾表示欢迎，特别对刚刚走入我们二十九中校门的500多名新生，表示热烈的欢迎和衷心的祝贺。祝贺他们走上了人生成长的新阶段。朱校长从学校的发展历史讲到硕果累累的成绩，特别提到一批又一批的毕业生走出二十九中校园，在各行各业取得的优异成绩，他们是我们二十九中的骄傲，是我们学习的楷模。朱校长还带领大家一起寻找幸福，并告诉同学们幸福就在大家的身边，幸福就是你能和自己的爸爸妈妈每天在一起，享受父母的关爱；幸福就是你能和城里的孩子一样享受优质的教育资源，共同成长进步；幸福就是你每天走进校园，用你的努力和拼搏赢得周围欣赏的目光；幸福就是用你的宽容赢得别人赞许；幸福就是每天都能遵守交通规则快快乐乐安全上学放学。最后朱校长希望全体学生懂得今天的幸福生活来之不易，要珍惜今天的幸福，都能以积极的态度感受幸福，在不断进步中获得更大的幸福体验。同时也倡导教师、家长和社会各方面共同努力，让所有二十九中的同学拥有幸福的中学时光，一起共建和谐幸福校园。

幸福二：教师代表呼唤"做幸福的包河人"

紧接着6位教师代表，共同登台集体朗诵诗歌，表达作为一名包河教师的幸福情怀，从对幸福的追问，到幸福的情感体验，从爱说到责任，从职业精神谈到神圣使命，从和老师们一起共勉，到发现每个学生的独特，并警示孩子们懂得珍惜生命、热爱生活。6位老师或慷慨激昂或娓娓道来，歌颂、抒怀、勉励，表达出一名人民教师对教育事业的钟爱，对包河家园的情有独钟，情到深处，赢得全场热烈的掌声。

幸福三：家长抒发为孩子幸福生活加油的情感

八（2）班柏雨晴同学的爸爸柏云龙先生，今天作为家长代表在家长会上发言，他们家和二十九中有着特殊的关系，他的三个孩子都曾在二十九中就读，而且成绩都优异，并考取了大学。柏云龙先生在谈到家庭教育时，表示家长应积极配合学校做好家庭教育。他说自己在 8 年来和二十九中的老师、领导交往的过程中，发现老师们可贵的敬业精神和对农民工孩子无私的关爱，感受到了学校最近几年飞速的发展和进步。同时他深情地表达了一位父亲对现场所有孩子的期望。希望孩子们能理解父母的良苦用心，好好珍惜今天的幸福，珍惜在二十九中良好的学习环境，在学习、生活、思想品德各方面更严格要求自己，更努力、更用功，取得优异的成绩。希望家长一定要创造宽松、快乐、健康的成长环境，让孩子们快乐、幸福地成长。

幸福四：政教处解读幸福的那些事

政教处主任管以东和广大同学一起分享了名人影星成龙、乒乓球冠军邓亚萍、著名学者于丹、航天英雄杨利伟和法网冠军李娜等人的幸福成长故事，并针对广大农民工子女，详细解读了现代少年幸福成长的十大法则：常和爸爸妈妈在一起；天天锻炼，睡眠要好；平安第一，珍惜生命；和小伙伴一起玩，并找到真心朋友；有兴趣爱好，能发现自己独特的优势；不必凡事争第一，明天的我比今天好；犯错、改错是成长必经之路；真心向他人表示善意，表达感谢与爱；将心事说出来，和家人朋友分享；我有我的梦想！并告诫广大同学一切幸福的前提，是珍惜良好学习环境，只要好好读书，一切皆有可能！好好读书可为自己的美好未来打下坚实的基础。

幸福五：30名学子发布《中国少年儿童幸福成长宣言》

30名分别着装绿、红、蓝三种服装的三个年级的学生代表发出幸福成长的呼唤，用他们稚嫩、高亢、清脆的嗓音抒发一个个中国少年的幸福成长的强烈心声。成长，乐观，自信，超越，感恩，分享，宽容，沟通，关爱，赞美，努力，奉献，一个个诠释着幸福成长的标牌被高高地举起。12个词包含深厚的含义，表达了当代中学生对幸福成长的渴盼。管以东老师带领全校同学一起高声读出来，解读幸福的密码，向幸福的方向出发。

最后，崔玉刚副校长宣读了本年度获得农民工子女奖学金同学的名单，朱校长和崔副校长还专门为获奖的农民工子女发奖并合影。博雅亭、指路角和实验楼前的龙腾马跃石和耕牛，在灿烂的阳光下熠熠生辉，一个新的学期拉开帷幕，一个新的希望升腾在每一位二十九中人的心中。

2011-09-02

牵手安农大　心灵互助　共享一片蓝天

9月23日下午四点，安徽农业大学人文学院心理学专业的大三学生一行14人在王东老师的带领下来到二十九中，开展了一次大学生与中学生牵手放飞梦想快乐成长的牵手活动。

这些心理学专业的大学生们激情如火，来到了广大小弟弟妹妹的中间，受到中学生们热烈欢迎。大学生们有的讲述了大学校园的生活、学习，还有的描述了自己未来的美好前程；有的来到中学生中间表演了唱歌、朗诵，抒发了自己的豪情壮志；还有的带来了很多学习用品，与广大中学生互动，开展有奖知识竞猜；特别有几位来自农村家庭的大学生激励我校广大农民工子女努力学习，珍惜校园美好的学习环境，发愤图强，用知识武装自己，描绘自己美好前程。大学生们个个激情四射，精彩处赢得广大中学生的热烈掌声。

一个小时的互动交流转眼结束，临别时他们彼此依依不舍，并合影留念。安徽农业大学带队的心理老师王东告诉政教处的管老师，开展大手牵小手互动交流意义重大，让他们彼此获得心灵的慰藉。管老师也表示欢迎心理学专业大学生们多到中学生校园，有效开展心灵沟通，促进中学生心理健康成长。

2011-09-27

阳光心理社团月会啦！

　　关爱，尊重，分享，阳光。自从2010年9月，二十九中阳光心理社团成立的那一天起，社团的所有同学就秉承这样理念，而今已经一年了。9月28日中午13点整，阳光社团的82名同学欢聚一堂正式月会。

　　政教主任兼心理辅导中心负责人管以东老师首先精心制作了阳光心理社团的PPT，带领大家一起回顾社团的发展过程，从建立到成长，从发展到壮大，从校园内部活动到走出校门承担社会责任，五里庙社区无不闪耀着阳光社团学子的身影。管老师还让82位阳光社团学子走上讲台发表自己的阳光宣言，从自己做起，影响周围的同学和朋友亲人，让爱荡漾在美丽的二十九中校园，让二十九中校园因为我们更精彩！

　　同在蓝天下，共同成长进步！合肥二十九中学阳光心理社团正在鞭策鼓励着自己，改变着周围人，让阳光洒满我们的校园，让我们二十九中的每一位学子都能抬起头来，阳光做人！

2011-09-30

开展"拒绝冷漠、传递温暖"主题教育

　　10 月 24 日上午大课间，全体同学聚集操场，政教处、团委和阳光心理社团开展"拒绝冷漠、传递温暖"主题教育活动。

　　政教处管以东主任首先就"小悦悦事件"进行了简短的解说，广东佛山可怜的小悦悦无辜两次被车碾压，18 个路人竟然熟视无睹，无人相救，最后一位捡垃圾的阿姨路过呼救，面对一条鲜活的生命，人世间竟如此的漠视，让人心寒。小悦悦的事件让所有中国人揪心、反省、痛心、愤恨，中国人到底怎么啦？政教处要求全体同学要以小悦悦的事件反省我们自己，做一个有爱心的中学生。如果一个人没有爱心，即使将来考上重点大学，担当重要职务，也不会对国家和社会有贡献。管老师呼唤大家都行动起来，人人献出一点爱，当别人受苦的时候，当别人受难的时候，当别人需要帮助的时候，我们都要伸出援助之手，让校园充满爱，让社会充满爱！

　　最后，阳光心理社团的所有同学伸出双手做出爱心，并与全校同学齐声呼喊："拒绝冷漠，传递温暖，让生活洒满阳光！"

2011-10-25

阳光家族快乐月会

10月26日中午一点，合肥二十九中学阳光心理社团的同学们欢聚操场，又一次快乐的阳光家族月会开始啦！

在社长朱筱凡的组织下，阳光家族的成员们首先开展了找自己的小游戏，4个副社长手中分别举着虎、鼠、牛、兔的生肖牌子，让社员们自己找归属，然后分组进行自己的名片展示，分享最近的成长快乐。四个小组开展了一次穿越心灵的小游戏比赛，彼此手拉手一起团结协作从身边同伴之间穿越过，看看哪一小组以最快的速度穿越成功，而且保证不松手，同学们彼此间切磋技巧，等待社长一声令下，一起行动起来，好不热闹。然后开展的一个信任的游戏，让参与者站在高高的台子上往地下倒，下面有很多同伴结成牢固的网，大家在参与中体验着同伴的信任，惊心动魄。第三个活动是让所有社员参与描述自己心中完美的男生和女生，在预先准备好的主题写真上，大家自己剪裁星星、月亮、苹果、香蕉、爱心等图形的轮廓，写出自己心中完美男生和女生的特点，最后还进行全体讨论，如何做一个阳光的男孩女孩，在自己难过、受伤、委屈、生气、愤怒的时候，我们应该怎样调整自己、阳光做人！

短短的一个小时结束了，成员们个个余味犹存、兴致盎然，大家纷纷表示，在彼此心灵分享和拓展的心理游戏中收获快乐，也一定把阳光带到各自的班级。午后的校园阳光正暖，欢声笑语，阳光家族月会让校园更美，二十九中每个角落都洒满阳光。

2011-10-26

德育招商"小手拉大手校校共建"
惠及农民工子女

　　11 月 28 日上午，合肥工业大学管理学院春蚕社的 10 位大学生代表在院党委副书记、副院长尚广海的带领下走进合肥二十九中学，建立"校校共建"志愿者服务工作站，合肥二十九中学朱维同校长亲自接见。

　　9 点半，全体师生汇聚田径场，庄严升旗后，二十九中政教处管以东主任首先向大家介绍合肥工业大学的领导老师和大学生们以及本次活动的筹备，朱维同校长代表学校对他们的到来表示热烈的欢迎，并殷切地希望合肥工业大学的大学生们能踏实有效地与我们中学生开展互动交流，只要有爱心、有责任心、有信心、有耐心，合肥二十九中与合肥工业大学合作共建必将推动教育教学工作迈上一个新的台阶。合肥工业大学管理学院尚院长详细地介绍了合肥工业大学管理学院的发展，希望通过"校校共建"促进两校交流，大学生们能真正把宝贵的学习经验传授给弟弟妹妹们，并帮助他们快乐健康成长。在大家热烈的掌声中，朱校长和尚院长为"校校共建"隆重揭牌。最后大学生们还分别给一对一帮助的农民工子女送来了鼓励的信件，并且走进教室开展了一节丰富多彩的活动课——"我的大学生活"。

　　开展"校校共建"，旨在弘扬"团结、互助、友爱、奉献"的志愿精神，深入开展大学生实践活动，让大手牵小手、小手拉大手，让农民工子女在大学生的帮助下学到真本领、开拓新视野、增强学习动力、提高综合素质。大学生们将利用双休日等课余时间为该校学生提供"一助一""多助一"等义务支教的志愿服务，帮助学生培养良好的学习方法和正确的学习态度，树立良好的人生观、世界观和价值观。

2011-11-28

在阳光心理社团分享交流会上的发言稿

尊敬的各位领导老师同学们：大家好!

非常荣幸在这里展示我们合肥市二十九中学阳光心理社团的成长与发展。自从今年 6 月我们包河区教体局发布通知，全区中小学行动起来，开展素质教育大舞台活动，全体师生为之惊喜振奋。素质教育大舞台依托的载体就是社团文体艺术活动，真正体现了尊重人、发展人。开展素质教育大舞台活动，有力地促进了全体中小学生乃至广大教师素质的提升，告诉我们教育活动的目标不只是一张成绩单，不只是一堆分数，不只是高一级学校的录取通知，而是能够在未来社会中站住脚跟、开创事业的人才。

一、社团活动思想的感悟与理解

如何发展人，如何成就大写的人？

每个人一辈子都在寻找归属，归属我们家庭、团体、事业。我们非常痛心地看到在应试教育的大背景下，一些家长和老师非常狭隘地依托教科书和习题集开展教育工作，窒息了学生灵气、兴趣和孩子的天分。很多学生到了中学都还不晓得自己有什么兴趣，除了读课本和做习题，什么也不会。所以社团建设发展迫在眉睫。让孩子们多接触多看看，知道世界那么大，世界上有趣的事那么多，让学生有机会多元参与，这里碰碰那里闯闯，看得多玩得多，他们才会从中找到真正和自己生命呼应的领域。在这个过程中，他们就会从一个普通的中学生跳跃入一种丰富的境界，学会了为自己而不是为父母、老师、成绩、学校而活着。在体验中他或许会对自己的生命产生不同的看法，发掘自己找到自己；还有一些学生，已经清楚明白自己有什么样的兴趣，可能有哪方面的天分，在哪样活动中能获得高度快乐与成就感。他们需要的是有机会遇到志同道合的人，以便投入得更深，精进自己的能力与品位，发展自己。伴随包河向第一强区的迈进，我们已经不再满足吃穿住行，而要追求更高的精神生活，不仅吃好饭，吃好菜，还要追求色香味俱全。

二、优秀社团打造

1. 必须有良好的土壤和种子

所谓土壤就是社会、家庭环境和学校环境，学校中，就是领导开阔的胸怀和高瞻远瞩的目光。其次要有种子，要有一些热爱社团活动工作的老师。2001 我走进安徽教育学院教育管理系脱产学习教育学，黄石卫、李群两位心理学老师把我带进心理学殿堂，从此我和心理学结下了不解之缘，热爱心理学，喜欢心理学，最重要的是心理学改变了我，提升我生命的品质，以积极的心态面对我们自己的工作、生活和家庭。积极参加省内各级心理学大会，以及各种心理咨询师培训，各种心理学团体辅导培训，2009 年我顺利地走进安徽师范大学攻读心理健康教育硕士。学习之余，把所学的专业知识用于教育教学中，效果明显，在校内我也积极联系了 5 位有志于心理健康教育的老师，研究专业心理学课题，几年来积极在校园无偿开展心理健康教育工作，从心理辅导到心理讲座。学校领导积极支持社团工作，支持心理社团指导老师参加全国学校心理大会、安徽教育心理大会、全国班级联盟心理大会以及省内的各级心理大会。所以 2010 年 9 月正式创建阳光心理社团。

2. 社团活动与教育教学紧密联系，具有长久的生命力

让大家看到社团不是花架子，而能真正改变学生的面貌和学习成绩。阳光心理社紧密地联系广大学生，特别针对很多农民工子女成绩差、行为习惯不好的学生积极开展有效的帮扶引导。阳光心理社团通过丰富的心理活动引导广大学生改变自己不良的状态，克服困难，提高学习成绩，为心灵打开一扇窗户。社团活动的开展真正发挥了实效，走进学生的心灵，促进农民工子女的成长。八（9）的汪萍同学写出了自己的心声"阳光下的自信"：想想从前的我胆小怕事，回答老师一个问题都会脸红得像个熟透了的红苹果，而自己现在可以自然大方地向老师表达自己的意见，业余生活更加丰富多彩了，加强自己的特长，变得更自信了。

3. 社团只有与广大教师紧密联系在一起，才有无穷的动力

社团发展的需要有人牵头，但是成熟的社团一定要紧密和全体教职工联系在一起，赢得广大教职工参与。在校园的 QQ 群中，每日心理分享，让广大教师分享心理小故事、交友的秘招、亲情回归、生命的导航。通过《心灵之花》小报和橱窗展板宣传指导教师心理减压。让广大教师参与社团活动分享心理体验，开展心理拓展活动，引导大家从积极的视角看待学生的成长，让大家感受校园浓郁的心理健康氛围，真正改变我们的家庭生活和工作状态，让生活变得更美好。

4. 阳光心理月会我做主

社团活动充分发挥学生的积极主动性，自主发展，助人自助。每个月一次的阳光月会上，让同学们轮流组织一个小游戏，让同学们体验齐心协力团结合作，开展彼此之间分享成功的小体验，找朋友游戏，轮流当队长，观看心理小电影，在彼此心灵分享和拓展的心理游戏中收获快乐。月会上同学们写出自己心目中的完美男生和女生，阳光心理社团正在鞭策鼓励着自己改变着周围人，让阳光洒满我们的校园。

如何把心灵的阳光播洒在校园的每一个角落？全体阳光心理社团的同学积极行动起来，大家撰写心理小论文，帮助别人解烦忧。对当前广大同学存在的烦恼进行归纳总结：有的同学给父母经常吵架的家庭支招，有的同学告诉我们成绩不好该怎么办，还有人提出压力大的科学解决方法，怎样变压力为动力，还有的同学针对交友失败提出了自己的妙招。帮助别人解决心理烦恼的同时，也提升了自己的心理品质。在开学典礼上，在毕业生欢送仪式上，在母亲节到来之际，在到敬老院送爱心的活动中，到处闪烁着阳光心理社团成员靓丽的身影。

5. 积极开拓社会资源，小社团牵手大社团

我们与中国科技大学、安徽大学、合肥工业大学、安徽农业大学、安徽中医学院

的大学生爱心团队，每学期开展一次见面交流，长期保持通信和电话联系，让农民工孩子长期和大学生们一对一联系，让大哥哥、大姐姐带领小弟弟、小妹妹成长，并到校开展励志的主题教育活动，让更多的大学生和我校农民工孩子结对，为农民工孩子搭建心理健康成长的平台。特别针对一些自卑心理明显的学生，多让他们沟通交流，促进心理健康。2011 年 5 月 17 日在区教体局的大力支持下，我们承办了"合肥市中小学心理健康研讨会"。8 月 13 日在市教育局的支持下承办了安徽省社会心理学中小学心理健康教育委员会成立大会，为阳光心理社团支招指导。

7. 阳光心理社理念：让更多的同学学会倾诉交流分享，让更多的同学懂得正确的求助，让更多的同学心中升腾起一个个新的梦想，让我们有爱心、有信心面对自己五彩斑斓的人生。

2011-12-14

二十九中阳光心理社团开展学习交流大讨论活动

3 月 9 日中午，二十九中阳光心理社团的同学们开展了新学期第一次阳光心理大讨论活动。

早在一个星期前，社团指导老师就布置了讨论的主题：理想、责任、态度、意志和合作。社长朱筱凡对大家的稿件进行了筛选，最终选中了 10 名同学参加大讨论活动。有的同学谈到了用乐观的精神面对自己的人生；有的同学谈论了自己的人生目标；有的同学谈论了自己的责任，在责任的鞭策下，努力学习报效父母、老师以及祖国；

还有的同学谈到了合作精神，冲破彼此交往的障碍，逾越师生间的代沟，携手互补共进；社长朱筱凡同学谈论的主题是"以微笑的态度面对自己的生活"，她提出了很多良好的建议，比如在愁绪满腹的时候泡上一杯热茶，烦闷时聆听一段清泉叮咚的乐曲，或者翻看油墨飘香的书页，体会"蓦然回首，那人却在灯火阑珊处"的惊喜。

阳春三月，暖阳照耀着美丽的校园，阳光心理社团的同学共同举起了"有理想、有道德、有文化、有纪律"的大旗，让爱和温暖传播到校园的每一个角落，如同三月的春风拂面，清新宜人。

2012-03-09

二十九中学子开展踏青远足活动

4月15日早晨7点，美丽的二十九中校园里沸腾起来，260名身穿统一校服的同学们激情飞扬，在20位老师的带领下开始了一天的踏青远足活动。

放飞大学梦想

7点40时，大巴车准时来到了安徽大学的门口，同学们整齐有序地排好队伍步入风景如画的安徽大学，边走边看，同行的老师们也纷纷介绍安大，从学校历史到校训，从标志性主教学楼到天鹅湖，穿越小桥流水，从田径场到宿舍楼，大家啧啧称赞，羡慕不已。学生和老师们纷纷在"至诚至坚，博学笃行"的校训前合影，最后全体同学在逸夫楼的广场前挥舞着双手留下美好的难忘回忆。

磨砺意志，我们的长征

10 点整，大部队准时前往大蜀山。各班排头举着班牌，后面同学高举着书写了"磨砺意志""强健体魄""放飞梦想""快乐成长"等十面大旗。从科技馆到大蜀山整整 10 公里的路程，八（2）的几位同学一马当先，奋勇向前，其他班级的同学也毫不示弱。在每一个路口，领队的老师都非常谨慎地指挥同学们安全过红绿灯。有的同学跑得气喘吁吁，汗流浃背，个别同学有泄气的表现，很多同学主动相互帮助，彼此鼓励，一步步地走近大蜀山。

缅怀先烈，发愤图强

11 点 30 分，所有同学在山下稍作休整，八年级的两位学生代表抬着事先准备的一个美丽的花圈，其他同学随后有序拾阶而上，登上烈士陵园的平台。全体同学整齐有序地站好，两位同学郑重敬献花圈，政教处管以东主任要求大家记住革命先辈，正是他们的抛头颅洒热血才换来我们今天幸福的生活，我们要记住先辈，要努力学习发奋图强告慰他们。最后全体同学集体宣誓：我立志成为有理想、有道德、有文化、有纪律的社会主义新人。热爱社会主义祖国，自觉遵守社会公德；崇尚科学，追求真知；完善人格，强健体魄，为中华民族的富强、民主和文明，奋斗终生！两百多名同学高亢的宣誓，浩然正气荡漾在蜀山之巅，与天地共存。

快乐成长，放飞梦想

　　14 点整，在广场上，全体同学集合完毕，严子建、张诺两位小主持人已经做好了准备，首先开始的吹气球游戏和踩气球游戏，一下子调动了所有同学的热情，大家纷纷加入战场，踊跃参加。接着大家还欣赏罗元元等同学带来的歌曲《小草》《隐形的翅膀》等，特别是八（4）班曹巧巧等两位同学带来了精彩的双簧表演，让现场所有的老师同学们捧腹大笑。接着管以东老师带领广大同学开展很多拓展游戏，如风火轮游戏，还有呼啦圈破冰游戏、坐椅子游戏和踩地雷游戏。班级与班级之间的比拼，男女之间的对抗，有集体合作，还有团队配合，广大同学踊跃参与，热情高涨，即使太阳当空照，大家脸上始终展现着快乐的笑容。15 点 30 分，带着对蜀山的眷恋、对未来的憧憬和远大的梦想，全体同学踏上了回家的路。

2012-04-17

为莘莘学子体育中考加油的即兴演讲

亲爱的同学们：

　　在我刚刚进入会场的时候，我的心情非常激动，我的眼前突然浮现了同学们 2009 年 9 月 1 日踏进二十九中大门的场景，那时候你们稚气未脱，如今已经从翩翩少年长成了小伙子大姑娘，看到同学们的成长，我的内心深处感到非常激动、喜悦和幸福。同学们的成长不仅仅意味着长大，更意味着收获。3年的校园时光如今就要化作累累的硕果，怎能不让人激动？看到我们这一届九年级的同学们个个青春飞扬、品行良好、成绩优异，更是让我万分喜悦，在刚刚结束的实验考试中你们成就突出，名列包河前茅。我对大家有信心，你们有信心吗？（呼应：有！）

孙子兵法说：知己知彼，百战不殆。（大家呼应）了解自己，还要了解面前的考试，做好充分的准备，准备最重要的一点就是认真、端正的态度。也许同学们刚参加考试会遇到下马威，也许会马失前蹄，这些都不重要，最重要的是我们要以饱满积极的态度面对下一场的考试，考试不仅考我们的水平，更是考我们的态度和意志品质。同学们，你们准备好了吗？（呼应）

最后一点，我希望大家能坚持到底。坚持到底是一种精神，是一种坚忍不拔最可贵的意志品质。海明威说："你可以消灭一个人，就是打不垮他！"同学们，希望你们能坚持到底，走向胜利、走向成功！

2012-04-23

二十九中母亲节精心烹饪五道爱心大餐

在母亲节来临之际，合肥二十九中以"感恩、励志、放飞梦想"为主题精心烹饪了几道"爱心大餐"，向广大妈妈们送上节日的爱心祝福。

感恩贺卡献真情

5月2日，学校就布置了关于开展感恩主题教育活动，要求全体同学行动起来，制作一张感恩卡，写一封感恩信，表达一份感恩情。最后各班通过甄选，一共选取了128张精心制作的感恩贺卡进行全校展览。张张贺卡是真情，张张贺卡有浓爱，莘莘学子展示的不仅是才情，更有浓郁的亲情。有的制作爱心插上翅膀飞翔，有的剪贴五颜六色的星星装点成"LOVE MOTHER"，还有的用烫金的丝带做成金卡表达赤子之心，有的画了一家人手牵手的和谐画面，还有的在卡片上镶上了五颜六色的羽毛，有的卡片上有蝴蝶飞舞，有金线缠绕，有平面的，更多是立体的，展现了广大同学对父母丰富而深沉的爱。千纸鹤、爱心、小鸟、大树、叠加的心，点点滴滴渗透着孩子们对爸爸妈妈的真挚祝福。

家长义工课堂有声有色

常规的家长会上学校邀请专家老师讲课是很平常了，今年合肥二十九中学成立了家长委员会以后，继而成立了家长义工团队，让家长委员会推选家长开展家庭教育报告。下午4点，全校158名家长代表来到阶梯教室举行家长义工课堂学习。三位家长义工代表在讲台上侃侃而谈分享教子经验。七（9）班的张华斌家长指出，怎样为孩子创造良好的教育环境，怎样让家庭氛围更温馨点，让孩子在良好宽松、民主的家庭氛围下健康成长；八（4）班蒯家萍家长特别指出遵循孩子成长的规律，关爱孩子不同阶段的心理特征，有针对性地开展教育，她还特别指出父亲要对男孩做好性教育，母亲要对女孩做好性教育，与孩子手牵手度过青春期；七（5）班贾贤勇家长表达着对孩子严而不厉、藏起一半的爱，要指导孩子怎样快乐健康地成长，避免孩子走弯路，要走"高速公路"。最后王成环副校长也分享了自己的教子经验，给广大家长提出了很多建设性的意见，帮助他们树立正确的家庭教育观。家长们个个聚精会神听课，阶梯教室里不时传来热烈的掌声。

亲子互动情满校园

5点整，全体七八年级同学汇聚在田径场上，耳畔是《爱的奉献》优美动听的旋律，学校专门安排了所有的家长和自己的孩子坐在队伍的前列，其他的同学全部坐在后面，夕阳的金色光辉把风景如画的二十九中校园映照得更加美丽。在高大的"感恩励志、放飞梦想"的喷绘背景下，政教处管以东主任从一个感恩的故事拉开了今天主题教育活动的序幕。三位家长代表分别精心准备了写给孩子的信，深情地表达父母从孩子出生的喜悦到成长的幸福，表达着父母对孩子的殷切期盼。其中有一位家长提到当得知儿子出生的喜讯，不远千里从上海星夜骑摩托车赶到合肥，路途遥远，浑然不知疲惫，路上摔了一跤，至今腿上还有一道很深的伤疤，一年四季风雨无阻接送孩子，目的就是让孩子好好读书。6 位学生代表上台给自己的爸爸妈妈书写了感恩信，有的同学唱着妈妈从小给自己唱的摇篮曲，有的孩子写道妈妈因为自己生病日夜守护身边照料，有的孩子写到一家人每天温暖地在一起的幸福，有的孩子还反思了对爸妈的失礼和无理取闹，表示一定改掉坏毛病。八（2）班的张洁同学表达了对自己远在天国的妈妈深深的爱和祝福，告慰妈妈自己很健康幸福地成长，努力进取，同时也呼吁其他同学珍惜亲情，努力学习。一个个真情的流露和肺腑之言深深地打动着现场所有的家长和同学，大家不时用掌声为台上的同学祝福、加油。

真情呼唤放飞梦想

"感恩是生命的动力，因为心中有爱，人生就有了方向，因为心中有爱，生命变得灿烂辉煌。"管以东老师深情呼唤广大同学珍惜今天的幸福生活，在母亲节到来之际，在我们美丽的校园中，让爱在心中激荡，让亲情偎依在大家的身旁，他要求所有的同学站立起来，双手放在嘴边，深情呼唤，表达心中对爸爸妈妈的爱和感恩。"爸爸妈妈，我爱你们！爸爸妈妈，你们辛苦了！"震撼人心的爱的呼唤响彻天地间，现场所有的父母和自己的孩子拥抱在一起，感受着亲情带来的幸福。管老师要求大家把心中的感恩化作学习奋斗的动力，在以后的学习生活中，用自己优异的成绩和良好的表现来回报父母恩重如山的养育之恩，回报所有关心我们的亲人和朋友。他最后要求大家一起举起双手，挥舞双拳，振臂高呼"我要努力，我要加油，我要为父母争光……"豪情万丈激荡在所有莘莘学子的心中，大家仿佛看到了自己美好的前程就在不远处招手，只要我们坚持到底，只要我们努力奋发。管老师最后让所有的家长站在队伍的最前列，排成100多米的长龙，和下面的孩子们面对面，所有台下的同学在老师的带领下，集体深深鞠躬表达对父母的感恩。所有的家长顿时深受感动，大家抑制不住内心的激动，热烈鼓掌为孩子祝福、加油。

亲子运动欢乐海洋

紧接着今天的亲子组合趣味运动会在欢快的乐曲中拉开帷幕，家长们积极踊跃地参与进来，100名家长提前报名参加了本次亲子运动比赛。随着裁判员的一声口哨，各个亲子组合纷纷奋勇向前，不管是父子兵还是母子兵，大家争先进位，有的摔倒了，爬起来继续前进，操场上顿时成为欢乐的海洋经过紧张的角逐，最后20对亲子组合脱颖而出，获得了一、二、三等奖，在《飞得更高》的音乐中，教务处姜主任和聂和斌老师分别给获奖家庭颁奖并亲切合影留念。

2012-05-11

二十九中快乐5·25　精彩乐翻天

5月25日如约而至，等待着二十九中广大同学的不仅仅是"珍爱自我"的第二课堂，更是别开生面的游戏乐翻天。

阳光诵读我爱我自己

早晨9点30分，全体同学汇聚在田径场上，所有阳光心理社团的68位同学自主排成三排站立在全体同学的对面，政教处团委给每一位同学发放了一张"我爱我自己"的阳光诗歌。在王天阳同学的带领下，全体同学一起诵读："我爱我自己，我是宇宙中与众不同的自我，今天是我生命中新的开始，我对自己的生活充满信心，我的生命如此完美，我要精彩生活每一天……"然后所有同学还纷纷在今天的主题横幅"5·25我爱我自尊自信自强为与众不同的你加油"签字，团委武涛老师教育广大同学懂得关爱自己，珍惜自己，认真学习，努力加油！

5·25快乐大比拼

中午12点40分，政教处让阳光心理社团的所有同学负责组织好各个游戏。第一项游戏是"十人十一足"，随着管老师一声令下，12个比赛队伍一起向前冲，有的同学半途倒下，跌倒再爬起，旁边的同学纷纷为自己的班级加油呐喊，最终两个小组比赛中七（10）班和八（3）班分别获得小组比赛第一名。接下来的比赛是袋鼠跳游戏，参加比赛的6个小组个个摩拳擦掌，像大袋鼠带着小袋鼠一样，两个同学同时进入一个袋中为一组，需要两个同学齐心协力，七（5）班10位同学夺得胜利。第三项游戏是挑战心理极限的吹爆气球的接力，看哪个班级团队在接力吹气球中，能在2分钟之内吹爆气球最多。紧接着是接火车游戏，8条长龙蓄势待发，每组10人，在老师的口哨中，所有的比赛队员奋勇向前，毫不示弱。最后一项活动是"信任背摔"，站在高台上，应声而倒实在刺激，做过的同学都大喊"过瘾有意思"，就连贾老师也加入队伍，体验信任背摔，让同学们欢呼不已。团结、协作，挑战心理，体验信任，短短的一个小时很快结束了，同学们还余味未尽，在体验欢乐互动中升华情感，放松身心，向着新的人生目标迈进。

2012-05-27

二十九中七、八年级同学为学哥学姐中考加油

　　6月11日中午，二十九中政教处组织了全体七、八年级同学在主题"九年级学哥学姐我为你们加油"的签名横幅上写祝福加油助威。

　　明天，他们就要领取准考证，即将奔赴中考的战场。学弟学妹们积极响应学校的号召，纷纷在中午时分来到办公楼大厅写加油祝福。"放松心态，你是最棒的！""学哥学姐一定要坚持！""人生能有几回搏！""考出水平，考出风格！""笑到最后才是真正的笑！""更上一层楼！考出好成绩！"等等加油字样让人激动不已，大家纷纷用自己的只言片语表达祝福，为学哥学姐中考加油。还有很多九年级的同学自己为自己加油，写出"相信自己，赢在中考"等激昂的口号，表达着自己努力奋发的精神状态。

2012-06-20

二十九中新生入学教育看点夺人眼球

　　2012年8月30日15点整，合肥二十九中迎来了新一届学生的入学，435名新同学，435张稚嫩的脸庞，小学的稚气和天真依然停留在他们身上，不经意间，他们就跨

过了门槛，迈进了中学的大门。

我们准备好了！

就让庄严的升旗拉开序幕，就让冉冉升起的国旗开启一个新的征程。

汤善龙校长首先热情洋溢讲话："当你跨进这所美丽的校园，你就成了二十九中大家庭的一员，在这个大家庭里，充满着真情，充满着友爱，充满着对一切美好事物的追求，自由的空间任你遨游，广阔的天地任你驰骋。合肥二十九中张开双臂欢迎你，同学们！"接着汤校长介绍学校的历史和发展、学校的荣誉和未来的发展前景，鼓励大家在几年的耕耘中，聪明才智一定能得到充分展示；在几年的奋斗中，一定会领略到青春的瑰丽、人生的真谛；在几年的磨砺中，也将逐渐成熟，并为自己的大学经历画上人生美好的一页，到那时，在更为激烈的社会竞争中必能乘风破浪，展现二十九中学子风采！

班主任亲手为新生佩戴二十九中绶带

接着10个班级的10名新生代表走上典礼台，走向他们的班主任，班主任们俯下身来细心将二十九中的绶带戴在新生们的胸前，这是成长的标志，从今以后我们就是一家人，我们有着共同的称呼——合肥二十九中人。望着一个个小不点，班主任们或摸摸他们的小脑瓜，或拍拍肩膀亲切地问候。灿烂的、会心的笑容洋溢在所有人的脸上，是的，从今以后的三年，我们将结下不解之缘，我们的心永远在一起。

2012-08-30

体育中考心理辅导演讲

　　站在这宽广的操场上，你也许已经记不清留下了多少个脚印；记不清在这红绿相间的塑胶跑道上来来回回跑了多少圈，挥洒了多少滴汗水，练习过多少个座位体前屈；双手摇绳跳过几万次，也许十多万次。不管在清晨的薄雾中，不管在艳阳高照的中午，不管是放学过后，还是在课堂上，总能在田径场上看到很多同学奔跑着、刻苦训练的身影。你们的坚持精神，你们持之以恒、勇往直前的态度，绿茵场跑道，还有这郁郁葱葱的香樟树看得清清楚楚，在座的老师们都看在眼里，你们的汗水不会白流，你们的泪水不会白洒！我想真诚地对大家说声：同学们，孩子们，你们辛苦了！

　　下午，就在今天 2013 年 4 月 24 日的下午，我们就要奔赴体育中考战场，用一个下午，也许只是 30 分钟的赛场拼搏来汇报我们这么多天披星戴月的刻苦训练。

　　此时此刻，我不知道大家心中的感受。是紧张不安，还是恐惧担忧，担忧自己发挥失常，害怕自己考不出好成绩？但是我想问下在座的同学们，恐惧有用吗？害怕有用吗？

　　人的一生就像登山一样，我们羡慕"会当凌绝顶，一览众山小"的成功，我们更要懂得欣赏沿途风景的惬意；我们感慨十年磨一剑，苦心人，天不负，卧薪尝胆，三千越甲可吞吴的历史壮举，我们更要懂得乘风破浪追逐人生不断拼搏的从容和镇定。

　　所以今天我首先送给大家两个字"镇定"。

　　镇定是一种蓄势待发的准备状态，是走上中考战场的从容；镇定是大考当前，我们哼着小曲彼此幽默开涮；镇定是保持微笑有礼貌地对裁判老师打个招呼，热情地喊一声"老师好！您辛苦了！"这样在不经意中对考场的生疏感、紧张感就会消失，获得心理上的安全感。

　　其次，我要和大家分享的两个字是"专注"。

　　瓦伦达是美国闻名的走钢丝杂技演员，人在离地几十米的高空走钢索，没任何安全保护措施，险象可想而知，但瓦伦达毫不畏惧，每战必胜。有人问他成功的诀窍，他说："我走钢索时，从不想到目的地，只想走钢索这一件事，专心致志走好每一步，不管得失。"后来心理学把这种专注于做自己的事，不为其他杂念所动的心理现象称为"瓦伦达心态"。考生要想获得成功，就应有这种瓦伦达心态。跳绳时心中只有跳绳，跑步时心中只有跑步，座位体前屈就想座位体前屈，不要思想向后，影响自己当下的发挥和下一场的成绩。

　　第三就是"自信"。

　　伟大的领袖毛主席说："自信人生二百年，会当水击三千里。"美国前总统罗斯福说："Belive you can and you're halfway there!"（相信自己你就成功了一半）希尔顿是世界酒店大王，现在他的酒店分支机构遍布世界各地，但他起家时仅有 200 美金。是什么使他获得成功呢？希尔顿回答说："只有两个字，那就是'自信'。"可见，信心孕育着成功，信心能使你创造奇迹。拿破仑说："在我的字典里没有不可能这一字眼。"正是这种自信激发了他无比的聪明与潜能，使他成为横扫欧洲的一代名将。在现实中，自信不一定能让你成功的话，那么丢失信心就一定会导致失败。很多成绩优秀的同学在考试中失利，他们不是输在知识能力上，而是败在信心上。当一个人连自己都开始不相信自己的时候，失败就注定要降临到他的头上。你已经练习了这么多天了，你平时的成绩都很好了，你能行，你一定可以！同学们，大声地告诉你自己，你有信心吗？我想与大家共勉这一句话：我也是高山，我也是大海，我也会成功，我也会辉煌。

第四是相互鼓励。

延参法师面对雅安地震中同胞说出这样一句话："不管命运给我们多少磨难，我们都要坚强地面对，相互温暖。"站在操场上，我们 400 多人，400 多个心灵，走出校园，走在十一中的赛场上，我们头顶只有一个名字——二十九中人，我们要相互鼓励彼此温暖，给彼此一个微笑的支持，一句打气的话语，我们在一起，我们一起昂首挺胸迈过中考战场。不是充满硝烟，而是一片阳光，二十九中的一片靓丽风景，有你有我的微笑，有你有我的从容，有你有我的友谊，有你有我的自信，有你有我的热血和拼搏，有你有我的精彩！

2013-04-25

二十九中红五月感恩教育温暖父母心

5 月是火红的季节，在 5 月 12 日母亲节到来之际，为了教育孩子们懂得父母的辛劳，感恩父母的养育之恩，二十九中全校开展"感恩"主题教育活动。

5 月 6 日周一第一节课各班召开了感恩父母主题班会，有的班级开展了"感恩"主题讨论，有的同学说出母爱也许不要过多的言语，只要一个轻微的动作，一个动人的表情，常常让人泪流满面。八（6）班的陶梦凡说父母常年在外地工作，一直和爷爷奶奶生活在一起，自己要写一封给爸妈的信，借母亲节表达对父母的思恋。九（10）班的同学们一起回顾了母爱的点点滴滴，有的同学说母爱融入了小时候的乳汁，长大的唠叨，在枕头边伴我们入眠。很多班级还探讨怎样拉近和父母的关系，用实际行动用语言温暖父母的心。上午在全体升旗仪式上七（9）班的王春晓同学代表全体同学发表了"感恩"主题讲话，她倡议大家，"感恩之心"可以以不同的方式转化为"感恩之行"，作出一些我们的回报。

　　5月7日，学校政教处和团委倡议全校同学行动起来：写一封给爸爸、妈妈、老师的信，亲手为爸爸、妈妈、老师制作一张感恩贺卡，开展"让我感动的爸爸、妈妈、老师"故事征集，各班出一期"感恩"主题板报。孩子们用稚嫩的笔触写道：星星睡了，月亮睡了，唯有您妈妈还没有睡；有的同学写道父母为了自己操劳，无以回报，一定努力学习，让妈妈露出开心的笑容；还有的同学表达了母亲节到来之际一定拥抱自己的爸妈，做一桌可口饭菜让爸妈休息一下。

　　5月9日上午，虽然天空淅淅沥沥下着小雨，却让人感受母爱的丝丝温暖，100名二十九中的小同学们主动在政教处老师的组织下，面对着摄像机镜头表达了对父母的爱，孩子们略带羞涩说出"爸妈我们爱你！你们辛苦了！"有的同学还描述了十几年来成长中父母的关爱，有的同学表达歉疚自己成绩不理想，但是一定会加油的。中午，全校开展了感恩父母贺卡展览，一张张贺卡载着一颗颗幼小的心灵，一张张贺卡也装满了一个个幸福的家庭。有的同学把父母的结婚照片放在贺卡中，有的同学折叠无数个星星做成一个温暖的心形献给妈妈，还有的同学用彩泥做成各种爱心的造型表达着对妈妈的爱。下午3点，100多名家长代表也陆陆续续来到二十九中阶梯教室，他们看到了孩子们制作的感恩贺卡，观看着孩子们对父母的感恩视频，欢笑声此起彼伏。阶梯教室外下起了阳光雨，五月，二十九中的孩子一颗颗爱心撑起一片蔚蓝的天让这个季节更美！

2013-05-10

二十九中"我爱我"心理健康周主题教育拉开帷幕

我爱我主题班会认识你自己

5月20日上午，合肥二十九中"我爱我"心理健康主题教育正式在初夏的校园里拉开帷幕。

石榴花开红艳艳，杜鹃花格外烂漫飘香。早晨7点10分，第一节主题班会上，各班级在班主任和班干部的组织下纷纷开展了"我爱我"主题班会，有的班级开展主题心理健康普及教育宣传，有的班级开展"优点大爆炸"活动。七（6）班同学们在主题班会记录中写道：这次非同寻常的班会课让我了解了自己的长处，增强了我们的信心，没有想到自己原来有这么多被埋没的优点。八（6）班的姚慧萍老师还专门列出了小主题：我是谁？别人怎么看待我？我在同学和老师眼中是一个怎样的人？八（9）班的孙干老师格外兴奋，感受颇深：一节课让同学们更深地了解自己，变得格外的阳光。九（2）班的同学们也纷纷为同学们中考加油，班主任薛华芳老师通过大屏幕一起和同学们分享了三年的精彩照片，在温暖的轻音乐中一同回顾成长的历程，写出给彼此鼓励的话，教室里欢声笑语，大家一起分享着祝福，彼此加油。

阳光诵读传递正能量

9点30分伴随着庄严的升旗仪式后，合肥二十九中8位心理志愿者老师和30位阳光心理社团的同学们站立在国旗台下，老师们分别诵读着：生活是一首歌，吟唱着人生的节奏和旋律；生活是一条路，延伸着人生的足迹和希望；心里有春天，心花才能怒放；胸中有大海，胸怀才能开阔……同学们也齐声诵读着：我是个富有的人，我的内在充满无穷的潜力和创意，我有坚定的决心和超人的耐力，我是强健、快乐、坚韧而又能力的，我总是精力充沛，办事有效率，我会把任何的阻力转化为助力……清脆有力的阳光诵读回荡在美丽的校园里，向广大师生传递着正能量。

丰富的主题教育活动释放心理压力

阳光诵读完毕后，心理志愿者团队还公布了本周5·25活动的方案：有学弟、学妹写信为毕业班同学加油活动，"帮助同学解忧愁"心理小征文活动，"与压力共舞，潇洒迎接中考"宣传展览,"关爱女生,健康成长"宣传展览,心理健康知识展览,还有心理拓展体验活动,快乐游戏大比拼。活动从周一到周五,内容丰富,让广大师生充分体验心理活动的魅力,释放心理压力。

为九年级毕业生加油助威输入心灵动力

政教处还向全体师生讲述了从理化生实验考试到体育中考,我们取得的优异成绩,并对广大同学们勤奋学习和老师们敬业的状态表达了由衷敬意,呼吁全校七、八年级同学和全体老师为九年级同学加油,在事先准备好的两条"为学哥学姐中考加油"和"九年级的毕业生我们支持你们"横幅上签名,表达祝福和鼓励。

作为第二届合肥市校园文化艺术节唯一优秀心理社团的二十九中阳光心理社团一直不断拓宽学生的心灵世界,建立心灵大信箱,让有困惑的同学给老师、给同学写信,

学校还专门建立了"你问我答心灵之窗"，为师生之间搭建一个开放的桥梁，关爱孩子心灵世界，关心学生健康成长。

2013-05-20

二十九中"我爱我"心理健康节圆满落幕

5月24日上午大课间，二十九中操场上人声鼎沸，5·25心理健康节最后一场拔河比赛正如火如荼地进行。9点50分伴随着裁判员赵旭老师一声嘹亮的哨声，八（10）班获胜，本届健康节正式落下帷幕。本届"我爱我"心理健康节上，同学们感受到了阳光诵读给心灵注入动力，全体师生一起为毕业生加油签名鼓励，针对毕业生各种减压以及中考心理疏导，开展了"放飞梦想""为你解烦忧"以及拔河、兔子舞、袋鼠跳、七彩连环炮等心理拓展活动。

中考心理减压

5月20日周一毕业班的心理减压主题班会上，各个班主任积极有效地针对毕业生开展各种心理健康主题分享活动，心理志愿者团队还走进毕业班开展毕业班级心理辅导活动，通过情绪宣泄和毕业留言等多种方式，缓解学生心理压力，让学生自我调整，轻松自信走上中考战场，每个同学写出了对彼此的祝福，最后每个同学分享了大家对自己影响最大的祝福，老师要求同学们珍藏这份祝福，在自己情绪低落的时候，拿出来鼓励自己。

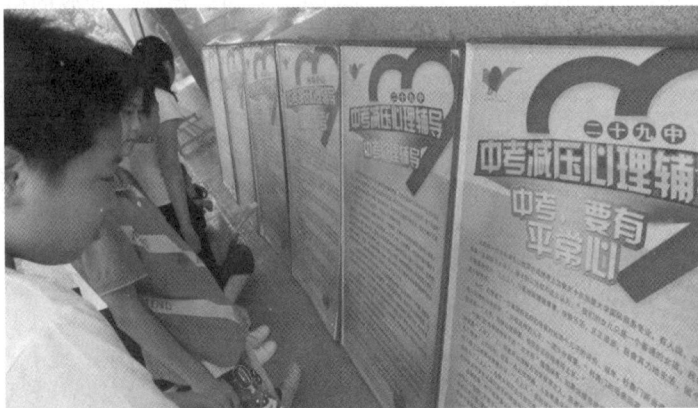

　　心理辅导中心还针对毕业班的同学们紧张的情绪，制作了 10 块"毕业生中考心理辅导"展板，有效指导考生正确调整自我，积极迎接中考。政教处团委还利用周一升旗仪式开展全校师生为毕业生加油活动，汤善龙校长和邱先明副校长带头在"九年级的毕业生我们永远支持你们"的主题横幅上签下自己的名字，写下美好的祝福，广大七、八年级的同学们也纷纷在"为学哥、学姐中考加油"主题横幅上签名加油。

放飞烦恼

　　5 月 21 日课外活动上，同学们在老师的组织下跳起了"快乐兔子舞"，各个班级围成一圈，前后相扶，在欢乐的音乐中摆动左右腿，整齐有序的步伐，同学们铿锵有力的呐喊使运动场变成了欢乐的海洋。

　　接着老师给每位同学发了一张纸，让同学们写出自己的烦恼，然后所有同学为 10 名同学解决烦恼。在柔和的钢琴曲中同学们聚精会神地写出帮助自己的同学解决烦恼的办法，然后全班同学一起分享同学们彼此之间的烦恼以及大家解决的办法，最后老师要求同学们做自己情绪的主人，放下包袱，把烦恼抛到九霄云外，所有的同学把烦恼纸张折叠成小飞机，在《飞得更高》的音乐中，老师要求大家，把烦恼抛去放飞梦想，大家齐呼"我要飞得更高"，一起放飞小飞机。

快乐心理拓展游戏

　　5 月 23 日中午 13 点，二十九中操场上人山人海，虽然是烈日当空，但是同学们依然热情如火。第一个游戏是十人十一足游戏，班主任们积极参与、组织，同学们个个奋勇当先。从操场这边到那边距离50米，两边裁判老师计时，随着裁判员王建老师的哨声，比赛正式开始，这个比赛体现出了团队的协作，有的班级提前练习熟练，速度很快，有的班级比较生疏，全班10名同学倒成一片，但是大家都彼此鼓励到达终点。

第二项比赛是袋鼠跳，采用接力比赛的方式，两个人待在一个麻袋里，4个班级8名同学同时参加比赛，裁判员一声令下，激烈的比赛开始，两旁同学呐喊助威，参赛同学彼此协作、个个奋勇争先。有的同学摔倒了，爬起来继续，彼此搀扶着，班主任在一旁加油，场面非常热烈。

第三项比赛是七彩连环炮，每个班级10名同学参加比赛，看在5分钟的时间内哪个班级吹爆气球数量最多，这项比赛最刺激，也是挑战同学们的心理极限，"嘭嘭"的响声，同学们的欢呼声连成一片，很多同学表情极其壮烈，男生们在女生面前显得格外英勇。

最后一项是拔河比赛，所有的班级都参加了比赛。比赛要求5男5女，采用淘汰制，5月24日大课间，全校开展了拔河比赛的决赛，汤善龙校长、朱维同书记和邱先明副校长亲自到场观战加油，同学们热情更高，加油声响彻二十九中的校园。很多同学在参加"我爱我"心理健康节时感触很深，不仅是欢乐和放松，更能感受到团队间的协作，不仅是一场场比赛，更是获得一种精神动力，彼此间的友情和师生情得到了升华。

有趣的"幸福时刻"   罗老师！牛！

　　一个筛子，一个小人，一张"幸福时刻"图纸，三套卡片，孩子们一起就疯玩起来。只要你告诉孩子的玩耍方法，他们就乐不可支、兴趣盎然。他们有的模仿老太太的步伐，有的说说自己最喜欢的一道菜，有的唱歌跳舞，按照既定的规则，同学们个个手舞足蹈，游戏有点小刺激。

　　说出你的真心话，大家一起来，还有快乐小节目。先是自己说，然后大家问，先是自己做，然后大家一起做，小游戏透出大智慧，一下子把同学们紧紧地吸引在一起。分享感受的时候，孩子们说"好玩，有趣，过瘾"。有的小组竟然可以改编游戏的玩法，把快乐小节目改成"大冒险"，让其他同学出题，让他去冒险，果然更有意思，有的同学说这就是"大富翁"啊！

　　衷心感谢罗老师，您的聪明智慧，带给大家，带给孩子们多少欢声笑语。致敬！

2013-09-05

二十九中缤纷社团动起来了

10月10日上午9点半，二十九中全体师生聚集在田径场上，今天学校要举行2013年校园九大社团招募大会。

汤校长首先发表了热情洋溢的动员讲话，他列举了早在20世纪初陈鹤琴、蔡元培等教育家们提出"强健全民综合素质"的教育观点，针对当今世界发展人才目标从单一领域的人才转向了复合型人才转变，要求广大同学通过社团活动，锻炼自己的能力，更好地适应社会。他列举了我校的足球社团、篮球社团、经典诵读社团以及阳光心理社团曾在全市荣获的奖项，鼓励大家积极加入社团。

接着校园的九大社团纷纷亮相，蓝天合唱团、阳光心理社、金话筒主持人社、经典诵读社、文学社、活力篮球社、足球社、健美操社、美术动漫社，各个社团的老师和同学们简要地介绍了社团的情况，邀请大家积极参与到社团中来。同学们也积极踊跃地来到各个社团的展位前，咨询并填写入团表格。美术动漫社团前排成了一条长龙，篮球社章严老师被同学生围成一团，经典诵读社团的40张申请表格很快被同学们领取完了，九大展位前个个门庭若市。社团活动将为同学们提供一个展现自己风采、智慧、特长的机会。同学们的积极参与和支持，将会使现有的社团更加健康稳定地发展下去，并必将对同学们今后的学习、生活产生积极的影响。

2013-10-10

蓝天心灵氧吧开展"美丽的合肥我的家"主题心理讲座

　　10月16题下午课外活动，合肥市第二十九中学蓝天心灵氧吧举行了一场针对我校七年级200名进城务工人员子女的讲座"美丽的合肥我的家"。主讲刘宗珍老师从美丽的合肥谈起，引导大家增强对合肥第二故乡的归属感，要求广大同学认真学习，不辜负老师和家长的期望，加强自身的信心和对家庭、学校和城市的责任感。刘老师在讲座中还引导大家增强规则意识，规范自己的言行，遵守交通规则，遇到危险学会求助，积极参加学校各项文娱活动和体育锻炼，学会和同学友好相处，相互合作，诚实守信，注重仪表。刘老师列举了很多鲜活的事例，教育孩子们如何适应中学生活，做一名合格、文明的中学生。最后，讲座在齐声朗诵诗歌《我的未来不是梦》中结束。这次讲座在学生中引起积极的反响，取得了良好的效果。

2013-10-17

心理健康主题国旗下讲话稿

尊敬的老师、亲爱的同学们：

　　大家早上好！和着清晨清澈温暖的空气，让我们的心灵一同感受着这美好的世界。

　　心，自我们呱呱坠地的那一刻起，便以一种强大的生命力跃动着、存在着，它安静地处于我们的胸腔里，并带有真实而炽热的存在感。然而，它不单单只是我们身体的一个部分，它还载着我们的灵魂，它用它最独特的力量饱含着我们的欢笑、我们的悲伤、我们的迷惘、我们的希望。它和我们一起从一个幼稚、天真的婴孩变化成如今的我们——站在风里遥望远方的少年。

　　今天我们正处于青春期的敏感时期，我们会突然发觉眼前的世界迷茫起来，我们会突然发觉父母多余起来，我们会突然发觉自己孤寂起来，我们的心情总是会如晴雨一般无常起来，朋友越来越疏远，现实越来越模糊，而心也越来越脆弱。

但是，最怕的不是这些，而是当我们发现或遇到问题时却不知如何解决，甚至没有勇气去解决，一味地逃避，心里的包袱只会越来越沉重。

所以，在这样的一个日子里，我希望对大家说，让我们勇敢地和心灵交谈，让我们勇敢地面对！

我们可以寻找父母，诚恳并真挚地将烦恼诉说，他们是我们最爱也是最爱我们的人，他们的爱会像一盏明灯，照亮你前进的征路。

或者我们可以寻求老师的帮助，把自己内心深处隐藏的一切安心地表达，老师是最好的听众，无私的他们同样会如一艘小船载着你离开迷途。

你可以在操场上奔跑打球，你可以听音乐，甚至，对着蓝天与绿荫，对着明溪与繁花，用心去体会这个世界的存在，用心去触摸它的美好，用心去感受它的多彩，你终会发现心情不禁快乐起来，而心灵仿佛经过暖阳的照射一般，再次温暖起来，不再潮湿，不再彷徨。

我们是处于成熟边缘的少年们，我们一定会经历这样或那样的问题，我们一定会遇到这样或那样的烦恼，所以，我们要学会正视问题，学会请求帮助，学会调整心态，让心灵健康快乐地成长，让我们共同去追求那最明媚的心灵的阳光。

2013-10-21

二十九中蓝天心灵氧吧焕然一新开放迎宾

10月21日9点30分，二十九中全体师生汇聚田径场隆重举行周一升旗仪式。伴随着五星红旗冉冉升起，合肥二十九中蓝天心灵氧吧辅导老师叶文林发表了"让心灵健康快乐地成长"的主题讲话。叶老师针对处于青春期的青少年，指导他们正确地面对困难和困惑，要求大家在自己迷茫和失望的时候，可以寻找父母诚恳真挚地将烦恼诉说，可以寻求老师的帮助，可以运动、听音乐。心灵氧吧中心全体9位老师和心理社团的学生代表还齐声朗诵了《成为富足的自己》，让广大同学感受周围的爱、欢乐和富足，激励大家为与众不同的自己欢呼。心灵氧吧正式向全校1300多名同学发放了《蓝天心灵氧吧温馨提示卡》，从今天开始每天蓝天心灵氧吧在12点30分至13点20分向全体同学开放，装修一新的心灵氧吧里，同学们可以提前预约来这里学习交流，和老师同学倾诉，也可以看书，做沙盘玩具游戏，同学们也可以将自己的烦恼投进阳光信箱。

12点30分，20多位同学在心灵氧吧楼梯口早早排好了长队，负责值日的吕雅淳同学让大家有序地登记，前15名同学兴高采烈进入心灵氧吧，值班的管老师要求大家遵守纪律，并指导同学们怎样玩沙盘游戏，并和前来的同学亲切地交流。伴随着柔和的钢琴曲，美丽的蓝天心灵氧吧里，同学们兴致盎然地玩沙盘，专心致志地读书，大家仿佛置身青青芳草地，快乐健康地呼吸着新鲜的空气，将一切烦恼忧愁抛到九霄云外。

2013-10-21

二十九中开展"拒绝网吧健康成长"主题教育

11月11日，二十九中政教处、团委组织全校师生开展了"拒绝网吧健康成长"主题教育，教育广大学生懂得自律远离网吧健康成长。

7点10分第一节班会课，各个班级纷纷组织召开主题班会，有的班主任按照学校统一制作的《拒绝网吧健康成长》班会课件进行课堂活动，一起诵读了《安徽文明上网四字歌》；有的班级开展班级大讨论，让大家一起讨论网吧对我们自身的危害性；还有的班级开展情景剧表演，模仿父母在网吧里找到网瘾少年的情景，同学们表演得惟妙惟肖，欢声笑语之余，深刻地教育了同学们。

  上午大课间全体师生校会上，政教处管老师发表了"自律、自强，远离网吧"的主题演讲，管老师列举了很多青少年因为迷恋网吧最终走上不归路的事例，警醒广大学生自我约束、自我克制。同时他还列举了很多名人伟人的故事激励大家树立远大的人生目标，抵制各种网络诱惑。最后管老师让各个班级经常上网吧的同学主动上来签名表态，很多同学勇敢走上来在横幅上签下自己的名字。针对我校进城务工人员子女较多，家庭教育监管缺失的情况下，二十九中还积极开展了关于"网络文明"主题家长学校，希望多管齐下帮助孩子抵制不良诱惑，健康快乐成长。

2013-11-11

期中考试后反思国旗下讲话

各位同学：

  早上好！十分荣幸能够在这样一个充满希望的早上有机会和大家一起交流，因期中考试刚刚结束，今天我跟大家交流的主题是"如何面对考试成绩"。

  在我们人生、学习、生活中我们总要面对大大小小的考试，其结果总有令人欢喜令人忧，几家欢乐几家愁，不论结果如何，那都已成为过去。有句格言说得好："未来属于自己。"

  我们应该用崭新的面貌去迎接未来，用坦然的态度去面对成绩，用理智的眼光审视自己。

怎样坦然地面对成绩？

首先，我们要跳出分数看分数。我们不能以分数作为衡量自己的唯一标准。考试过后，我们着眼的不应是自己得了多少分，而是失了多少分，失分在哪里，每张试卷都是一张体检报告单，它能反映我们的症结所在。只有知道了症结所在，我们才能在今后的学习中对症下药，有的放矢，从而提升自己。我们要从分数中寻找自己的不足，就必须从过去的失误中找原因。英国诗人纪伯伦说过："过去是最好的预言家。"以往的不足可能在未来不止一次地威胁你的成绩，所以我们要在失分中分清是失误性失分或是知识性失分。失误性失分是较容易也是必须解决的，例如漏题、审题失误，等等。或许有些同学会对这些嗤之以鼻不屑一顾，认为在下一次考试中自然会调整过来。我想这是十分危险的。如果你没有用心调整你的考试态度，那么在将来的考试中你就要为自己的疏忽付出沉重的代价。常言道：多出妙手不如减少失误。在调节失误之后，我们也要重视知识上的漏洞。许多同学有这样的误区：有些题目在考场上没做出来，考完后都恍然大悟，就认为这些题目是不小心做错的。事实上这种情况正说明你对知识的掌握不够扎实。知识性失分的原因对每个人来说都不尽相同，可以就哪儿不懂学哪儿，有计划、按部就班地学，直至自己找不到漏洞。

现在有些班级有些老师已经在提倡大家建立错题集，这是一个很好的学习习惯，做错题目是难免的，有错就改才能进步，俗话说，吃一堑，长一智。如果同学们能从做的错题中得到启发，从而不再犯类似的错误，成绩就能有较大的提高。从错误中吸取教训，得到启发，以此警示自己不犯同样的错误，提高练习的准确性。另外，错题集的另一好处是为今后的复习提供重要内容，这可以节省时间，希望你养成做错题集的好习惯，并且能经常阅读，相互交流，别人的绊脚石对你来说也是块金子。

坦然面对考试，还应该坦然平静地面对名次。大多数人会因自己的名次而扼腕叹息或骄傲自满。我想问大家一句："你认为是你在左右名次还是名次在左右你？"如果你回答是你在左右名次，那么你就有足够的气度去面对成绩；如果你认为是名次在左右你，那你必须学会调整。从长远的角度说，我们要着眼的不是成绩好坏而是进步与否，可以问自己我进步了吗，如果我们进步了，那么我们应该对自己充满信心，因为自己还有实力做得更好，只不过是失败暂时阻止成功。

每一次考试结束，我们就要打点行装重新上路，阿达尔切夫说过："生活如同一根燃烧的火柴，当你四处巡视以确定自己的位置时，它已经燃完了。"命运掌握在自己手中，希望在面前招手，我们要勇敢地迈步向前，不要畏惧失败，有选择就会有错误，有错误就会有遗憾。只要我们能及时调整，就会峰回路转柳暗花明。

成绩不代表一切。我想说：路断尘埃的时候，给自己一双翅膀；厄运突降的时候，给自己一个微笑；雨雪连绵的时候，给自己一份责任与梦想。

人生如箭，不管前方是风雪弥漫还是繁花似锦，开弓只能勇往直前。让我们坦然地面对成绩，用自信的微笑迎接崭新的未来，来迎接下一次考试。

2013-11-26

二十九中开展毕业班迎中考百日誓师大会

　　3月5日是学雷锋的日子，对于所有初中毕业生来说也是他们迎接中考一百天的纪念日，合肥二十九中全体师生汇聚田径场隆重举行迎中考百日誓师大会。

　　9点30分，全体师生在田径场集合完毕，伴随着隆重的开场曲，三位毕业生代表张天雅、王丹丹、张宏激情昂扬地表达了自己迎接中考的信心和勇气。毕业班教师代表年级组长徐中山表达了自己要与大家齐心协力为集体荣誉努力奋斗。邱先明副校长代表学校向全体奋战一线的老师和努力学习的同学们致敬，他鼓励大家珍惜、拼搏、奋斗"一百天"，用微笑、自豪和荣耀迎接火红的六月，书写我们无悔的青春。各个班级的同学们在班主任的带领下在全校师生面前慷慨激昂集体宣誓，九（1）班全体同学振臂高呼："不负父母，不负恩师，永不退缩，永不彷徨……"九（6）班集体宣誓："高扬青春风帆，搏击人生风浪，让父母为我骄傲，让母校为我自豪！"各个班级的宣誓如同波涛汹涌此起彼伏，毕业生们一个个用自己激情的呐喊表达着凌云壮志。七、八年级学弟学妹代表夏红霞等由衷地为学哥学姐加油！学校届时还要将各个班级的誓言以及每个学生的誓言制作成誓言墙，鼓励鞭策毕业生们齐心协力赢在中考。

二十九中母亲节开展百个家庭
感恩、孝亲、亲子系列主题活动

5月11日，在温馨的母亲节到来之际，二十九中组织开展了感恩作品展览、主题孝心教育和家庭亲子趣味运动会，100个家庭组合参加了本次主题系列活动，内容丰富多彩，形式多样。

感恩贺卡展览情暖人心

8点整，参加母亲节活动的各位家长陆续来到二楼多功能厅，许磊老师引导家长们一起欣赏了同学们制作的一张张精美的感恩贺卡，有的写满了对妈妈的祝福："妈妈我爱您！节日快乐！""妈妈，您要保重身体！"还有的同学们用《游子吟》等诗歌表达对母爱的赞颂；很多贺卡上同学们还用山水画、乌鸦反哺、羔羊跪乳等中国传统表达孝心的图片表示对母亲深沉的爱，还有的同学亲手折叠很多亮晶晶的小星星围成心形祝福妈妈，现场的家长们欣赏之余啧啧称赞。

孝心教育催人奋进

8点30分，活动正式开始，占明忠副校长首先代表学校对参加本次活动的一百个家庭的父母代表和学生代表表示热烈的欢迎，他衷心地表达了对所有参加本次活动的母亲表示节日的问候。接着，政教处管以东主任开展了主题孝心教育，他从妈妈十月怀胎的辛苦到婴儿呱呱坠地新生的痛苦，引导现场的同学感受母亲的不易，针对孩子们中相互攀比的现象，管老师指出父母在这个城市生活的艰辛，希望大家能体谅理解父母。管老师列举了汶川地震、MH370失联以及"岁月"号沉船等灾难性事件，很多人永远失去了父母，教育大家珍惜拥有的幸福。管老师采用了心理学的催眠技术引导大家体验失去父母的痛苦以及自己因为心理脆弱自杀身亡给亲人带来一辈子的伤痛，伴随着哀婉的音乐，全场同学们和家长们哭成一片，在《烛光里的妈妈》音乐中，管老师让引导现场的同学在母亲节的今天跪在父母的面前表达对父母的感恩之情。最后全场的100名同学纷纷走上前台，面向着台下的父母，表达自己一定会努力学习报答父母。有的同学激动地说自己以前经常惹妈妈生气，请妈妈原谅；有的同学泣不成声说虽然成绩不好请妈妈相信自己一定会努力的；有的同学泪流满面诉说着父母每天工作的辛苦表达对父母的爱。"妈妈我爱你！""妈妈您辛苦了！"现场所有的母亲和父亲也被孩子们真挚的表达感动地流下了热泪。

亲子运动会生动有趣

9 点 20 分，全体家庭代表在田径场集合，许磊老师对大家进行了分组，指出今天开展活动的内容，两人三足比赛和袋鼠跳游戏，他详细地讲解了比赛的规则。伴随着陈凯老师的一声哨响，以家庭为比赛单位的三人两足趣味运动比赛正式开始，家长们个个争先恐后，王丹丹和自己的爸爸一马当先，他们在事前做好了充分的预演准备；孔维宇母子在激烈的比赛中摔倒在地，母子俩齐心协力马上爬起来继续向前；七（5）班的邹登峰同学和自己的奶奶组合参加了本次比赛，虽然速度不快，但是引得现场家长和同学们热烈鼓掌。经过激烈的预赛和决赛，最终胡学莉等 10 个家庭组合获得一等奖，王晨冉等 20 个家庭组合获得二等奖，占明忠副校长为获奖家庭颁发奖状和奖品。

2014-05-12

二十九中开展毕业班"我们在一起"主题教育活动

5 月 19 日上午 9 点 30 分，二十九中全体师生汇聚田径场，政教处、心理辅导中心组织全体师生专门为毕业班师生开展一次"我们在一起"主题教育活动。

伴随着五星红旗的冉冉升起，毕业班老师代表贾秀英表达了三年来和同学们一起走过的幸福历程。贾老师深情表达了对所有毕业学子的眷念和祝福，她细述三年中一起收获过胜利的欢笑、体味过失败的痛苦；她和大家一起回忆在运动会、足球赛上激动瞬间，重温各种联欢、晚会的悠扬歌声欢乐的舞曲，最后她激励大家一起携手跨进中考的考场，去书写青春最绚丽的一笔。

接着，九年级张天雅等8位学生一起代表全体学生表达对每个老师的祝福，他们逐一讲述了每一位老师让大家感动的点点滴滴：孙干老师的和善、幽默，汪元革老师的朴实、热心肠，姜曙老师生病仍坚持上课，叶文林老师的循循善诱，王学老师整洁优美的板书，侯荔红老师的争强好胜，还有很多很多……最后毕业生们总结：每位老师都尽心尽力，每位老师都很辛苦，每位老师都是恩师，每一位老师都值得大家尊敬，孩子们集体向老师鞠躬感谢。每当提到哪一位老师时，都会被下面同学们的热烈掌声打断，温暖的师生情荡漾在美丽的校园里。

最后全体七、八年级同学举起横幅"学哥！学姐！我们在一起！"一起向所有毕业生致敬。这是毕业班级的心理加油启动仪式，更是拉开了全校5·25第四届心理健康节的帷幕，届时学校还将组织"为学哥学姐祝福加油"征文活动，发放毕业生中考心理指导战术小册子。全体二十九中人一起营造同舟共济的集体氛围，为毕业生走上中考战场保驾护航。

2014-05-19

二十九中"我爱我"心理健康节圆满落幕

5月24日中午，二十九中田径场上人山人海，第四届心理健康节最后一项活动心理拓展游戏比赛正开展得如火如荼。

12点50分，全体参与心理拓展活动的同学聚集在田径场上，管以东老师专门就一周来开展的各种心理征文、心理诵读、给学哥学姐加油以及心理小报进行了积极评价。伴随着章严老师一声响亮的哨声，十人十一足比赛正式开始，各个班级在班主任的组织带领下齐声高喊"1212"。第一组七（9）班以娴熟的技术迅速越过终点线，全班同学欢呼雀跃。许磊老师还专门在起点线上对一些技术陌生的班级进行指导，八（10）班的同学们在一旁认真地组织练习，总结步伐和合作的技巧。那边的拔河比赛也在陈凯和王建老师的组织下火热开始，欢呼声和加油声此起彼伏，所有的班主任老师亲临现场指导加油。八（4）班的同学出手不凡，过关斩将，从初赛第一到复赛第一，冲进总决赛，最终不负众望荣获冠军。

5·25心理健康节对于二十九中学生来说是放松快乐、放飞心灵的节日，在这一周内大家汲取正能量，同时也一起分享着心理健康知识带来的愉悦，这是一次加油，一次班级凝聚人心的契机，每位同学不仅收获快乐，同时也丰富了自己的心灵。从第一届到第四届，心理健康节从最初的普及心理健康知识逐渐成为孩子们自我成长、自我加油、自我调节的心灵旅行。

2014-05-25

二十九中开展"小升初"主题衔接教育

6月7日上午，来自二十九中周边小学共计280名小学毕业生来到二十九中校园，学校教务处、政教处组织开展了一次"小升初"主题衔接教育。

8 点，小学毕业生们陆续来到校园，在老师的组织带领下，共分成 15 个组，七、八年级共计 15 名志愿者学生代表扮演学校导游带领大家参观校园，小导游们个个口若悬河介绍学校的景观、历史、文化以及学校的荣誉和教育教学情况。

8 点 30 分，全体小学毕业生们汇聚在田径场上，占明忠副校长首先代表学校对于小同学的到来表示热烈的欢迎，占校长要求小学生们努力学习，打下良好基础。教师代表贾秀英老师发表热情洋溢的讲话，她介绍了初中的丰富课堂以及校园生活。学生代表夏红霞和操世宇介绍学校的老师和校园的社团，希望小弟弟妹妹更多了解初中，做好心理准备。紧接着来自凌众拓展公司的 15 位老师组织了全体同学开展了各种如"抓手指"等趣味游戏，各个小组分别进行了组队活动。在老师的带领下，各个小组团结一致画出小组的标志、口号，并进行了集体展示，有的命名"天之骄子"，有的命名"蓝天搏击"，有的命名"笑傲江湖"，每个小组风格不一、生动活泼。最后，全体 15 个队还开展了一次"无敌风火轮"游戏大比拼，同学们群策群力、团结合作制作了一个个"风火轮"。随着裁判老师的一声哨响，比赛正式拉开帷幕，最后第十五组同学齐心协力取得冠军，获奖同学欢呼雀跃。最后，政教处管以东老师带领全体同学了解校园"蓝天文化"精神以及校徽的深刻寓意，教育小同学们自信、自强全面发展自己，为走进初中大门奠定良好的基础。

2014-06-09

二十九中开学典礼开展"明德、自强"系列主题教育

3 月 2 日上午，二十九中新学期开学典礼在田径场隆重举行，今年开学典礼围绕"明德、自强"开展主题教育。

9 点 35 分，全体师生 1300 多人在田径场集合，伴随着庄严的国歌，一面崭新的国旗冉冉升起，新的希望也升腾在每一个二十九中人的心中。学生代表项静和赵广辉两位同学倡议大家在新的学期抬头挺胸、精神振作、信心百倍，满怀一个伟大的决心开始新的征程，从一点一滴做起，培养良好的品德，并以"天生我才必有用"来激励大家，怀揣梦想去奋斗、拼搏。教师代表董婷婷老师代表全体 97 位老师宣誓一定兢兢业业、为校争光，在教学教研上狠下功夫，努力提升教育教学质量，不辜负社会和家长的信任。

张成校长寄语广大师生，在新学期到来之际，做有道德的人，做有梦想的人，希望大家携手共进，为二十九中发展壮大做出努力。一年之计在于春，在这新的起点，政教处管以东主任带领全体学生一起宣读誓词：孝顺父母，尊敬师长；诚实守信，和睦交往；明德懂礼，宽容谦让；遵守纪律，自律自强；爱护公物，勤俭节约；自立自信，实现梦想。在莘莘学子高亢的励志呼号中，二十九中新学期正式拉开帷幕。

2015-03-02

二十九中开展毕业班体育中考心理辅导

4 月 13 日上午，二十九中开展毕业班学生体育中考心理辅导，为即将踏上体育中考考场的所有毕业生进行心理辅导助跑中考。

9 点 30 分，一面崭新的五星红旗冉冉升起在校园的上空，主持人李灿老师告诉七、八年级学弟学妹，今天我们的毕业生即将奔赴一中考场，这是一次对我们所有毕业生多少天的辛勤付出和心态的考验。接着心理辅导中心管以东老师从淡定的心态、专注的态度、积极的暗示和互相鼓励的精神对广大毕业生进行辅导，他还带领毕业班的同学自我加油一起喊"我能行！我很棒！"所有的全体学弟学妹还一起高举"学哥！学姐！我们在一起！"的支持横幅，鼓励毕业生昂首挺胸迈过中考体育考场。最后管老师特别指出，一中的考场不是充满硝烟，而是一片阳光，二十九中的一片靓丽风景，有你有我的微笑，有你有我的从容，有你有我的友谊，有你有我的自信，有你有我的热血和拼搏，有你有我的精彩！

2015-04-13

合肥二十九中第六届心理健康节开幕

5 月 5 日下午，二十九中第六届心理健康节在田径场开幕，300 名学生代表参加开幕仪式，同学们个个喜气洋洋，并佩戴老师发放的"自信、乐观、宽容、真诚、勇敢、友善"等积极心理品质的心形牌。

15 点 50 分，蓝天心灵氧吧管以东主任简要介绍我校心理健康发展情况，并就期中考试后大家如何调整心态积极面对提出建设性意见。他指出本届健康节主题为"珍爱生命、拥抱生活、放飞梦想"，希望全体同学积极面对人生的挑战和挫折。首先进行的活动是各班精神面貌大比拼，要求各班级 3 分钟之内创建自己的班级宣言，全班集体宣言，老师一声令下各个班级排山倒海的气势让人群情振奋，拼搏、进取、团结的口号响彻在校园的上空；第二项比赛是"十人十一足"游戏，陈凯老师哨声一响，参加队员个个奋勇向前，有的小组因没有齐心协力，导致落后，最终在集体相互鼓励中走到终点；第三项比赛是"开火车"，这项游戏充分展示出团队的合作精神，七（4）班一马当先最终获胜；接着进行的比赛是拔河，这项比赛大家热情最高，通过小组直接淘汰到半决赛、决赛，七（8）班同学凭借实力一路凯歌夺得冠军。

为了落实教育部心理健康文件精神，二十九中以心理健康课堂为主要载体，以学生在校的各个成长阶段为契机开展心理健康教育活动，本届心理健康节上学校还将开展心理主题征文、心理剧表演以及家长心理沙龙活动，充分调动广大学生的自觉性和能动性，把积极心理品质精神发扬光大，让每一位二十九中学子都能收获正能量，促进自身健康幸福成长。

2015-05-06

二十九中别样母亲节亲情嘉年华

　　5月9日8点，二十九中校园上演母亲节亲子嘉年华活动。首先所有家庭组合集体展示，50名学子代表一起为母亲演唱耳熟能详的老歌：《世上只有妈妈好》《烛光里的妈妈》《鲁冰花》。贾秀英老师组织一场亲子感恩互动教育，同学们深情表达对父母的感恩，宣读给妈妈们的一封信，妈妈们也情不自禁热泪盈眶表达对孩子的期望。最后在田径场上，王建老师组织了所有的亲子代表开展亲子趣味运动会，有两人三足、亲子跳绳、飞夺泸定桥、乐翻天游戏吹气球等丰富多彩的运动游戏，最后大家一起体验了"如果你是我的眼"和"有你有我"亲子陪伴游戏，让孩子们牵着爸爸妈妈的手，感受成长的责任和对父母的关爱。

2015-05-09

二十九中毕业季：放松心情、放飞梦想

心理辅导异彩纷呈

5月21日上午，二十九中政教处、团委组织全体九年级毕业生400多人开展主题为"我们在一起"的团体心理辅导活动，帮助毕业生放松心情、放飞梦想，凝心聚力迎接中考。

"亲爱的同学们！大家每天埋头于书山题海，每天早出晚归，也许经常开夜车到深夜，也许很久没有看电视、电影，也许很久没有玩游戏，你们辛苦了！"这是今天负责心理辅导的管以东老师的开场白。10点30分，全体九年级毕业生在田径场集合，团体心理辅导活动正式开始。今天的团体辅导活动很丰富，有折纸飞机抛开烦恼游戏，管老师让所有的毕业生把烦恼写在烦恼卡上，然后一起折成纸飞机，将烦恼像放飞纸飞机那样地抛向九霄云外；有集体兔子舞运动游戏，在王建老师的带领下，大家随着动感的音乐一起跳起来，先是班级围成一个小圈跳舞，然后逐渐全校围成一个大圈集体跳起来；还有动情的"请在我背后留言"毕业祝福鼓励活动，大家把对同学的祝福和鼓励的话写在背上，有的说"你钻研的精神值得我学习"，有的说"你是我的骄傲，让我们一起战斗坚持到底"，还有的同学主动找到张成校长和武涛、董婷婷等老师书写祝福语。最后在老师的鼓励下，毕业生们踊跃跳上舞台为班级加油，为同学鼓励，每个班的同学都振臂集体高呼"九#班，加油，永远向前！"同学们纷纷在"我们在一起"主题海报上书写下自己的豪情壮志和为班级加油的口号，有有趣、放松的游戏互动，有情深意浓的毕业留言祝福，有豪情壮志的毕业寄语。二十九中每年毕业季毕业生团体心理辅导活动帮助学生调整情绪、端正态度、坚定信心，以更昂扬的姿态走向中考考场。400名同学振臂高呼为自己加油，一个个积极踊跃为班级加油、为自己鼓劲！一棵树，一片林，一片风景，每一个人自我超越，为与众不同的自己欢呼，为独一无二的自己呐喊，用实际行动在中考战场上用满意的尽力的成绩回答无悔的青春！

2015-05-21

二十九中开展"5·25 珍爱自我"主题教育活动

5月25日，全国心理健康日到来之际，合肥二十九中组织一系列围绕心理健康的教育活动，教育指导广大师生珍爱自我、欣赏自我、克制自我、成就自我。

上午第一节主题班会上，各个不同的年级组展开专题主题班会，七年级围绕"珍爱自我，做情绪的主人"，八年级班会主题是"珍爱自我，志存高远"，九年级的班会主题是"珍爱自我，张弛有度，笑迎中考"，各班同学围绕主题进行了讨论。

9点30分，在全校周一升旗仪式上，班主任代表李灿老师向全校师生发出倡议：保持积极的态度，珍爱每一天。珍爱每一个学习机会，珍爱每一次与同学的对话，珍爱每一次班级活动，珍爱每一个自己的成功与挫败。

为迎接5月第六届心理健康节，全校已经在各班开展了七、八年级心理拓展活动，烦恼征文、九年级的中考团体心理辅导以及家长心理讲座和沙龙活动，通过丰富的心理健康教育活动让广大师生心向阳光、健康成长。

2015-05-25

二十九中开展励志成长
暨森林课堂主题教育活动

6月4日，二十九中组织全体八年级350多名学子走进渡江战役纪念馆、安徽名人馆和滨湖国家森林公园，开展红色励志成长教育与绿色森林课堂教育活动。

　　8 点 30 分，9 辆大客车载着全体八年级学子迎着清晨的微风浩浩荡荡出发了。第一站来到雄伟的渡江战役纪念馆，大家一起参观了英雄纪念碑、五大总指挥雕像，见到了革命战争时代的枪支弹药，听导游讲解战火纷飞的年代共产党人抛头颅洒热血的革命故事，同学们变得庄严肃穆。

　　10 点整，大家走进了安徽名人馆，迎面的华夏 5000 年安徽名人雕像让人肃然起敬。根据历史文化的脉络，在一楼展厅里大家学习了有巢氏、皋陶、老子、庄子、管仲、范增、包拯、朱元璋等古代历史文化名人的故事，在二楼展厅中大家聆听导游讲解中国近现代史，大家穿过古徽州的街头巷尾，欣赏马头墙，听到红顶商人胡雪岩的不平凡人生，了解合肥人台湾首任巡抚刘铭传的爱国事迹，晚清大臣合肥人李鸿章洋务运动的社会积极影响，听导游介绍新文化运动的倡导者安徽人陈独秀和胡适等等。在名人馆门口全体八年级同学高举校旗和国旗集体宣誓："学习做人！学习立志！学习创造！拼搏进取！奋发图强！为校争光！"

　　12 点 30 分，全体师生乘车沿着风光秀丽的巢湖岸边来到滨湖国家森林公园，在大自然的怀抱里，孩子们尽情地享受天然氧吧新鲜的空气，在葛亮、刘宗珍老师的带领下，同学们分别开展了生物、地理、化学、动物四个小组的观察研究。孩子们兴致勃勃，当书本上的知识呈现在眼前的时候，一切都生动起来了，知识流入心田的感受原来是这么奇妙。

　　不知不觉中，一天的时间很快过去，但是这一天所获得的人生感受将会成为孩子们初中三年最珍贵的财富。参加本次活动的师生们在归来的途中意犹未尽，都表示受益匪浅，有的同学说以后懂得珍惜光阴、努力拼搏、回报社会，有的说以后要用坚定的信念面对未来的人生，还有的同学说集体远行增强了彼此之间的友情，互帮互助中集体主义精神得到升华！在喧闹的城市生活和紧张的学习生活之余希望能够多开展此类活动，让心灵得到陶冶，精神暂时放松，对大家的心理健康都是有很大好处的。

2015-05-26

二十九中元宵节喝"心灵鸡汤"

2月22日元宵佳节到来之际，二十九中专门组织了全体班主任老师和300名毕业班的学生开展了一次心灵拓展之旅，帮助老师和学生在新学期放飞心灵拥抱世界。

班主任：活用心理技巧，助力班级管理

"元宵节不请吃汤圆，请大家喝心灵鸡汤。"这是8点班主任例会上政教处管以东主任的开场白，他先介绍元宵佳节的传统民俗和"月上柳梢头，人约黄昏后"的经典名诗句，引导出今天的特邀培训老师——全国知名心理拓展培训师、厦门湖里区未成年人心理辅导站罗家永老师。罗老师为广大班主任开展"活用心理技巧助力班级管理"的主题培训，带领大家体验异掌同声、时间高度、抓乌龟等多样的有趣游戏，让班主任老师把趣味游戏引入课堂和班级管理，丰富教育教学内容，所有的班主任老师尽情体验心理小游戏的生动有趣。

全体师生：沐浴积极心灵春风，与爱同行

9点30分，新学期开学典礼上，占明忠副校长发表了"以积极心态迎接新的一年"的主题讲话，他要求全体二十九中人凝心聚力扬帆远航。贾秀英、李灿两位老师深情读着感动校园人物的颁奖词，不管是敬业奉献、爱生如子的老师，还是遵德守礼、乐学向上的学生，一个个感动人心的故事不时激起全体师生热烈鼓掌。一股积极向上的力量，一缕沁人心脾的春风，优良的校风、教风和学风如涓涓细流，滋润着我的心田。

毕业生：放飞心灵，扬帆远航

第四节课，在阶梯教室里，全体毕业班的学生还在老师的带领下开展一场"梦想起航"主题中考心理总动员。罗家永老师带领广大老师和同学一起做"挑战不可能"游戏，体验不断自我超越的成就感。毕业班的老师积极参与进来，李园园老师对广大刚刚考试完毕的同学们说："一次失败不代表永远的失败，成功就是经得起磨砺。"刘宗珍老师鼓励广大同学年轻就是敢于不断自我挑战。年级组长陈锋老师号召莘莘学子自强不息、奋力向前、有志者事竟成！在老师的带领下大家高举拳头大声宣誓：为了母校、为了老师、为了家长、为了自己的荣耀而战！管以东老师让大家纷纷把自己的中考梦想写在心形卡片上，贴在二十九中梦想展示墙上，让全校师生共同见证中考到来之际我们的信心和行动。

2016-02-23

二十九中感恩亲子情暖五月天

5月7日上午，合肥二十九中65个家庭共140位家长和学生来到学校，在老师的组织下开展感恩诗歌诵读，感恩亲子主题教育故事分享，学生心中最美爸妈印象，亲子互动情感交流，亲子趣味运动会。特别的爱给特别的你，感恩亲子活动有爱有趣，情暖五月天。

家庭组合集结号

8点开始，家长和孩子们陆续来到校园，学生自主管理中心的小同学们身披学校的绶带已经在门口迎接各位爸爸妈妈们，"欢迎您叔叔！欢迎您阿姨!"一个个彬彬有礼招呼家长，签到贴标签，井井有条，家长们一个个啧啧称赞，喜笑颜开。

经典诵读献给妈妈的歌

七（4）班的樊明霞等两位同学深情地朗诵《母亲》，全体同学进行集体诵读《游子吟》，个体诵读和小组诵读以及全体诵读结合，高低起伏，抑扬顿挫，引得家长们掌声不断，孩子们纷纷走下舞台把手中的康乃馨献给自己的爸爸妈妈。

亲子趣味游戏看默契

徐凯老师带领全体亲子家长开展了一个有趣的数字组合游戏，数字击掌，家庭组合数字击掌，从5到9到15，大家在分享游戏中达成亲子默契程度。趣味中引人思考，假如我们遇到分歧，怎样达成一致？

古今中外感恩故事

叶文林老师声情并茂通过PPT，跟家长和同学们讲述了四个感恩的故事。《感恩的心》《孝心无价》《一朵玫瑰花》和《世界上最美的泡面》，教育同学们要体贴关心父母，在家要尽力承担一些家务劳动，减轻父母负担。要尊敬和爱戴父母，听从父母的正确教导，不可当面顶撞父母。碰到一些比较重要的事情，一定要和父母商量，尤其是升学、就业等大事，一定要征求和认真考虑父母的意见，在生活上要艰苦朴素、勤俭节约，不向父母提过分要求，不纠缠。

爸爸妈妈难忘的故事

叶启文、费浩然、张俊明等 6 位同学走上舞台分享和爸爸妈妈在一起的难忘故事。从小的时候生病妈妈背着走很远的路去看医生，受伤的时候爸妈从很远的地方回来带自己去看病，父母省吃俭用给自己买玩具和书，每一个精彩爸妈感动的故事都引得全场掌声响起。

感恩亲情互动

管以东老师引导大家一起冥想自己的出生和成长，讲述了很多父母为了自己的孩子宁愿付出个人生命的故事，教育广大同学珍爱生命。情到深处，同学们纷纷走上舞台大声表达对自己父母的爱，引得大家热泪盈眶。

第四届趣味亲子运动会

在田径场上，章严老师组织广大家庭亲子代表开展两人三足游戏，哨声一响，一起向前冲，有的抱着孩子跑，有的组合边跑边喊口号，有的家庭跑步中摔倒但是爬起来继续向前；在开展的吹气球接力游戏中，亲子组合神态百出，笑声、嘘嘘声、惊呼声一片。

心理拓展"你是我的眼"

小时候你牵着我的手慢慢长大，今天就让我们当作爸爸妈妈的眼，让爸爸妈妈蒙着眼睛体验在黑暗中被孩子牵引着一步步向前走。孩子们感觉到自己对父母的重要意义，父母也感受到了原来我是如此的依赖自己的孩子，亲情在那一刻得到升华。

从 2011 年至今，二十九中每年在红五月开展感恩亲子教育，在孩子的心灵深处种下一颗感恩的种子，让孩子懂得体谅父母的良苦用心，懂得自己长大，懂得爱自己，珍爱生命，感恩父母，肩负家庭和社会的责任。

2016-05-08

合肥二十九中第七届心理健康嘉年华落幕

5·25心理健康节到来之际，合肥二十九中开展丰富多彩的心理健康嘉年华活动。走出校园开展放飞心灵活动，搭建舞台表演心理剧，开展校园心理拓展活动，组织征文、小报各项心理健康教育和心理沙龙，指导广大师生悦纳自我，以积极心态迎接幸福人生。

5·25岸上草原：海阔天空，放飞梦想，争做骄傲少年

5月19日15点，二十九中全体八年级400余名学子在老师的带领下来到滨湖岸上草原，站在山坡上，背靠大湖，面向名城，迎接5·25心理拓展活动。各个班级进行形象展示，集体讨论班级文化精神和口号，大声喊出并摆出POSE。不论是温文尔雅的兰儒阁还是激情飞扬的劲竹，还是独具文学底蕴的梅墨轩和笃行班，都表现得异彩纷呈，青春飞扬。各班同学还分别进行精彩的节目表演：歌曲《MY LOVE》《说唱脸谱》以及相声、小品，同学们的表演不时赢得众多游客驻足观望，精彩之处无不掌声雷动。最后大家一起唱起激情飞扬的《骄傲少年》，在夏日灿烂的阳光下，同学们大声唱出自己的心中梦想和人生追求："世界之大，总想要去飞，就算满身伤痕也不曾后悔，无人喝彩，依然在期待，雨后的彩虹它是那样的精彩。奔跑吧，骄傲的少年！年轻的心里面是坚定的信念！燃烧吧，骄傲的热血！胜利的歌我要再唱一遍！"激动人心的歌声激荡在岸上草原和巢湖畔，一个一个的青春梦想将从巢湖畔扬帆远航。

我爱我心理健康主题教育：珍爱自我，欣赏自我，悦纳自我

5月23日9点30分，在全校周一升旗仪式上，八（5）班学生代表李洁玉向全校师生发出"我爱我"倡议：保持积极的态度，珍爱每一天。珍爱每一个学习机会，珍爱每一次与同学的对话，珍爱每一次班级活动，珍爱每一个自己的成功与挫败。班主任例会上心理老师教育指导广大师生珍爱自我、欣赏自我、克制自我、成就自我。下午主题班会上，各个不同的年级组展开专题主题班会，七年级围绕"珍爱自我，做情绪的主人"，八年级班会主题是"珍爱自我，志存高远"，九年级的班会主题是"珍爱自我，张弛有度，笑迎中考"，各班同学围绕主题进行了讨论。

心理拓展游戏体验：趣味横生，热血沸腾

5 月 24、25 日中午，全体七年级和九年级同学在学校田径场开展趣味横生的 5·25 心理拓展游戏活动。在"十人十一足"游戏中，随着章严老师哨声一响，参加队员个个奋勇向前，有的小组因没有齐心协力，导致落后，最终在集体相互鼓励中走到终点，七（2）和九（1）班一马当先最终获胜。陈凯老师组织大家热火朝天开展拔河比赛，这项游戏充分展示出团队的合作精神，通过小组直接淘汰到半决赛、决赛，七（8）班、九（4）班同学凭借实力一路凯歌夺得冠军。

心理征文：煲出一份份心灵鸡汤

5 月 30 日，全校进行的心理征文比赛，围绕当前初中生的心理困惑和烦恼，如：表达生活、学习中的欢笑或泪水，心理困惑或心灵感悟等，或表达对人生的思考，或一次心灵历程等，要求内容积极向上。老师提供了丰富的选题：中学生心理健康的标准，情绪主题，人际交往，生命教育，学习心理，青春期教育，考试心理，感恩主题，时间管理，自信主题。八（2）班李雯静同学写出了《我也可以成为太阳》："向日葵的执着就是守护唯一的太阳，只要面对着阳光努力向上，日子就会变得单纯而美好。"七（2）班的孙文静在《悦纳自己》中写道："我们仿佛是天上的星星，虽然微不足道，但是相信自己是最闪亮的那颗。总有一天，世界会因你而异！"八（7）班康升雯在《青春之路》中写道："青春是每个人必要经过的荆棘之路，它的好坏，它的帮助与伤害，可以帮助你磨炼意志。"最终七（2）、七（8）、八（2）、八（7）四个班级荣获集体征文一等奖的优异成绩。

心理小报：绽放心灵之花，传播积极正能量

5 月 31 日，本次全校的心理小报展评中，全校共有 32 位同学参与了评选，有四种不同的"我"主题，有热爱生活主题，有悦纳自己主题，有珍爱生命主题，心理健康知识普及，心理健康小测试，心情对话，还有指导初中生如何适应这个美好的世界，如何与异性交往，指导大家以乐观心态迎接成长中的烦恼。丰富多样的形式小报表达了同学们热爱生活、拥抱世界的积极心态，最终七（3）、七（8）和八（2）、八（7）荣获一等奖。

心理沙龙：漫谈心理危机，防患于未然

6 月 1 日 17 点，在全体教职工大会上，蓝天心理辅导中心王迪老师分享了校园危机干预的对策。王老师向广大教职工介绍了学生成长过程中可能诱发各种心理危机的事件：一是心理发育不成熟；二是学校生活有压力；三是家庭环境影响；四是不健康

游戏的误导。王老师介绍目前我国小学生中有异常心理问题和有严重心理行为问题的比例分别是14.2%和2.9%。无疑，青少年的心理危机又一次给家庭教育、学校教育敲响了警钟。王老师强调良好的师生关系、亲子关系、优良的班风和社会环境会促进学生心理的健康成长。

校园心理剧：直面心灵困惑，解析成长烦恼

　　6月2日12：40，七、八年级校园心理情景剧在二楼多功能厅举行。表演主题丰富多彩，《开心面对》表达了考试失利的自我反省，《悦纳自我》表现了拥抱生活的积极态度，《班长的烦恼》表现了金无足赤人无完人，《自己是最好的》表现了正确的接纳、自我肯定，一共10个情景剧演出，孩子们声情并茂表演了他们在成长过程中遇到的各种心理问题：学习成绩不理想的自卑、交友的困惑、父母离异的苦恼、考试作弊被发现的痛苦，还有碰瓷等社会丑恶现象，引起广大观看者的共鸣，赢得阵阵掌声，取得了良好的效果。经过激烈的角逐，八（2）、七（2）、七（5）、七（6）四个班级荣获本次校园心理剧大赛的一等奖。

　　合肥二十九中心理老师、蓝天心理中心主任管以东老师告诉笔者，从2010年至今，合肥二十九中心理健康教育已经走过7个年头，正式开设心理健康教育课，在每个学期的开学、中间、结尾不同阶段针对初中生成长中的烦恼进行团体心理辅导讲座和主题教育。通过课堂、国旗下讲话、主题班会等丰富的形式落实心理健康教育，5·25心理健康节更是异彩纷呈，心理剧表演、征文、小报、心理拓展活动等等，绽放出青少年的积极健康的心态，让孩子们在这片宽广的心灵大舞台上，海阔凭鱼跃，天高任鸟飞。

2016-06-03

合肥二十九中：毕业了！奔向远方！

　　拈花一笑，已然三春秋；缤纷六月，又到毕业季。六月，原不是离开的季节，情非得已，孩子们你们确实该离开了。6月4日上午，二十九中广大毕业班师生见证了这温馨而又激动人心的美好时刻，人性化的毕业典礼芬芳了孩子们青春求学岁月的美好记忆，画了一个圆满的句号。我们师生一起前行，共同参与，演绎一首永不后悔的欢歌。孩子们稚嫩的笑脸芬芳争妍，在六月蔚蓝的天空下，在万物葱绿和骄阳下，用流光溢彩的活动来编织成就灿烂的梦想。

寄语——师长、家长、学弟学妹，我们的爱一直都在

9 点 30 分，毕业典礼正式开始，年级组长陈锋老师表达了对同学们深深的眷念：还记得 2013 年 8 月 30 号吗？你们带着儿童的稚气来到二十九中，你们是我的第一次正式班主任的开始，总感觉像初恋一样，充满着期待。张成校长热烈致辞：在你们初中毕业的时候，必然和南淝河边这块土地有着割裂不断的留恋，而不管你们将来是到哪个新的环境中学习、工作，母校都会一如既往地关心你们的成长和进步，老师们永远期待着你们不断取得新的成功。希望你们牢记二十九中校训——"是己以自立，宽人而协同"，以大志向、大智慧和大担当，去成就自己生命发展的大格局，去创造自己生命的精彩。家长代表余蓓蕾妈妈深切表达心中的爱：不管未来怎样，我们都是你们坚强的后盾，爸爸妈妈永远因为你们而骄傲。学弟学妹代表卫健、许馨月真诚祝福：学哥学姐们，在你们即将奔向人生另一个里程碑之际，相信光荣和梦想将与你们同行，祝愿你们走向更加光辉灿烂的明天。

祝福——请在我背后留言

还记得第一次跨进二十九中的大门吗？还记得军训时的模样吗？还记得运动会上我们拼搏呐喊吗？还记得老师的谆谆教导，还记得我们的深情厚谊吗？还记得……在这最后的不寻常的日子里，让我们好好珍惜彼此，让我们真诚地为同伴送上最温馨的祝福。相信这些祝福可以感动我们，可以鼓励我们，会让我们坚持到底、永远不倒，让我们从容走上中考考场，奔向远方。同学们纷纷在彼此的背后留下真诚的祝福：祝愿你能考出好成绩，祝愿你永远是我心中偶像，我们的友谊天长地久，祝愿你将来拥有一个远大的前程。加油！相信自己！一路顺风！你是最棒的……

感恩——三年！谢谢您！

桃李不言，下自成蹊。各班同学代表纷纷冲上舞台，当着全体师生的面表达心中对母校的感恩。对着自己班级的同学大声说加油，我们的班级永远是最棒的！对着老师说：我们爱您，感谢您三年来对我们教育，我们会永远铭记的！有的同学分享着老师曾经的点滴关爱呵护，分享成长路上有您期待鼓励支持目光的幸福，不管是批评指责，曾经的一切，此刻化成美好的回忆，也许我不努力，也许我老惹您生气，但是我爱您！

师爱——春风化雨，润泽心灵

年级组长陈锋老师带领全体毕业班的老师在大家的掌声中沿着红地毯走上舞台。李园园老师说：人生的征途只走完一小段，还有更美好的未来等待着你们，只要你有

一颗永不放弃的心，路就在脚下。现在的毕业不代表最后的毕业，现在的分别是为了未来更好的相聚。记住，我们永远在一起，我永远爱你们！邱先明副校长寄语毕业生走得更远、飞得更高。刘宗珍老师深情致辞："亲爱的同学们，衷心祝福你们将开始新的生活！心有多大，人生的舞台就有多大，外面的社会才是你们真正的人生舞台，你们要竭尽所能，努力学习，认真工作，收获快乐幸福的人生，二十九中因你们而自豪！"董婷婷老师说："三年来，无论是我，还是你们，都在成长，都在各自的生命轨迹中完成了不可逆转的旅程。一路相随，便是缘分。我爱你们，愿你们的明天晴空万里，愿你们飞翔的蓝天可以更广阔更辽远！"老师从来没有放弃你们，老师永远相信你们，要记住不到最后一刻，都不要轻言放弃，就像老师一样一直为了心中的念想努力着，坚持着！还记得我们初三的黑板报吗？你若不离不弃，我必生死相依。

一捧捧鲜花代表的是感恩，代表的是祝福，也是对所有老师辛勤工作三年的充分肯定。我们拥有三个在一起的青春岁月，每一次同行，每一次私语，每一次会心微笑，每一次伤心流泪，每一次探讨与争吵，都将成为我记忆中珍贵的一页，是一辈子都不会忘记的愿彼此都能珍惜这份友谊直到永远。一个学生如是说："记得我刚来学校，一天放学下雨，老师您摸摸我的头说，没带伞吧，中午不要回去，我给你10元钱，买点盒饭，吃完休息一会，看看书，累了趴桌睡会。老师，您像爸爸妈妈那样关心我，又像朋友一样帮助我，我的人生因为有您而不再害怕，谢谢您老师……"

放歌——《最好的未来》

每一个人，都有权利期待，爱放在手心，跟我来。每朵浪花一样澎湃，每个梦想，都值得灌溉，每个孩子都应该被宠爱……全体同学手挽手深情歌唱，欢乐像葵花绽放在每一张脸上，朗朗甜蜜的歌声，生动了六月，蓬勃了六月，给人们以热情澎湃的遐想；你们是祖国的未来，是社会的希望，你们拥有最美好的未来。

毕业门——奔向远方

阳光下一个个莘莘学子昂首挺胸走过毕业门，跟校长握手，和班主任拥抱，将成为学生初中生涯最难忘的也最宝贵的美好记忆！校长和教师用温暖有力的手和孩子们一一道别，祝福人家一帆风顺，做一个负责任的人，一个对社会有贡献的人、幸福的人。三年了，我们在一起；三年后，我们一起奔向远方！

远方不仅有中考，还有更远的美景更高的天地，还有我们合肥二十九中全体毕业生、老师、家长汇聚在一起的深情厚谊。老师、校长的谆谆教导，学弟学妹的加油鼓励，家长们的殷切期望，对母校深深的眷念，对未来的无限向往，在夏日灿烂的阳光里汇聚成《最好的未来》在校园的上方飘扬。

2016-06-05

三、心理课堂反思

心理课老师要放松心情

准备上好心理课应该从 2011 年算起，4 年的时间，我觉得最重要的一点就是磨砺心理老师自己的心态。

首先老师应该是开放的心态。第一开放的学习心态。谦虚求学，不管是向身边的老师还是我们行业的一些专业的老师比如姗姗、李妮等老师请教。开放的心态其实关键体现在自己的为人处世，开放的心胸，一切了然于胸，轻松淡然化之。第二就是开放的课堂。允许学生说，让学生能够多说，表达就是最好的学习。

其次要有一种幽默的心态。把课堂发生的一些学生的错误行为用幽默的方式化解，并赋予教育意义。比如学生学生用脚踢前面的凳子，我问他前面的同学是否是足球；比如好几个男生弯着腰听课，我提醒他们当心前面同学放屁。品格高尚的同学会出去放，品格不错的同学会慢慢放，也有的同学品格高，但是控制不住自己，一个屁放出来可能导致你受伤或者轻度中毒昏迷。趣味的言辞活跃了课堂，同时也让孩子们自觉挺直身体。

再次课堂教育的故事性和趣味性并存。第一节课让孩子们知道为什么学习心理健康这门课，分析不同人面对同一困惑的心态，列举对比的事例，让学生生动地感知，在笑声中得到真传。反差对比紧密联系实际，甚至古今穿越，总之老师的思维发散，孩子们就乐学爱学，亲其师信其道，自然而然！

2014-09-04

学会表达也是一种能力

心理健康第二课，主题为"学会表达"。5 分钟的读书完毕后，第一个讨论是读书的方式方法，有的同学说直接看，开门见山，有的同学说先看目录，有的同学说先看封面，还有的同学说了解序言。每一种读书的方法没有对错，而是不同的角度。分享 5 分钟阅读后，提出自己的读后感，学生甲很快抛出一个话题引得班级轩然大波，"调皮的孩子才是好孩子"，学生乙立即反驳"如果全班同学都调皮老师怎么上课"。大家围绕着好孩子、坏孩子开展讨论，针尖对麦芒，争执不休。听话的孩子未必是坏孩子，调皮的孩子未必就是成功的孩子，有的孩子把好坏放在道德层面，有的把好坏放在是否有主见的层面上，还有的比较中庸表达听话有时也是好事，集体的约束本身就是一种教育。在大家积极的讨论中，我抛出了今天的话题"学会表达"，要不要表达？怎样表达？学会表达本是一种生活的主动态度，根据每一个人的不同气质，有愤世嫉俗暴风骤雨的，有温文尔雅的，还有的干脆独自一个人承受闷在心里的。有的同学分享了自己被同学起个绰号后的无助，有的同学描述了一次考试失利遭遇的白眼，大家讨论怎样表达然后获得心灵的释怀。

生活本是万花筒，每一种存在都有不同的表达，我们要让孩子们了解并选择适合自己的，不管怎样都鼓励他们掌握表达，这是一种生活的能力，也是自信自强的重要表现。

2014-09-10

自我介绍背后的心理

一个同学认识自己是这样的：我是一个活泼的人，我是一个开朗的人，我是一个有幸福家庭的人，我是一个喜欢音乐的人，我是一个有爱心的人。

一个学生说：我是从外地迁入合肥，性格内向，上课不举手发言，其实心里想，又怕说错了，心里一直争论不休，举还是不举，问题问完了。

还有的说：我是一个小胖子，心中很没有安全感，平日里都用自己的乐观掩盖起来，我很有人缘，但是成绩不理想，乒乓球和羽毛球我可是强项。

另一个同学说：我爱唱歌，在家里不敢高声唱；我爱开玩笑，到哪气氛活跃；我热情开朗，每天牙齿都见太阳；我对朋友敞开心扉；我很诚实，我认真面对坦诚相待。怎么样，听了我的介绍，是不是很想和我交朋友？

有的孩子写得很长，有的同学一句话就过，有的很真诚，什么都说，有的写得很谦虚。源于坦然面对，源于真诚相待，源于内心的秘密，源于自信或自卑，源于开放或者封闭。

如果没有留下任何痕迹或者一笔带过，就是封闭自己的内心，别人怎么和你交朋友？如果担心内心深处的秘密被别人察觉，也可以展露自己优秀的一面，让他人对你有所感知。开放心胸接纳的不是别人和世界，关键是自己。

2014-09-26

人际交往课堂的趣点

　　课堂最有趣的就是表达同一件事情不同人的反应，比如被踩一脚，有的人暴跳如雷不问青红皂白谩骂，有的人质问责备，有的人小声嘀咕，有的人忍气吞声。四类人的不同反应面对的是同一个事情，让孩子们自己说你被别人踩了以后，你会怎样反应，老师不要表态，尊重任何一个人的真实想法。

　　站在别人的角度和站在自己的角度，听到来自各个地方的不同声音。内心必然就有波澜，更能激发孩子自我发现和认识，我们该怎样赢得别人的欢迎和赞同，做一个受欢迎的人。什么样的人比较受欢迎？课堂反思，大家开展讨论，有人说积极的自信的人，有人说关心他人的人，还有人说理解宽容别人的人，有人说多才多艺的人。

　　这几种人一般怎样表现自己的呢？让学生自我展示，自尊自信和自卑的表演，学生积极踊跃，表演很精彩，特别当众赞赏表现自卑的同学敢于自我挑战。其次是人际交往中的一些诀窍，首印效应、晕轮效应以及近映效应，就是帮助学生找到一些人际交往的小诀窍，让孩子们在做各种事情时都要有应付的心理准备，充分准备做好每一件事情，就能够获得正面的、积极的肯定，信心自然得到提升。

2014-09-26

人生为了激动而来

　　当孩子们下课时蜂拥而来，向我索要电话和 QQ、签名，内心无比的欣慰和感动，因为我以一颗真诚的心赢得了他们的尊重和信任。

　　做任何事都要积极准备，也许生活的每一天都在准备着，从选题积极的心态到海量阅读中外积极心态的书籍应该有 100 本，我在不停地思考着、准备着，谦虚地向每一位老师请教，如何真诚地放下身段来组织好这一节对学生有意义的课，真正地帮助他们的成长。如同那些伟大的任务激励着我一样，我要用一颗火热的心来激励着每一位同学，让他们获得信任、尊重和激励，让他们体验人的尊严和人性的伟大。

　　人生如同潮起潮落，太阳升起的光芒和日落时的余晖同样让人感动，风调雨顺固然欣慰，劈风斩浪、绝处逢生更是人生的一种大境界，孩子们缺少的不是我倡导的，而是我们创造一种情景和氛围让他们感受到，原来可以有这样的世界，可以有这样的人生。

　　当我以激动的心情来准备好一顿丰盛的大餐和孩子们一起分享的时候，他们就能和我一样共鸣。

　　不知人生有多少概率让我们遇见，弥足珍贵的 45 分钟，滨湖四十六中七（1）班的同学们，你们让我感受到了真诚、热情、信任和豪情壮志，我为你们骄傲！

2014-10-09

关于生命的课题

　　本周课堂主题就是关于生命，也许过于沉重，但是我觉得也是迫在眉睫。课堂上带领学生一起朗诵汪国真的《热爱生命》，诵读我最喜欢的那一句"既然选择远方，就要风雨兼程，如果热爱生命，一切都在预料之中"。分享着自己小时候身边的那些轻生的案例，从村头的馋嘴媳妇因为一碗肉跳井到隔壁的老奶奶因为和媳妇拌上几句嘴要寻短见，延伸到我们今天的社会很多中小学生轻生的现象。在哀婉的音乐中让学生体验假如自己离开这个世界，发生变化，周围人的感受，孩子们纷纷谈到最痛苦的是父母，白发人送黑发人是人间最大的悲剧。孩子们说有时候压力很大，有时候感觉自己一无是处，有时候总被冤枉。我们一起讨论，你说我的成绩是抄袭的，以后我来抄袭给你看；你说我偷别人的东西，我就来偷东西；你说我是个笨蛋，我就永远不写作业；你说我是坏孩子，我就来学给你看看；你说我没有用，我就死给你看看！带领大家一起分析了那些灿若星辰的伟人和名人故事，在逆境、委屈、挫折面前他们的态度，成就大写的人，后世为之骄傲和自豪。引导学生珍惜每一天，过好每一天，发现自身的优势，珍惜自己，改变人生的态度，乐观面对。一个孩子拿起自己阅读的一本书《感谢那些伤害我们的人》，表达了挫折也能让我们更坚强。热爱生命是幸福之本，同情生命是道德之本，敬畏生命是信仰之本。

2014-10-22

生命之不可承受之轻

生命的话题也许对于心理健康课堂是首要的话题，让学生明白生命的意义和价值，让学生知晓如何历练自己一颗坚强的心，让学生明白如何做最好的自己，让学生知道接纳自己，让学生学会以怎样的一种态度面对人生的风雨坎坷失败和打击。

《我能行》和《刘媛媛演讲》看完后，孩子们纷纷积极分享自己以怎样的一种态度面对人生的不公正。有的说我们的过去无法选择，将来却在自己的手中；有的说我们需要感谢我们的对手，感谢那些打击我们的人；有的同学说接纳自己所有的一切正面迎接人生的风雨；有的说人生最重要的是赢在终点；有的说了很多精彩的语录让我惊讶。我觉得当我们感受别人的力量的同时，并把这样的力量传递给身边的人升华提炼，更加光辉灿烂！

课堂上讨论是一种升华，更是一种思想的碰撞。大家发表自己的见地，无形中让自己内心变得更加强大。

《开讲啦》特约嘉宾陈州故事的分享，让孩子们也陷入另外一种思考，同样的面对人生困境和磨难以及不公正待遇，大部分人依旧在乞讨过着没有尊严的生活，然而他却用自己的实际行动书写了大写的人。

困境面前我们的思考退缩还是前进？如何练就一颗坚强的心？生命之花如何开得灿烂？

课后发现当我等待着，当我欣赏着，当我弯下腰来，发现孩子们积极踊跃地展露自己的才华，让人如此的欣慰，生命如此之美！

2014-10-29

青春期性教育不可小觑

　　最近一周课堂的主题就是青春期教育，设计很简洁，从国内外培养孩子的独立意识故事谈起，比如美国大学的贷款到徽商的出门三根绳的故事，引导出什么是青春期；然后分小组进行讨论，青春期我们的变化，小组推荐发言。孩子们谈到自己的身高体重和身体特征以及个人独立性、与父母的关系，当有的同学提到了男女同学关系比较敏感的时候，借机谈到了男生和女生都很热门的话题，一起讨论该不该交朋友，怎样交朋友，让学生自己在分享中水落石出。很多男生表示不屑和女生交友，很多女生反而很大方认为很正常，"女汉子"的名词在学生中比较流行，很多女生表示其实是女生的一种自我保护。顺便就引导出了青春期的自我保护，通过视频案例与学生们一起分享了早恋的恶果以及遭遇不良侵害的案例，最后指导大家如何自我保护，预防不良伤害。

　　这个世界就在孩子们的眼前，作为大人要告诉孩子一个怎样的世界，怎样预防。孩子有了心理准备，才能积极应对，相反很多老师自己觉得不好意思，遮遮掩掩，孩子自己也模棱两可，特别是目前很多家庭教育边缘化的儿童少年，更要加强青春期性教育。学校要创造一个足够安全的环境，就是课堂给予他们表达的环境，课外给予他们展示的空间，让孩子们在足够的空间里彼此自由健康成长。

　　问题出来，首先是接纳，其次是帮助他（她）面对。千万不能视为洪水猛兽，或者拒之千里之外，可能导致孩子对抗或者离家出走、离校出走，有些问题是家长导致的，有些问题是社会因素，有些问题是老师导致的。

2014-12-18

寻找快乐的源泉

　　课前三分钟，产生三位幸运同学，分别代表着积极乐观、情绪低落、怒发冲冠。积极乐观者可以享受和自信天使的对话，情绪低落者可以和圣诞老人深情拥抱，怒发冲冠者就可以大声宣泄。然后进入下一个话题：

当下中学生的快乐是什么？有的孩子说是毫不顾忌的大吃大喝；有的想到全世界旅行；有的孩子说是克服困难后的喜悦；有的说是妈妈给的爱，吃糖时的甜蜜，看电视的消遣，听音乐的愉悦；有的说是打乒乓球、踢足球；有的孩子说永远告别作业，有的孩子说拥有很多的 MONEY，买自己想买的东西，有的孩子说被别人打欺负也是一种快乐！这个意见一出，立马遭到很多人的炮轰，此生反驳语出惊人，被别人打说明别人在乎你带你玩啊！分享自虐也是一种快乐，大家反驳生命都不爱惜，何谈快乐源泉，如此做法，家人会痛心不已，同学们如何看待。

还有两种争论喋喋不休，一种人说快乐是自我的感觉，一种人说那是一种自欺欺人。心态很重要，有的孩子总结说老师的快乐来自于桃李满天下，警察的幸福社会都遵纪守法，医生的快乐来自于大家的健健康康，每天都洋溢着笑容让大家看得见就是最大的快乐！

老师总结说：快乐是不是一种满足感，一种成就感，一种被需要感。孩子们似乎略有所悟。

大家纷纷举手：学习成绩提高，帮助有困难的同学，关爱身边的亲人。一生举手：快乐本身也是一种奉献，奉献爱心也可以收获快乐。是的！快乐不能一味地满足自己，不顾他人。快乐更不能损人利己，要建立在对生命意义本身热爱和价值的追寻。

2014-12-26

羊年的心理课有点玄乎

新的一年心理课堂中煞有介事告诉学生们，2015 年一定牢记我给大家的五样心理宝典。其实不过是卖个关子吸引学生注意力。第一宝典送给学生阳光灿烂，凡事要以快乐的心态面对；第二宝典不能挂羊头卖狗肉，学习、生活、做人、做事踏实；第三宝典就是不怕羊肠小道，前途是光明的，道路肯定是曲折的，只有经历不同的体验也许才能了解人生的丰富多彩；第四要扬眉吐气，以自信坦荡的胸怀面对自己的生活学习，昂起头来；第五宝典扬帆远航，永远对未来充满梦想，相信自己、相信未来！

让学生一起分析愿意扮演狼和羊的活动中，辩论关于羊的温顺究竟是好还是坏，激烈的争论最终没有定论，但是得出了很多不同的观点，4 位同学勇敢地站出来愿意扮演狼的角色，就是狼的霸气，狼的勇敢，不愿意当狼的同学说羊温顺善良，羊温柔可爱！好老师就是要善于挑拨离间，让课堂争论不休，答案尽在学生口中。从自然界的优胜劣汰到社会的竞争法则，必须让孩子们懂得这些道理。软弱是可悲、可气、可怜，但是内心强大心柔若水何尝不是另外一种风景。

在谈到怎样不被别人欺负的时候，全班头脑风暴。有人说自己努力学习强大起来，有人说搞好人际关系，有人说退一步海阔天空，有人说打不过就跑，众说纷纭。从动物的眼睛、嗅觉和爪子指导学生们，要有眼界，要有敏锐的观察力，同样要脚踏实地。

今天的社会我们从强大自己做起：一是洋溢在脸上的自信；二是长在心底的善良；三是融化在血里的骨气；四是两侧外泄的霸气；五是刻在命里的坚强；六是打造进灵魂的信念；七是蕴藏在心中的梦想；八是丰盈在大脑的知识。

2015-01-05

厌学之七宗罪

最近课堂的主题围绕学生的厌学，通过课堂调查学习表现不一，从非常热爱，到很热爱，到无所谓，到厌恶学习，到非常厌恶。有点热爱的比例还是一大半，孩子们在谈论爱好学习的原因，有的直接不避讳就说是为了父母的期望、爷爷奶奶的渴望，有的说是为了以后更好的生活，有的说上个好的高中，也有的说是学习成就感。

为什么当下存在很多的让我们有讨厌学习的情况？孩子们纷纷情绪高涨列举了一个个罪状。有的同学说学习任务多、难度大，作业多剥夺了他们快乐的童年生活；有的同学说考试的成绩经常让他们的心灵遭受创伤，特别是每次考试后老师和父母的指责；有的同学说老师和家长们一叶障目，因为学习不理想对自己全盘否定；有的同学说考试次数过多作业太多让大脑每天紧张杀死脑细胞；有的同学说每天早起晚睡经常熬夜影响身体健康；有的同学任务繁重剥夺了他们自由支配时间的权利。

作为老师，我们都要反思学生的厌学现象，首先是个人的学习动机，就是为了什么而学的问题。孩子上学态度不积极很大程度上都是觉得自己在为父母学，而并非在为自己学习。父母的督促、过度的关心导致他们觉得自己整天在被盯梢，自己不够独立。特别是当他们在学习上遇到挫折，所谓的考试成绩不理想后立马就会遭到家长或老师暴风骤雨的打击，从而失去兴趣和动力。作为教师，我们首先要反省自己的教育教学方式方法，我们对本身工作的热情和课堂的创新。当然家庭的教养方式方法是导致学生厌学的重要原因，家长自己的碌碌无为没有理想和人生目标必然对孩子的成长产生负面影响，或者家长忙碌无暇顾及孩子的成长，不能关爱、约束指导，靠天收的教育必然导致种子成活率低，过渡的关心和保护也会导致孩子变成温室里的蔬菜，缺乏生机与动力。

呼唤生态教育、自然教育，就是遵循自然的法则和人类发展的法则。

2015-01-09

心理课不是说出来就没有事了

在任何课堂上如何让学生能表达出来，我想对于一个老师来说是第一挑战，学生才思泉涌，思想的火花碰撞出来，必然激发课堂的内在潜力。

教师和学生心灵深处同等的默契，才能让课堂互动热烈。如同我和久违的孩子们第一次见面，他们已经坐在自己的位子上，拭目以待，我踱着方步走进来，期待、热烈，人群中有人发出"嘘！好有范啊！"然后你探照灯一样扫视每一个同学的眼睛，内心深处仿佛在说：终于见面了！是不是很期待啊？然后开讲抛砖引玉，大伙把这个年里激动的、喜悦、开心的、不开心的甚至倒霉的事情一股脑说出来分享吧！全场3秒钟冷静，我大声一声喊：第一个发言加3个星！全场雷动争先恐后，有的同学说了自己得到很多的压岁钱，口袋里还没有捂热就交给了妈妈；有的同学说交了一个新朋友，有的同学说过年最大的开心整天吃荤；还有的同学说过年可以尽情玩游戏；有的同学沮丧说成绩不好遭到了姐姐日语、韩语、英语的国骂。王仕成竟然说自己牵线搭桥让表姐找到一个男朋友，非常激动，都快刹不住车了。

试问了一下大家下一步的打算，人群中说"好好学习呗！"怎样落实这四个字？反问大家，这个世界我们无法改变，我们不能说我不喜欢语文就不学了，能改变的只有我们自己的内心世界。要想学好一门功课，首先要爱他，喜欢她，经常和他沟通交流，特别要和科目老师和这门课非常好的同学一起学习交流。其次是设定一个合理的目标，合理的目标让我们在学习尝试中获得成就感，越有成就越想学，越学越有成就；相反就是越不想学越没有成就感，越没有成就感越不想学。再次就是把有限的时间用在有意义的事情上，我们要懂得自律，自己控制自己，纵观今天的社会，游戏、电视、网络丰富我们的生活，也绊住了我们的手脚。最后是天道酬勤，你若好好做人做事，上天自有安排！

2015-03-03

意志力与孩子成长

　　这是一节关于意志力的心理成长课，与孩子们一起讨论影响我们成长的关键因素。很多同学都提到关于个人意志力不够坚定，不能阻挡现实生活中的很多诱惑，首当其冲的就是电脑、手机、网络、游戏。然后大家继续讨论为什么抵挡不住诱惑，有人说现在我们的生活太无聊了，回家就是写作业、吃饭、睡觉，家长哪都不让我们去；有的同学说游戏本身魅力太大了，让我们在网络空间中找到存在感和价值感；还有的同学说家长老师管得太多了，没有呼吸的空间了；还有说就是自己的自暴自弃；如果给你一个选择的权利，你希望一天的生活怎么安排？有人说吃了睡，睡了起来玩游戏，有的说早晨可以呼吸新鲜空气，午间可以尽情玩耍，作业做完可以出去旅游放松心情。如果有更有意义的事情在吸引孩子，孩子还会把精力放在更多的游戏和电视时间上吗？如果我们家长和老师多一些理解和鼓励认同，孩子还会在家里生活得很无聊吗？

　　孩子们说出了自己受不了诱惑的另一个原因是"从众"，我很惊讶，如此专业的名词。随波逐流，现在的孩子什么都懂！

2015-03-17

自我感受与生活态度
——心理咨询问题背后探究

　　下午在心理中心预约来了一位高一年级的同学，说睡眠不好困扰着自己。看着他腼腆有点无奈的表情，我问他需不需要加点水，他急忙说，老师不用了！进门打破心理隔阂从寒暄开始，下午怎么来学校的？每天上学放学的情况？现在进入高中一个学期过去了，感觉怎样？然后才慢慢进入正题，睡眠不好的具体感受？从梦的内容开始，孩子说经常做做习题的梦，每天从晚上11点30分上床，翻来覆去折腾一个小时才会睡觉。主要想什么？想一天发生的事情。感受是懊恼或者胡思乱想居多，每天就把一天和同学说的话，课堂情况，经常为自己没有说好话，或者没有及时发言没有表现好而懊悔，最多担心的是学习还有人际关系，感觉每天生活得很被动。

我尝试让他自己回忆自己感受良好的时刻，他说每一次积极主动地面对学习和周围的人时感受很好，平时不爱主动与同学交流，总是很严肃的表情。我建议他尝试微笑着面对身边的同学，想想会发生的改变。微笑是一种接纳别人的状态，给别人一个微笑，自己的世界也会充满阳光。班级里大多数同学都不积极发言，担心自己要是发言别人会说自己爱出风头。立即给予充分肯定其本身认识自己该怎么做，让他想想，假如自己一直在乎别人的看法，不积极发言的话，别人会肯定自己吗？他若有所悟，个人的自信自尊都是在一次次的自我展示与肯定中建立起来的。每天都是睡觉前想的都是愉快的体验，都是有成就的体验，都是自己积极主动人生体验，就能微笑进入梦乡。

学习不是生活的本身。每天常为学习而感到焦虑，觉得学习压力很大。除了学习以外有没有其他自己感兴趣的事情做了？他说没有，除了学习就是看看书待在家里，周末也不喜欢出去跟人玩。帮助他分析人的大脑抑制和兴奋的规律性，区域长期兴奋也会抑制，焦虑本身就是过于担心，焦虑有时也是钻牛角尖，自我调整自己。建议其一天要给自己20分钟的放松时间，玩自己喜欢的足球、篮球、听音乐、唱歌、奔跑或者呐喊宣泄。一个星期给自己两个小时的时间，玩自己想玩的，哪怕和同学一起看电影，让学习区域放松，及时刹车也是为更好的充电，找到一帮"狐朋狗友"做一些率性的事情，体验到生活本身的乐趣。发现周围好人缘的特征，他们可以和懂足球的人谈足球，可以与喜欢玩游戏的人一起谈游戏，可以与喜欢看电影的同学讨论最新的大片。

"作为一名八中学子应该为自己骄傲和自豪，每天和那么多高手在一个教室里学习生活，其本身是压力，但是和高手过招也是人生的一种挑战和乐趣，主动沉着应战，还是消极怠工，你一定知道该怎样做，如同我们八中的校训：我畅想、我追问、我行动！老师最后送你一句话，你领悟能力很高！我相信你！"

临别前，他留下我的电话，似乎放下了包袱，"老师您说得真好"！

关于学生的生活和教育，其实生活本身就是一种很好的教育，家长带着孩子过好每一天，学会做人做事，怎样让每天过得精彩，怎样与朋友亲人相处，家长本身就是一种最好的教育示范。

2015-03-29

给自己人生加分

很多孩子在内心深处都有一个美好的愿望，希望自己能够出类拔萃，但是他们没有得到具体的指导，于是在成长的历程中，总是感觉浑浑噩噩。成人都懂得一步一个脚印，然而很难具体指导怎样一步步地踏。在这一节心理课上，我就和同学们一起分享从哪些方面给自己的人生加分。第一指导孩子们形象加分，良好的形象不是名贵的穿着，而是干净整洁，是坐得正站得直，懂得微笑地面对周围的人。其次是品德加分，诚实守信是根本，拥有着真善美的纯洁心灵，懂得关心爱护帮助别人。学会谨言慎行，有规矩、有公德意识，做一个有涵养、有道德的新时代中学生。男生做绅士，女生要做淑女。再次是能力加分，做家务的能力，洗衣做饭的能力，个人生存的能力，人际交往的能力。最后是学习加分。不仅学知识、学本领，而且要学做人。要持之以恒，要善于求知求新，不断学习新知识，探索新事物。谦虚好学，敞开胸怀，拒绝保守思想，接受新生事物，要刻苦学习。

2015-04-03

和中学生谈如何让自己成为交际高手

选择这个主题上课，一方面是看到有的孩子内向，他们不懂得主动与人交流，同时内心深处又深深渴盼与他人的交流；另一方面也是个人成长情节，自我感觉初中时就是缺少主动交流，第一次发言的紧张与不安，自己曾几何时的血泪经验我要分享给孩子们。

通过开展班级讨论良好的人际关系与每个人成长的重要性，然后分析怎样才能拥有良好的人缘。孩子们第一就说到了敞开心扉，不要闭锁，接纳别人，以开放的心胸面对周围的一切，学会抬起头来把微笑送给同学老师，保证留下不坏的印象；第二主动为别人做事，一个懂得关心爱护同学的人一定很受大家的欢迎，非常积极主动在别人需要的时候伸出援助之手；第三学会倾听，当好一个好的听众，也是受欢迎的重要原因，专注倾听就是对说者最大的尊重，如果你暂时没有更好的话题表达，你可以静心听；第四寻找好的话题，见多识广，主动出击。要想自己和别人有更多的话题，必须自己有很多见识，你只有懂得，才能发表高见。不由想起自己在初中阶段迷恋唱歌，对流行歌手个人简历和歌曲烂熟于胸，在集体大教室里集体打地铺每晚睡觉前，同学们都不忘一定让我高歌几首，很多同学对我敬佩有加；第五有实力才有魅力，在集体的心理拓展活动中，可以通过两人三足、三人四足、口香糖等多样的游戏让学生学会主动与人交流配合，调动学生的积极主动性，很多孩子在课堂上收获了自觉能动性。

2015-04-03

打开心灵从快乐、有趣课堂开始

打开心灵从快乐、有趣课堂开始。尊重每一位孩子的表达方式。有的同学是含蓄的，有的同学是奔放的，有的同学很腼腆，有的同学热情活泼。为了让更多的同学参与课堂发言和自我展示，选择男女搭配形式班级自由接龙，制定统一的规则。孩子们兴致很高，课堂学生走秀环节，伴随着欢快的音乐，上场同学眼睛扫视全场，走到同学们中间，然后潇洒离去。选手激动紧张，下面同学欢呼尖叫。七（1）班的同学要出很酷的造型，全班同学都笑喷了，几个男生干脆坐在地板上。握手游戏要求看着对方眼睛握住对方的手说一声："请多关照，遇到你真开心！"游戏一开始发现大部分同学仅限于同性之间，然后发现个别异性同学之间可以通过击掌表达情感，立即要求所有异性之间击掌表达祝福和问候，甚至可以安排如同明星出场的方式，让所有同学伸出手，然后依次开始击掌。

2015-04-21

"输不起"的这一节课

又是期中考试后的第一天，天空仿佛人的心情一样，乌云小雨。现场调查发现大多数学生在期中考试后心情不好，然后我们让大家写心情感受，于是出现了"我不行，我真糟糕！我真垃圾！我很痛苦！我完了！我怎么活啊？"列举一个事例：手指在削苹果时被划一口子，下次如何预防？学生们纷纷发言，有的说不用刀子了，有的说就是要多练习，有的说总结经验，有的说需要时间愈合。一脸难过表达今天做错事被校长批评，同学们纷纷安慰我，有的在鼓掌，我说你们还嘲笑我，有的在讲话，我说你无视我的感受，然后分享成都 4·30 一个女孩因为成绩跳楼的事件，大家说"值不值"，顿时班级掀起轩然大波，有的说对生命的藐视，有的说给父母带来多大的痛苦，有的说这样不珍惜生命或者对社会也没有什么贡献。最后一个表演：今天回家遇到你爸妈情景剧。自己分配当父母和子女，第一个上场的同学演绎母女，表现了关爱呵护心理支持；第二个母子上台表演批评指责打击；还有一对父子之间的演绎由批评到理解。今天的心理作业就是成绩单下来后和父母之间的智慧对话。

指责的话：你看你笨的，这样简单的作业都不会，你是怎么考的？反问父母你是怎么教的指导的？指责的话：我们以前上学没有条件，没有能力指导你，你却不争气。反问你都小学没有毕业凭什么指责我？你知道我们学习多苦多累多难？你懂吗？指责：你看人家孩子如何如何，你看看你？反问你看看人家父母如何如何？教育孩子其实反问反抗有时也是对父母很好的警醒深思。

2015-05-04

《家长会后》心理剧奇葩孩子太有才

　　期考考试后几家欢喜几家愁，心理课堂开展了情景剧《家长会后》，让孩子自主编辑表演，学生兴致很高，有的同学表演了凶狠的爸爸对儿子的毫不留情批评指责后带孩子吃牛肉汤，有的表演慈祥的妈妈带领孩子回家安慰做好吃的饭菜压惊，有的表演父母之间的矛盾与孩子的教育，还有的表演父母对孩子的苦口婆心，全班一直捧腹不已。笑过后放松了，心情开朗了，从孩子们的身上看到父母教育的影子，折射出家庭教育的诸多问题，我想孩子们表演出来也就释怀了！

2015-05-12

心理课让内心释怀获得积极正能量

　　合肥心理健康观摩课听四十五中李菁老师诠释宽容的力量。热身活动拳掌相击导向化敌为友；让学生分享古今中外宽容故事，开展心态测试题目；分享生活中的宽容待人故事，继而引导分析一个生活中案例；换位思考，调控情绪，主动解开误会。最后大家一起心灵感悟，珍惜美好回忆最近的生活以及误会，如果时光倒流，你想对他们说什么？

　　五十中乙姗姗老师带领大家乘坐快乐列车向美丽出发。从我不满意到我很特别再到我很自豪，各个车厢在列车长带领下汇总分享，读绘本，自我体验，认识他们几个人，原来大家和我一样，所有的纠结在快乐中释怀。世界上你最独特，欣赏自己，发挥自己的优势，向着美好青春出发，享受青春的美好蜕变！

2015-05-14

座位、心态与人生

　　课堂上讨论进教室的心态，分析自己坐在什么位置的心态。直接进来抢位置，有的同学说是自私自利，有的同学说是理所当然，空着就可以选择；选了好几次座位，有的同学说是犹豫不决，有的同学说是更多的选择权；随便坐，有的同学说性格随和，有的同学说是从容；坐在后面的同学，有的说是自卑，有的说是爱说话、做小动作。座位是心理，也是人生的一种状态。

　　和孩子们分享故事《在斥责声中长大的名医》，送给孩子们两种精神：一种是培养自己的钝感力，一种是坚持到底的精神。人生无从选择，累累伤痕也许是上苍最好的安排！风雨中屹立山顶的黄山松不是温室里培养的，庭院里是遛不出骏马的。上苍既然决定我们的出处，我们就接受，改变需要自己的努力和毅力！向前冲，让自己与众不同！

课堂活动同学感受留言

胡雨晴：不低头，皇冠会掉！自己，加油！

商怡冉：命运的尽头，是全新的我

赵星星：青春路漫长，敢做敢青春。

王云：我的青春我不悔，我的未来我不退。

赵宏博：只要有春天的酝酿，就一定会迎来秋天的收获。

王鑫雅：做一朵绽放的花朵，灿烂在未来，永不凋零。

丁芳阳：生长在石缝里的小草是坚强的，我愿做那棵小草。

孙华华：我相信，挫折再不放弃我们，我一定会成功。加油。

姜渗然：为自己的理想加冲努力。

2015-06-10

毅力、钝感力与担当

不知何时教师变成了高危职业，对学生不敢轻举妄动，担心一句过头的话会对孩子造成伤害，或者孩子受刺激有极端表现。我在想可能分为两个方面：一是什么孩子什么菜，敏感自己偶尔犯错的孩子确实需要多的关爱和鼓励，而对于有些屡教不改的孩子可能需要猛药，不指责，不发狠，不处罚，他会更加嚣张无法无天。处罚学生也是培养孩子的一种责任意识和担当意识，犯错就要认错，损坏就要赔偿，伤害别人就要赔礼道歉，这是天经地义的事情。对于孩子的学习，我想要灌输一种坚持的精神，成功不是聪明，更多地需要坚持和毅力。困难和挫折应该是生活的常态，否则你存在的价值到底是什么？别人成功的背后，其实是比你经历更多的挫折。遇到困难，遇到事情，不是瞻前顾后，前怕狼后怕虎，我们从容应对的态度和积极应战的精神最重要，期终开始又要到了，考验的机会又来了，担心、担忧，后怕有用吗？积极准备吧！考出最好的状态，证明你自己！

2015-06-15

开学心理第一课亮出你的个性名片

开学第一课，带领孩子们做有趣的心理游戏，营造活跃轻松的心理氛围。勇敢自信地告诉你的同伴你是谁。在大千世界茫茫宇宙，每一个独一无二的你都要为自己欢呼喝彩。无论你是运动高手，还是游戏小天才；不论你擅长写作、数学、英语，还是爱好朗诵、书法；无论你阳光灿烂，还是小心翼翼；不管你是自信满满，还是有点迟疑觉得自己平常普通，都得为自己喝彩，你要相信自己。没有单独上台介绍，选择5人一组，孩子们积极踊跃表达个人展示自我，在集体的氛围中心灵靠得近，也安全。

2015-09-01

接纳自己，就是接纳整个世界

　　开学第二课的心理课上，跟学生们分享一个主题"接纳"。从中国维纳斯雷庆瑶的个人成长故事谈起，让学生分享面对生活中给予我们的种种不公平的待遇，我们的身体缺陷，我们的长相，我们的身高，我们的家庭、父母，我们的学校和老师，以及我们遭遇到的生活中的一些困难和挫折，我们该以怎样的心态来面对。不是老天要你成为什么你就是什么，而是你选择你是什么，你就会成为什么。面对别人对我们的讽刺和挖苦，我们怎么办？同学们个个积极踊跃发言，有的说以牙还牙，有的说默默证明自己。然后班级讨论如果活在别人的眼光里，我们会成为什么样的？接纳是一种对待生活的豁达，是战胜一切的良方，是一种超越的自信，更是一种面对生活的从容。有的同学还表达了面对生活中的那些遭遇不幸的人，给予关爱和支持，能够让他们自立自强，在逆境中成长更有价值。发掘孩子的能量，课堂更精彩。

2015-09-14

世界左右你的情绪，还是自己的情绪左右世界

心理课和孩子们一起讨论快乐的缘由，有人说得到老师的表扬，有人说和亲人们在一起，有人说考出好成绩，有人说有一群好朋友。问及不快乐的原因，可能与此相反，或者自己的需要得不到满足，或者遭遇厄运和不幸。

有人说你脑残、弱智？当别人这样诋毁你伤害你的小心灵，打击你、侮辱你，你作何回应？在班级讨论时，孩子们众说纷纭。有人提出：你说我鼻子，我说你眼睛；你说我弱智，我说你全家弱智；伤心至极，找父母同学倾诉；根本不与这样的同学交往，表达自己很愤怒、生气；找老师理论是非曲直；努力证明自己，我并非你说的那样的人；别泄露这个秘密，只有我孙子知道。

2015-09-16

招聘课堂找优点，不要认为自己没有用

在你面前是世界五百强的老板，也许是比尔盖茨，也许是巴菲特，也许是普京，也许是马云、王健林。你能否在两分钟内展示自己让他知道你的优点，给你月薪五万？有的同学站起来说自己有远大的梦想，有的说有优质的服务态度，有的说自己能说会写，有的说自己有持之以恒的精神，有的说敢于面对一切挑战。分享首先要有勇气面对你的梦想和追求，敢于想想，敢于行动。每个人的价值要善于发现，最大的敌手就是轻视自己。通过观看短片中力克胡哲尚且找到自己人生的价值，我们成为什么？关键是我们自己认为自己是什么。全班一起欣赏励志歌曲《不要认为自己没有用》：

很多时候我们都不知道自己的价值是多少　我们应该做什么　这一生才不会浪费掉　我们到底重不重要　我们是不是很渺小　深藏心中的那一套　人家会不会觉得可笑　不要认为自己没有用　不要老是坐在那边看天空如果你自己都不愿意动　还有谁可以帮助你成功　不要认为自己没有用不要让自卑左右你向前冲　每个人的贡献都不同　也许你就是最好的那种。

2015-09-18

你眼中的世界取决你心中的颜色

你眼中的世界是什么取决你心中的颜色。你是什么人？我说了算！

你是一个乐观的人，你是一个积极向上人，你是一个性格开朗的人，你是一个乐于助人的人，你是一个勤于思考的人，你是一个意志坚强的人，你是一个自信的人，你是一个宽容别人的人，你是一个积极发言的人。心理课堂集体发言的学生小手齐刷刷高高举起，一节课发言人数超过200次，平时不善言谈的小葛也发言4次，同学们都夸他开学至今身上发生的变化，作业进步了，遇到挫折也能自我调整，不再怨天尤人，能主动夸奖别人。世界的奇妙在于老师心中的世界是明亮的还是阴暗的，是精彩的还是单调乏味的，是困难重重愁眉紧锁还是微笑面对一片云消雾散的。积极面对生活中的人和事，教师的任务不仅传道授业解惑，更是传递人间正能量，让学生看到更多世界的美好，让孩子心中装进更多的美好和希望，装进更多的勇气信心，让孩子微笑面对这个世界。

2015-10-12

长沙别来无恙

——第二届全国中小学心理健康观摩课

烟雨蒙蒙，橘子洲头，独立寒秋，湘江北去。久违长沙，长郡梅溪湖中学，大美之地，大方之地，大气之地。

15班的同学们个个激情四射，智慧火花的碰撞，留在心头的是感动。一起热情分组的乐趣，推选组长的有趣，然后玩真心话大冒险。一起分析积极和消极情绪一面，孩子们发挥聪明才智积极发言，悲痛可以至极，悲痛欲绝，乐极生悲，得意忘形，但是悲痛可化为力量，悲痛可以让我们更加冷静思考。恐惧可以急中生智，恐惧也会一朝被蛇咬十年怕井绳。厌恶让我们拒绝别人，但是也让我们保持原则，促进别人自我反省。快乐似乎我们都向往，有时让我们忘乎所以，朋友也会因为你过分得意远离你；厌恶让我们拒绝别人，也能甄别是非；悲伤让我们陷入情绪的沼泽地，也能给我们力量；恐惧提醒我们懂得敬畏；愤怒也是自我保护的一种法宝。关键是如何积极有效地发挥每一种情绪的正能量。也许对于一个乐天派的同学是否该经常警示他们增加点恐惧，对于经常愤怒占主导情绪的同学是否可以增加一些悲伤元素让他变得平静，而悲伤可能需要快乐点亮去除愁眉苦脸，厌恶可能需要愤怒加强动力。我们分析了各种情绪的积极元素后，亲爱的你思考下你的情绪，你可能需要什么样的情绪帮助你，增强你的动力，让你变得更加完整。

重新选择小组时，一位同学勇敢表达自己要到悲伤小组，因为奶奶去世，姐姐到外地，自己感到难受，全班同学为他的勇敢表达鼓掌，悲伤是为了卸下包袱，更轻松上阵。梅溪湖同学们的热情和机智让我难忘感动！不是简单的一节课，是心与心的碰撞，是心与心的唤醒，我愿意与他们一起成长，他们的收获更是我的收获。

2015-10-29

《期中考试后回家》心理剧表演课活力四射

　　这周的主题就是期中考试后，让孩子们最讨厌的父母形象：爱吵架的，爱打人的，拿自己的孩子和别人孩子比，脾气暴躁，唠叨啰唆，心胸狭隘，偏心，骗人的，只关心成绩的。然后让孩子们小组选择遇到的一种父母，进行剧本编辑你回到家后发生的故事。10分钟小组讨论组织，然后就是表演。课堂上热火朝天，孩子们表演得更是淋漓尽致。有的扮演父母，有的扮演兄弟姐妹，父母的一个个形象生动鲜明。答应考试考得好，买好玩的东西，结果失言；把自己和隔壁的某某家孩子比；苦口婆心父母的殷切期望；蛮不讲理横加指责不争气。最后给孩子们自我保护送上三个锦囊：一是苦肉计，提前吃好饭，回家故意惩罚自己不吃饭，把自己考不好的悲天悯人的一面让父母看求谅解；第二语重心长表态，自己一定努力学习不辜负父母，把失败当作教训，奋起直追，化悲痛为力量；第三直面大义凛然，一次考不好不代表永远考不好，再说你们大人们是不是小时候都考得好，笑在最后才是真正的笑。

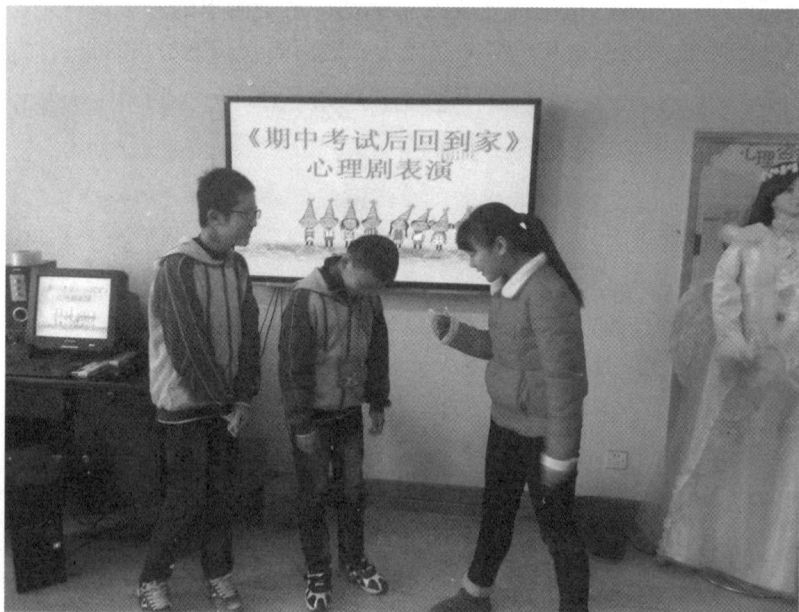

2015-11-16

我们曾经都是孩子

——致天下父母、老师

　　在我们小小的内心多么渴望得到您的赞赏和肯定，我们的一举一动，很简单，有童真和天性，更需要您期许的目光和欣赏的眼神。我们曾经都是孩子，孩子纯真善良，小小的心灵多么脆弱无助，你的每一句话占据着整个心房。一句笨蛋、傻瓜，一个脑子不好，一个没有前途，轻而易举说出口，然而可能给我们带来一生的伤疤。我们曾经都是孩子，也许我们只是班级的多少分之一，对于一个家来说，却是全部，承载着整个家庭的幸福和喜怒哀乐。给我点个赞，给我一个期待的目光，用你的爱和希望让我有力量托起明天的责任和担当。任何人都有值得赞许的地方，如果你暂时没有发现，请不要说我不好，否则我紧张彷徨害怕未来没有希望！

　　一位家长无助地咨询，孩子曾经爱护环境捡起垃圾文明行为，却被老师和同学贴上捡垃圾的标签，从此背负着种种包袱和负担该怎么办。象棋比赛，三年级的他打败了六年级的孩子却没有得到一张奖状荣誉和肯定，他对父母说要转学。因为一次成绩不好，被老师贴个标签：脑子不好，父母带他到省立医院全方位检查没有问题。他和妈妈说出自己一个小小心愿，我要考上大学，我要证明给他们看，我成功的那一天，把曾经说我脑子不好的老师请来让他看看。

另外一个孩子在群里心直口快地表达对一位老师的不满，遭到老师的封杀，他立即道歉，和老师心中仿佛有了隔阂，父母劝说不要再参加这个辅导班了，他依然说自己喜欢这个老师，老师你还原谅他的冒失吗？父母我们应该做什么？帮助孩子成长消除隔阂！

赞美的力量，我们彼此都需要！

2015-12-10

男生女生异性交往课堂

初中生异性交往的那些事，趣味横生，课堂唇枪舌剑。青春期异性交往课堂学生格外活跃，唾沫横飞。

男生罪状：1. 骂人；2. 随地吐痰；3. 喜欢拽人帽子；4. 喜欢拽头发；5. 挑衅；6. 挑剔别人；7. 自恋；8. 小气；9. 恶作剧；10. 排斥别人；11. 狗仗人势；12. 嘴馋；13. 不讲理；14. 啰唆；15. 不爱整理东西；16. 说谎，打击别人；17. 嘲笑别人；18. 对自己不严格；19. 爱欺负女生；20. 爱慕虚荣；21. 喜欢女明星

女生罪状：1. 目中无人；2. 暴力形象；3. 小肚鸡肠；4. 挑事；5. 告状；6. 骂人；7. 花痴；8. 从不善良，从不可爱，从不亲切；9. 打不得，骂不得，说不得；10. 不诚实；11. 给别人起绰号；12. 模仿；13. 疑心重；14. 虚伪；15. 下巴看人；16. 翻

脸不认人；17. 欺负人；18. 坏心眼；19. 拿别人东西；20. 掩饰自己的错误；21. 装蒜；21. 乱指使人；22. 自以为是；23. 猥琐当作口头禅；24. 无理由嫁祸男生；25. 喜欢钻牛角尖；26. 追星、花痴

你欣赏的理想女生：1. 文静；2. 典雅；3. 幽默风趣；4. 不暴力；5. 讲道理；6. 有文化；7. 有内涵；8. 心地善良；9. 不闹对立，不歧视别人；10. 懂得关心人，体贴人，善解人意；11. 学霸；12. 经得起玩笑；13. 欣赏别人的优点，不揭人伤疤

我欣赏的理想男生：1. 不要赖；2. 关心体贴人，暖心；3. 幽默乐观；4. 经得起一切；5. 养眼，很帅；6. 大气欧巴；7. 个子高长腿；8. 诚实大方；9. 不骄傲；10. 和蔼可亲；11. 有礼貌；12. 谦虚，乐于助人；13. 思想健康；14. 有担当；15. 不排斥女生；16. 不猥琐；17. 数学好；18. 热心肠，暖男；19. 孝顺；20. 有志气；21. 尊重；22. 情商高；23. 意志坚强；24. 包容；25. 声音动听；26. 有才华；27. 理解人；28. 不说脏话；29. 学习好；30. 不发脾气，绅士；31. 很拽，浪漫，有魅力；32. 会做家务；33. 冷酷；34. 重情重义

2015-12-16

开学第一课夹道相迎：我的心让你的心快乐幸福

每天都在不停地思考着我到底能给学生带来什么，带来快乐、信心、勇敢、执着等综合称为幸福。是的！生活着的每一天都要有一种幸福的体验，让每天的存在感是幸福的。开学第一课上离不开的主题就是寒假、过年逸闻趣事：第一天拜年竟然身上被喜鹊拉了一泡屎；年三十发了一千个红包，总价才10元，害的群里小伙伴抢了一夜，最后900个还退回去了；夸人其词描述冰冻之日水管爆裂，校长和武老师游泳进来抗洪救灾。孩子们笑的前仰后翻；还有一个家长电话关于寒假作业丢失后意外找到目瞪口呆发愤图强恶补作业的糗事。生活赋予我们每个人存在的真正意义和价值，不是埋怨，

是发现体验，发现自己能做的，发现自己是什么，能给这个世界带来什么。找到自己，发挥优势，让世界因你精彩！心理课堂就是搭建一个平台让每个孩子自我发现，自我

伸长，心灵放飞，带领孩子不仅在书海中遨游，更懂得体验这个世界赋予我们每个生命的存在价值和意义。

2016-02-23

亲子关系课堂分享"我眼中的父母"

不知道是不是因为缺少安全的环境，孩子眼中的父母唠叨的、粗暴的似乎占比很高，或是轻描淡写两下，或者很是不屑，也有一些说的眼泪汪汪。成长的标志本身就是自我意识的觉醒，不同的家庭不同的生命个体，每个人的出生无法选择，活可以做主。与父母是朋友关系的并不多见，大多数父母只能选择生育养育，不懂如何教育。究其原因，第一是自己无法树立榜样和模范的作用，不理解生活本身的意义和生命本身的价值。如同我们要彼此尊重，然而大多数父母的教育方式简单粗暴，孩子承载着父母没有实现的许多理想和愿望，无法成为他自己。

孩子能记得父母什么呢？他们的辛劳，他们的关心爱护，他们的无私奉献。我想理想的父母应该成为孩子的偶像，让孩子将来成为这样的人，不是事无巨细的关心，而是一种心灵的呵护，最安全的港湾，精神的引路人。给孩子足够的空间和发言权，不要窒息孩子的表达。

孩子随着年龄的增长，增长的不仅是知识，更多的是自我判断和决策的能力，选择自己想要的，过自己喜欢的生活。精神的觉醒首先是自己判断自觉性，与父母的对抗，也是精神的自立，如果父母的压抑，势必造成孩子心灵压抑。

没有知识，没有能力，势必精神愚昧，精神扭曲，可能导致行为专制，心理健康者首先自立自强。

2016-03-03

"跳得起够得着" 主题心理课

目标总能鞭策着我们一起向前进，目标让我们可以专心面对自己的前方，忽略其他的阻挡。目标课堂和学生一起分享毛毛虫的故事，大家众说纷纭：人生需要自己走出一条路，不能永远重复着昨天的故事。列举哈佛的一项调查发现目标的设定与个人成才息息相关。带领孩子们一起玩投篮游戏，不同的距离难易影响结果。孩子们在分享的时候特别提出给自己制订合适的人生目标，不能好高骛远，一步一个脚印。回家开始写计划，制定目标，期末我们一起来检查。

2016-03-07

《其实我很棒》心理课给学生心灵喜悦激动

第一条学习努力认真，第二条任劳任怨，第三条乐观幽默，第四条待人友善责任心强……第三十五条乐于助人，这是《其实我很棒》心理课上张文涵同学细数着同学们对自己的评价，一脸骄傲自豪激动喜悦。张志良同学说我真的没有大家说得那么好，不过我一定努力争取，不让同学们失望。心理课就是通过心理活动让学生感受心灵的碰撞，争做一个全新的自己。特别是针对那些平时自我评价很低的学生突然间发现自己身上这么的优点，心里乐开花。积极的自我评价和他人评价让学生获得自身正面积极的心理体验，增强信心，提升个人自信和自尊的水平，同学之间相互温暖彼此相互鼓励，大家共同进步。

2016-03-10

"玩手机利与弊" 心理课堂辩论

用手机听歌、聊天、看视频、看信息，智能手机的其他功能玩的成分早已超越了电话和短信本身。手机不仅绑架了青少年的生活，也绑架着他们的心理健康发展。长期沉迷使得学生注意力不集中，失去现实生活的动力，使青少年的心理状态越来越糟糕。一旦心理状态无法及时与现实接轨，就会让人意志力越来越薄弱、性格越来越孤僻、脾气越来越暴躁。网络上信息繁杂，色情、暴力等信息随处可见，处在青春期的孩子心智尚未成熟，容易误入歧途，就像毒品一般侵害着青少年，让青少年沉迷于网络世界，忽视了真实存在的现实生活中的人际交往。青少年身心正处于发展期，好奇心强，自我控制能力差，易在情感上形成对信息网络的眷恋情结。

比如：网络暴力游戏淡化了青少年的是非判断标准，削弱了青少年的善恶辨别能力和对社会的批判精神。网络暴力游戏里的暴力行为被美化了，很多严重的暴力行为甚至被轻描淡写了，极少有网络暴力游戏强调反暴力的主题。多数网络暴力游戏用"英雄""爱国""正义"等虚幻的名词伪装，使得受众尤其是青少年受众的道德界限越来越弱化，接受底线也越来越模糊。长此以往，青少年看到的不是痛苦，而是痛快，对暴力的态度也从开始的憎恨、反感发展到默认、接纳甚至是尝试。同时，虚拟的网络世界也成了他们自我封闭的天地。

手机辐射会破坏孩子神经系统的正常功能，从而引起记忆力衰退、头痛、睡眠不好等一系列问题。青少年使用手机时，大脑对手机电磁波的吸收量要比成人多60％，青少年用手机会造成记忆力衰退、睡眠紊乱等健康问题。作为青少年的家长，需重视孩子对手机的使用情况，减少孩子对手机的使用时间，避免孩子对手机产生过多的依赖性。要尽量多花点时间陪陪孩子，给孩子真正的温暖。多与孩子进行交流，了解孩子的思想动向。多让孩子接触新鲜事物，以同样轻松但积极的娱乐方式逐步代替手机世界。如运动项目、旅游等，然后再逐步转移到学习上。

2016-03-24

清明心理宣泄追忆励志

一年一度清明将至，这是纪念祖先及离去亲人的节日，体现饮水思源、凝聚族群。让我们纪念先人，慎终追远，展望未来，共创幸福。

课堂主题"追忆励志"，首先一首诗拉开课堂的序幕。

有一天，我去世了，恨我的人，翩翩起舞，爱我的人，泪眼如露。第二天，我的尸体头朝西埋在地下深处，恨我的人，看着我的坟墓，一脸笑意，爱我的人，不敢回头看那么一眼。一年后，我的尸骨已经腐烂，我的坟堆雨打风吹，恨我的人，偶尔在茶余饭后提到我时，仍然一脸恼怒，爱我的人，夜深人静时，无声的眼泪向谁哭诉。十年后，我没有了尸体，只剩一些残骨。恨我的人，只隐约记得我的名字，已经忘了我的面目，爱我至深的人啊，想起我时，有短暂的沉默，生活把一切都渐渐模糊。几十年后，我的坟堆雨打风吹去，唯有一片荒芜，恨我的人，把我遗忘，爱我至深的人，也跟着进入了坟墓。

对这个世界来说，我彻底变成了虚无。我奋斗一生，带不走一草一木。我一生执着，带不走一分虚荣爱慕。今生，无论贵贱贫富，总有一天都要走到这最后一步。

到了后世，蓦然回首，我的这一生，形同虚度！我想痛哭，却发不出一点声音，我想忏悔，却已迟暮！

清明时节雨纷纷
路上行人欲断魂
借问酒家何处有
牧童遥指杏花村

追忆·励志

用心去生活，别以他人的眼光为尺度。珍惜内心最想要珍惜的，三千繁华，弹指刹那，百年之后，不过一捧黄沙。

终有一天，我们都会离开……希望一直都这么快乐下去！

然后一起回想离开我们的至爱亲人他们曾经关心爱护我们的点点滴滴，他们让我们来到这个世界上感受无尽的温暖和感动。他们无奈地离开我们，今天我们在清明到来之际缅怀他们，我们一起分享和他们在一起的美好时光，这是我们告慰他们的最好方式，表达我们对他们的爱。

哀婉的音乐中，孩子们分享着亲人对自己的关爱，分享着亲人离去的难过和伤心的一幕幕，真情动人，泣不成声，全班抽搐哽咽着。

分享的同学是幸福的，因为在这个世界上我们曾经得到他们的爱；已故的先人也是幸福的，因为至今他们还被我们怀念感动。每个人存在这世界上的最大价值和意义，就是离开后仍然被人怀念。

我们来到这个世界的价值就是不辜负他们的爱，以更乐观积极的方式活得更好，我们把这份爱传递，发光放热，回馈给身边的亲人和朋友。

2016-03-28

"绰号"心理课

绰号对于我们每个人都有很多童年的记忆："胖子""二猪""小黑""咸鱼""老虎"等等。

课堂第一问："你有绰号吗？"这个话题一抛出全班哗然，纷纷扭过头来。居然一大批同学积极举手。我的绰号叫"黄狗"，我的绰号叫"茶叶蛋"，我的绰号叫"肉丸子""野川君"……

继续深入探讨：别人给你起这样的绰号，你做何感想？大家又议论纷纷：有的传达出的是亲密、关系好；有的说是贬低侮辱；有的说无所谓；有的说挺受用的；有个这样的绰号也挺有意思的。

细致分析：绰号形成的原因和我们的态度的关系。我们越是在乎敏感，越容易中招，我们无所谓也容易中招，我们欣然接受呢？

反问：假如这个不雅的绰号伤害你，或者你认为侮辱不尊重你，你该怎么办？最终班级讨论结果如下：

办法一：默默忍受，所有痛苦都自己扛；被叫绰号时会感到焦虑、难堪、愤怒甚至无地自容；

办法二：给对方起个更难听的绰号；

办法三：叫停恶意绰号，警告恐吓，拒绝这样的朋友来往；

办法四：武力对抗解决问题；

办法五：积极的心态面对，这样的绰号也好玩，心胸宽广无所谓。

案例分析面对面：一个受到绰号伤害的同学现场控诉自己受到的伤害，表达内心，并请另一位上台进行对质，告诉他自己的内心感受，引起我们的反思：不公正待遇时，告诉对方自己的感受，学会求助表达，也是保护自己的最好方式。

人际交往中面对同学的挑衅无心的伤害，我们要彼此尊重、以真诚的心对待他人。课堂上关键一点：教师自己也要敢于自我揭短，营造一个安全、开放、包容的氛围，只有这样，班级动力才能积极向上，学生也能完成了一次心灵的健康成长。

2016-04-07

四、志愿者团体辅导

包河区首届中小学心理拓展夏令营隆重开营

8月8日上午，合肥包河区首届中小学心理拓展夏令营在四十六中隆重开营，全区共有48名中小学生参加心理拓展训练，区教体局团委心理健康志愿者服务队10名老师组织策划了本次活动，区教体局副局长高俊和安徽社会心理学会副会长安徽大学心理学教授杨志新莅临指导，全市共有13位老师到达现场观摩。

隆重开幕

8点整，全区10所参训学校的同学准时到达46中心理拓展中心，高局长首先代表教体局对同学们的参训表示热烈欢迎，向全区工作在心理健康教育岗位上的老师致以亲切的问候，并向大家详细介绍这个暑假全区中小学心理咨询室的配备情况，号召全体师生为包河创建全省第一教育强区而努力。同时他也代表教体局对安徽社会心理学会提供重要的培训和指导表示由衷的感谢，并祝所有的同学在今天的心理拓展活动中收获快乐，收获健康，为自己在新的学期中更加健康幸福地成长打下坚实基础。安徽社会心理学会副会长杨志新教授专门就目前青少年中存在的心理健康问题做了重点讲解，他要求广大学生学会学习、学会生活，在紧张的学习之余学会调节自己，丰富课余生活，以良好的心态、积极乐观的精神面对未来。最后高局长和杨教授共同揭开了"包河区未成年人心理辅导站"和"安徽社会心理学会中小学心理辅导站"两块牌子，在同学和老师们的欢呼声中，包河区首届中小学心理拓展夏令营正式开营。46中的周龙青老师带领全体师生一起参观了心理拓展中心，从团队辅导室到心理咨询室，从音乐放松室到宣泄室，温馨优雅的环境配合周老师委婉动听的讲解，一下子把大家带进了一个轻松愉悦的环境。

精彩纷呈团队亮相

本次心理拓展夏令营活动分为中学组和小学组，中学组由管以东、周龙青、黄露、刘鑫、汪玲五位老师负责组织，小学组由盛春玲、王倩、余国珍、刘燕四位老师组织。9 点整，中小学团体心理拓展活动在两个活动室正式开始。在欢快的音乐中，老师们带领大家一起首先从"认识你我他"游戏开始。全体人员围成一圈，自我介绍并介绍认识的同学，看谁认识朋友多，一下子提高了孩子们的兴致。紧接着开展的"大风吹、小风吹"换位快乐游戏，更把大家的兴致推到了高潮。最有趣的是兔子舞同心圆练习，伴随着欢快的兔子舞，同学们围成圈，后面的同学胳膊搭在前面同学的肩膀上，蹦蹦跳跳，欢笑声和掌声此起彼伏。最后由各队 4 位同学主动请缨担任队长，并在 10 分钟内迅速组团，有的取名"似水年华"，有的取名"FIB"，有的取名"HOPE"，各小组还在本组的展板上写出口号，有的写"同一个团队，同一个梦想"，还有的写"向上吧！少年！"

智慧毅力勇气大比拼

在经过组团之后，小组间的 PK 正式开始。迎接大家的第一个训练项目是"运筹帷幄 共建高楼"，老师给每组同学发一个剪刀，一卷透明胶，五张报纸，10 分钟的时间，看哪一组建造的楼高。随着老师的一声令下，各组同学开始积极出谋划策，然后行动起来，有的小组建造的类似东方明珠，有的同学建造的像市政府双子楼，观察老师随时在一边给表现积极的小组以鼓励。

优点大爆炸成长分享

在这个环节中，老师让大家再次围圈坐在一起，在舒缓轻柔的钢琴曲中，每人一支笔一张纸写出自己的优点和特长。10分钟后老师组织大家一起分享，分享中，指导老师就同学们的优点进行点评，并组织大家一起讨论。在怎样孝敬父母的讨论中，很多同学提出了父母生日的时候给他们准备礼物，他们辛劳回到家，给他们倒上一杯热水，给父母按摩，还可以做他们的出气筒；在讨论关于读死书的问题时，有的同学提出不仅学习课本，还要走出校园走向社会，还要多关心时事新闻，把学习和生活实践紧密联合在一起；在讨论助人为乐主题时，有的同学让大家分享了借给别人东西的欣慰，有的同学讲述了小伙伴们一起送迷路老人回家的故事，还有的同学列举了陪孤寡老人聊天、布置房间的感人事迹。特别是在关于梦想的大讨论中，有的同学提出将来希望成为人民教师桃李满天下，有的同学希望成为一名军官，有的同学希望成为发明家，制作出中国的"好奇号"飞船登上火星，还有一个小女孩提出了将来成为哈佛大学博士，制造出抵御癌症的药品造福人类，站在诺贝尔的领奖台上。一个个思想火花的碰撞，一个个梦想升腾，精彩的讨论引得台下的老师们啧啧称赞，不时给予热烈鼓掌。

硕果汇总结陈辞

在谈到今天的收获时，有的同学说自己感受颇深，听到这么多同学的梦想，重新认识了自己的人生；有的同学说，发现今天这么多的同学如此孝敬父母长辈，要向他们学习；有的同学说，认识了这么多的朋友，通过这次活动增强了勇气和信心，特别在团队活动中懂得团队合作；有的同学说，自己第一次一上午8次发言，由最初的不安到完全放松，体会到了最完美的自信；作为队长的詹玉清说，自己一贯胆小，今天居然自荐当队长，从活动开始的拘谨到最后的轻松自如，认识新的朋友，更重新认识自己，真的恋恋不舍。有的同学希望以后多参加这样的心理拓展夏令营，不断挑战自己、以获得勇气，获得更多的心灵动力；队长顾宇鹏说，通过这次活动全面了解了自己，展示了自己，释放了压力，找到了属于自己的目标，感悟到了自己存在的价值和意义，懂得珍惜梦想，此次活动让他收获了久违的童年纯真，更坦然更轻松面对未来美好人生；有的同学说，参加这次活动让我懂得了学习不是读死书，只有为理想而学习才能使人生有意义；有的同学分享着这次活动中团队精神的发扬，是个人品质的磨炼，是压力的宣泄，更是心灵的升华，还有很多……最后，48 名同学全部领取一张合格的心理拓展夏令营证书，全体合影留念。

2012-08-08

走进 10 所中学考前心理减压活动正式启动

——第一站，六十三中

5 月 22 日，在美丽的新站生态公园旁，安徽社会心理学会心理志愿者服务队走进 10 所中学考前心理减压活动在昨天正式拉开帷幕，第一站为 63 中。

下午 2 点，28 位老师先后来到会场，许成武校长对大家的到来表示热烈的欢迎，管以东老师用 PPT 介绍学会活动开展情况，学会秘书长合肥工业大学潘莉教授受会长安徽大学范和生教授委托发表减压主题讲话，并宣读讲师团成员名单，现场为乙姗姗、许明晴、李海霞等15位老师颁发了心理健康教育志愿者服务团讲师证书。

下午3点整，减压活动正式开始

六十三中沈云侠老师通过左右手交叉游戏拉开减压课序幕。大家都很佩服沈老师的亲和力，他能很快和孩子们打成一片，亲切地和同学们坐在一起，谈感受。通过交叉手活动指导大家克服心理障碍，纠正对考试的不正确认识，并让所有同学站起来互动，指导大家学习表达情绪方法。

催眠心理压力释放

沈云侠老师先和学生们进行热身活动，接着，伴随着柔和的音乐，管以东老师引导全班同学围坐一圈，手拉手闭上眼睛，回顾初中的三年美好时光。管老师声情并茂地描述在三年前的那个金色的秋天，同学们跨进初中大门情景；他带领孩子们回忆课堂上、运动场上难忘的经历以及三年朝夕相处、情同手足的兄弟姐妹情感和深厚的师生情谊。当管老师说到，"今天我们就要说再见，告别初中生活"时，当响起那首孩子们非常熟悉的《我的歌声里》，全场同学已经泣不成声哭成一片。

背上留言　表达祝福

志愿者老师要求同学们相互贴好在背上的留言彩纸，让大家真诚地为同伴送上最温馨的祝福。有的同学边擦眼泪边写着"毕业了！请保重！我永远支持你"；有的同学写道"你是我永远的好朋友，不管走到哪里，我们的心都连在一起"；有的同学写着"别忘记调皮的柯蛋"；还有的同学写着"无论我们以前有多少争吵，那都是催化剂，感谢你的陪伴"。很多的同学都祝愿对方考上理想的高中，为彼此的中考加油。全班同学围坐着给同学留言祝福，三年的同窗友情化作一道美丽的彩虹。

致谢青春　为中考加油

　　课堂上响起了那首久远的小虎队的《蝴蝶飞呀》，在老师们的引导下，男生们彼此豪爽地拥抱，握拳加油，女生热泪盈眶依然紧紧偎依在一起。大家彼此鼓励，现场观摩的所有老师们被感染得热泪盈眶，不由自主走上前去和孩子们拥抱。孩子们集体向母校老师鞠躬，致谢三年的谆谆教导。最后许成武校长及参加活动的老师们一一和同学们握手祝福，祝福他们中考顺利，鼓励同学们自信、轻松迎接中考。许校长在问及孩子们这节课的感受时，有的孩子说这是初中以来最感动的一节课，有的孩子说今晚回家可以踏实地睡一觉了。

2013-05-23

700 人大型毕业生心理减压团体
辅导设计课堂实录分享

——安徽社会心理学会毕业生减压第二站走进滨湖 48 中

精彩花絮回放

每个人内心深处都有一种情感，不需要刻意的煽情，只要稍加引导，自然会真情流露。作为老师，作为心理健康教育工作者，我们都要关注学生的心灵，在他们需要情感表达的时候，创设一个情境，给以人性的关怀，给人本身的一种尊重。

当我看到了孩子们一个个跑上了操场的看台，大声地对自己的同学说"九（4）班加油！""我们虽然要分手了，我们的友情永远在一起。""48 中的同学们相信自己！"……

当我看到全班同学围成一圈，拥在一起，一起"加油"；

当我看到老师和同学们和校长紧紧拥抱，当我看到身兼数职的七尺男儿张老师抹着眼泪；

我们看到了每个班的同学们把班主任抛到天空的欢呼声此起彼伏；师生情谊在香樟树下散发出沁人心脾的芬芳。

散会后，4 名依然泪眼婆娑的小姑娘还来到我们面前："感谢老师们！能有这样一节不寻常的课让我们终生难忘，谢谢母校，谢谢老师们！"

刚从外面开会回来的汪老师被迎面跑来的散会的毕业生紧紧拥抱，不知所措，感慨万千；

700 名毕业生集体向母校鞠躬感恩；

700 名毕业生振臂高呼："我要飞得更高！"

700 名毕业生对自己说"我有信心！我一定行！我很棒！我会坚持到底！"

走进 48 中，我感受到了 48 中以徐校长为首的校行政团队的精诚协作，48 中人的团结精神。

这次活动得以有效开展，应感谢宣勇主任和刘鑫老师的积极组织，感谢我们志愿者团队老师们！感谢音乐总监姗姗同志和阚旭东老师，感谢周龙清大姐，感谢甲春全程拍照，感谢摄像张老师。正是大家的辛勤劳动，周密的思考，全力协作，才让本次团体减压活动成功。感谢南京陶老师工作站好同学潘月俊的指导，感谢八中李妮老师、乙老师深夜还在网络上给活动提出了很多良好的建议。谢谢大家！

活动办得好，学生受益。不辜负四十八中全体师生的期望，不辜负毕业生们的期盼，谢谢大家！

活动流程　课堂设计台词和实录

（一）开场

连着几天的阴雨天，今天，太阳露出了灿烂的笑容，虽然微风阵阵，还是有点热。我们志愿者一行 6 人来到滨湖四十八中，乙姗姗老师、周龙清老师、王甲春老师还有阚老师和张老师。高楼林立，风景如画。

看到全校 13 个班级 600 多人站在田径场上，看到他们非常开心的样子，我知道他们也许很久没有放松、没有真正 HAPPY 一下。

引导语：亲爱的滨湖四十八中的同学们！亲爱的滨湖四十八中 2013 届的毕业生们，你们好！

大家每天早晨七点前到校，晚上七点才离开学校，我知道大家每天都埋头于书山题海之中，还经常"开夜车"到深夜；我知道大家也许很久没有看自己喜欢的电影、电视剧，很久都没有玩游戏了。你们的坚持精神，你们持之以恒、勇往直前的态度，这绿茵场，这教学楼，还有这郁郁葱葱的香樟树看得清清楚楚，在座的老师们都看在眼里，我想真诚地对大家说声：同学们，孩子们，你们辛苦了！

我是来自二十九中的管老师，今天我要和大家共同度过这 45 分钟，就是希望大家可以放松一下，开心一下，暂时忘记中考！首先我们一起 HAPPY 一下，大家说好不好？

（二）欢乐兔子舞：全校 13 个班级的同学首尾相连组成 13 个圆圈，活力四射

全体做兔子舞：当我看到全校 13 个班级同学在操场上跳起了兔子舞那一刻，在同一节奏下舞动着同一舞步，我们配合得如此默契，我觉得大家就是一家人，我们都是四十八中一家人。在茫茫的人海中，完全陌生的我们，三年前一起走进四十八中的大门，这是何等的缘分。接下来我想请大家一起回顾一下走过的 3 年的美好时光。

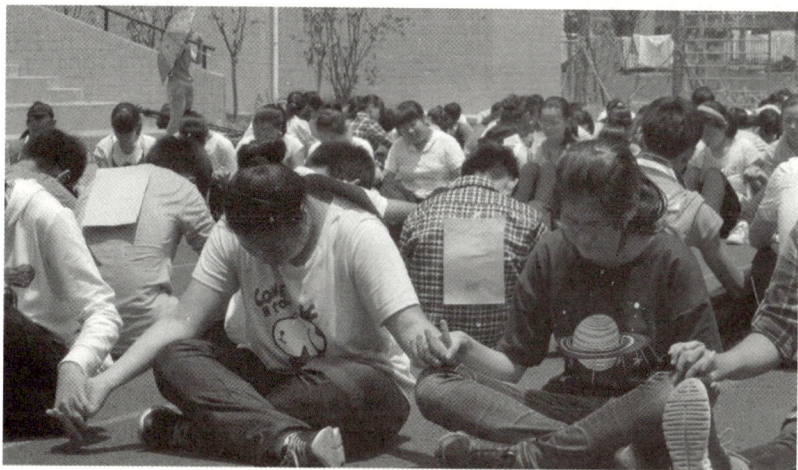

（三）心理催眠

亲爱的同学们！合肥有一个最美丽的地方叫滨湖，滨湖是我们的家园，滨湖也见证着我们的成长，我们和滨湖一起长大。时光飞逝，日月如梭，弹指一挥间，三年的初中生活转瞬即逝。推开记忆之窗，我们还记得吗？三年前的那个金色的秋天，我们带着纯真的笑容跨进了滨湖四十八中的大门。三年的同窗生活，我们同心并肩，一起经历风风雨雨。还记得我们一起军训的模样吗？课堂上我们聚精会神，老师谆谆教导；运动场上我们拼搏呐喊挥汗如雨；我们一起唱歌，一起打雪仗，一起玩耍，一起疯狂。三年里，我们有过奋斗的艰辛，有过成功的喜悦，有过坎坷，有过失落，有过无拘无束的欢笑，也有过太多的痛苦和眼泪。三年里我们从懵懂走向成熟，从无知走向理智，从浅薄走向充实。三年同窗生活，我们度过了人生这段最纯洁、最美好的时光，在我们内心深处埋下了深深的、一生无法割舍的情谊。而今天我们就要说再见了，和我们朝夕相处3年的同学们说再见了，和这个我们爱过恨过的滨湖四十八中说再见了，和我们情同手足的兄弟姐妹们说再见了！

（四）毕业留言祝福

只有短短的15天我们就要分离了！告别我们的美丽的四十八中。在这最后十几天的不寻常的日子里，让我们好好珍惜彼此，让我们真诚地为同伴送上最温馨的祝福。相信这些祝福可以感动我们，可以鼓励我们，会让我们永远不倒。

"接下来，就请大家捧上你的一颗真诚的心，我们一同来进行一个特别的活动——请在我背上留言。几句鼓励的话、几句温馨的祝福，也可以是他的最大优点。"

（五）上台全校分享：同学们纷纷踊跃跑上台，有激动，有热情，有欢乐，更有感动

让我们分享一下同学们送给我们的祝福和鼓励，如果你觉得你获得了心灵的动力，请你大胆地走上来，把你的正能量传递给更多的同学。分享同学写给你对你影响最大的一句话。请你走上来，站在这个舞台上，告诉我们所有的同学，可以让你更从容更

自信地走上中考战场。

（六）鼓励加油

　　站在滨湖这块美丽的土地上，我要告诉大家，这里象征着希望，这里代表安徽的未来，身为每一个滨湖学子应该倍感骄傲、自豪和无限荣光，今天我们见证着滨湖的发展，滨湖让安徽人骄傲，而明天，也许是未来的 5 年、10 年、20 年，我们都要长大，我们都要从一颗颗小树长成大树，长成参天大树，为我们家人遮风挡雨，成就一片靓丽的风景，让父母因我们而自豪，让老师因我们而自豪，让四十八中因我们而自豪，让滨湖因为我们而自豪！

　　今天我们以青春的名义在这里集合，我们要从容地走上中考战场，将来要走出滨湖，走出安徽，走向世界；今天我们站在滨湖四十八中的操场上，我们以青春的名义宣誓，我们用最大的声音告诉我们自己，告诉我们的老师，告诉我们的父母，告诉四十八中，告诉滨湖。请大家单手握拳高高举起，跟我一起说：我们有信心，我们可以，我们坚持到底，我们一定行！

（七）师生情感升华

同学们！你们的激情让我感动。延参法师面对雅安地震中的同胞说出这样一句话："不管命运给我们多少磨难，我们都要坚强地面对，相互温暖。"每个人的心地里都蕴含着自己命运的美好，不要在意生活的苦恼和曲折；心是自己整个世界，纯洁的心才能让人高贵。站在操场上，我们600多人，600多个心灵，走出校园，走在中考的战场上我们头顶只有一个名字——滨湖四十八中人，我们要相互鼓励、彼此温暖，给彼此一个微笑的支持，一句打气的话语，我们在一起，我们一起昂首挺胸迈过中考战场。不是充满硝烟，而是一片阳光，滨湖四十八中的一片靓丽风景，有你有我的微笑，有你有我的从容，有你有我的友谊，有你有我的自信，有你有我的精彩！让我们手挽手心连心，来吧！亲爱的同学们！让我们给我们的好兄弟一个豪情的拥抱，让我们给我们好姐妹一个热情的拥抱，让我们从彼此的身上获得动力，也让我们给予现场的老师们一个深深的拥抱。

（八）700名毕业生集体感恩母校

亲爱的同学们！初中毕业这不是结束，而是新的开始，我们人生的新的开始，沿途的风景更美！让我们带着同学的祝福、老师的祝福，雄鹰展翅，飞得更高！感恩母校，以自己的行动感恩母校！

2013-05-29

包河区第二届青少年亲子心理拓展夏令营

　　8月1日上午，包河区第二届青少年亲子心理拓展夏令营活动在包河区未成年人心理辅导站隆重举行。郑春强局长莅临现场指导工作，来自全区100名的学生家长和中小学生参加了本届亲子心理拓展夏令营活动。

主持人：管以东老师

隆重开幕

　　上午8：30正式开幕，主持人管以东老师首先带领大家一起回顾了2012年我们第一届心理拓展夏令营活动的情况，10所学校的学生受益匪浅，有的同学重新认识了自己的人生；有的同学感受到了孝敬父母长辈的恩情，有的同学觉得增强了勇气和信心，特别在团队活动中懂得团队合作。伴随着炎炎夏日，我们又迎来了第二届青少年心理拓展夏令营活动，而且是亲子活动。接着郑春强局长发表讲话，他代表区教体局对此次参加心理拓展夏令营活动的家长们、老师和同学们致以亲切的问候。希望参加此次活动的家长们、同学们能够珍惜这来之不易的学习机会，锻炼自己，学会与人相处，吸收更多的知识，懂得更多的道理，同时更重要的是快乐地安全度过此次夏令营活动！希望这次夏令营能够给家长们、同学们留下永久与美好的回忆！

接着进行隆重的授旗仪式，郑局长郑重地把本届夏令营的旗帜交给刘鑫、王倩、张松、盛春玲、陈乐东、胡海光等老师，当鲜艳的夏令营旗帜挥舞在会场，全场响起热烈的掌声。大家在楼下合影留念。

欢乐破冰　有趣热身

中学组的刘鑫老师带领本组的家长和同学们来到了夏令营的第二活动场所四十六中体育馆，伴随着欢快的音乐，刘老师组织全体同学和家长们做"大风吹"游戏，很快地调动了学生和家长们的积极性，欢笑声响彻体育馆。小学组的同学和家长们在老师的带领下来到团体心理活动室，盛春玲老师组织大家在快乐的《甩葱歌》中，前后连接围成家长和学生两个双圆，一起做放松操，前后锤肩捶背。然后在双轮转中开展了自我风采展示，包括：我的姓名，我从哪里来，我的爱好，我生命中最重要的人，我父母的生日。

组建团队　各显神通

中学组的团队在张松老师的组织下，分成了 5 个组，不仅有团队的名称、标志和口号，还有一项集体展示。各个小组八仙过海各显神通，有乐学组、卓越组、新竹组、正能量组，还有一个电闪雷鸣组，据说他们组在刚说分组的时候正好过来一道闪电。小学团队分为阳光、雄鹰、火箭等组，各个小组都有丰富的动作和造型，并以高亢的口号表达本小组的特色。

齐心协力　趣味接力

　　小学组的家长和孩子们在盛春玲老师的组织下开展的第一项活动就是"人椅"游戏，家长们个个兴趣盎然，几十人围成一圈，前人依次坐在后人的腿上。一开始大家都不相信，没有想到最终居然全部家长们都坐在后面人的腿上，而且双手侧举不依靠其他任何外力。在欢乐的《兔子舞》中，王倩老师组织家长和孩子们开展牙签接力活动，小小牙签传递的是爱和力量，必须依靠彼此紧密的合作才能完成这项细致的任务，王老师还记录了大家的成绩，彼此分享。

团队竞赛　激烈角逐

空旷的体育馆内，正在举行的是风火轮游戏。该游戏要求全场的 5 个小组首先要制作风火轮，老师们已经提供了很多的报纸和剪刀、透明胶。每个小队自己商量如何制作，父母们都很快进入角色，献计献策。10 分钟的时间，各个小组准备就绪，伴随着音乐的节奏，5 条风火轮开动起来，如同开火车一样，电闪雷鸣组一马当先获得冠军。更有趣的是两人三足的比赛，父子、母子组合到位，随着老师的一声令下，一起出发，有对父子组合在竞赛中摔倒，立刻快乐站起来坚持到底。最后的团队活动是 10 人 11 足竞赛，表现了更多家庭组合彼此间的团结合作。

感恩　亲子催眠

11 点整，所有的团队成员全部在大会议室里集合，大家还沉浸在刚才活动的欢乐中。管以东老师组织大家安静下来，让心情完全放松。在舒缓的音乐中，管老师从感恩说起，说到我们每个人的出生和成长，母亲十月怀胎的辛苦和家人对我们的牵挂，带领大家一起进入心灵的体验。管老师还列举了很多青少年失去父母仍勤奋学习的案例，举出有的学生离家出走甚至自杀身亡，给亲人带来的痛苦的事例，警醒大家珍惜生活、珍惜生命。管老师让大家心里假设，如果有一天父母离开我们，身临其境感受亲情对我们的重要，要求我们大家珍惜身边的亲人。情到深处，全场学生和家长都为之动容，泣不成声。最后管老师引导现场的同学大声表达对父母的爱，并和自己父母深情拥抱。

激情分享　闭幕完美

　　管老师最后激励大家发奋图强，为自己争气，为家人争气。同学们齐声高呼"我要努力！我要加油！我要坚持到底！"许多同学全部跑上舞台，抒发自己的豪情壮志。管老师引导同学们一起重温梁启超的名言"少年强则国强……"，有的同学对着父母表达"一定努力学习"，有的表态"一定为爸妈争气"。

　　最后老师们还为现场所有的同学和家长颁发了本届夏令营活动证书，并为获得优秀的团队和个人颁发了奖状，在《相亲相爱》一家人的音乐中，本届夏令营圆满闭幕。

话筒在孩子手中传递，爱的暖流涌入父母心中

　　最后要感谢我们团队可亲可敬的大姐合工大附中陈乐东书记，感谢我们四十六中胡海光老弟他们一直无怨无悔忙前忙后做了很多的准备工作。当然还有海侠、王倩、春玲、刘鑫和张松、张怡的热心支持，正是大家的齐心协力，才让本届亲子心里拓展夏令营在此炎炎夏日下清爽宜人！还有躺在病床上的"小龙女姐姐"，多保重哦！

2013-08-02

区中小学毕业生心理辅导活动
在滨湖四十八中拉开帷幕

　　2014 年 5 月 9 日上午，包河区中小学毕业班心理辅导研讨会在滨湖四十八中顺利召开，区教体局体艺卫科徐莉科长莅临指导。

　　早上八点整，来自全市各中小学 50 多位心理辅导老师齐聚滨湖四十八中二楼会议室。吴宝明副校长首先代表学校对大家的到来表示热烈的欢迎，同时希望大家多为滨湖四十八中的心理健康教育工作提出宝贵意见。徐莉科长指出，包河区各中小学均已建立设备完善的心理辅导中心，希望大家抢抓机遇，系统有效地开展工作，促进包河区心理健康教育有序发展。负责组织本次教研活动的管以东老师传达了教研室李琼主任要求，希望大家认真组织好各校毕业班的心理辅导工作，同时传达了合肥市从 2014年 5 月启动"合肥市心理健康示范校和心理教师职称评定"的文件精神，要求各个学校积极创造条件开设心理课，为学生心理健康成长保驾护航。

话筒在孩子手中传递，爱的暖流涌入父母心中

　　接着，老师们就中小学毕业班学生的心理辅导工作积极发言。谢岗小学余国珍老师发言主题是"心理游戏陪伴孩子成长"，她给我们分享了谢岗小学如何通过"润物心理社团"招募学困生，提高"心理社团"的活动效率、丰富孩子们的心灵的　　　，并

给我们介绍了积极通过家长心理辅导，帮助毕业生心理平稳过渡的做法和成效。巢湖路小学的王倩老师让大家分享了他们学校通过开展"家教课堂"，有效改变家长教育简单粗暴的方式方法。来自新站区的六十三中沈云侠老师指出，心理老师首先要把快乐传递给学生，同时也要学会愉悦自己。她分析了当前毕业生中出现的两个极端：一个是只管当下快乐，另一个是牺牲当下的快乐，以及如何克服这两极端方法、途径。五十六中德育主任郭世玲老师让我们分享了五十六中"金色花心理志愿者"的行动经验。四十六中周龙清老师指出，学生在成长的不同阶段，要通过心理课和拓展活动进行教育和心理暗示。合肥八中的闫蓉蓉老师让我们分享了对毕业生进行信任和自信的培养的重要性。二十九中管以东老师让我们分享了在学校开办中考心理辅导小报，开展毕业生主题班会、心理阅读、心理征文、心理拓展、毕业班老师心理辅导等多种形式的活动，帮助孩子成长，为毕业生中考保驾护航的活动。

最后，来自阳光中学的许明晴老师和管以东老师在滨湖四十八中阳光活动中心团体活动室和滨湖四十八中九（3）班的同学们上了一节《追寻——我们在一起》的主题毕业生心理辅导课，活动包括热身游戏、三年美好回忆、同伴留言祝福、毕业感恩等内容。活动过程中，九（3）班的同学们在老师的引导下时而欢笑、时而动情，于游戏中得到情感的释放，懂得要珍惜最后的 40 天的时间，保持良好的精神状态，努力拼搏。观摩的老师们纷纷表示活动非常精彩，受益颇多。

本次活动为全区的中小学毕业班心理辅导工作拉开了序幕，全区各中小学心理辅导老师将根据本次研讨会的精神有序对毕业班学生有的放矢地开展团体心理辅导活动，力求为毕业班的平稳过渡以及冲刺阶段做好心理护航。

2014-05-11

淝河小学励志亲子拓展活动

　　5月9日下午，应邀为淝河小学180名妈妈和同学们开展一次励志亲子心理拓展活动。一起合唱《世上只有妈妈好》拉开活动的序幕。大家被淝河小学学子积极向上的精神、淝河小学学生家长们一片冰心所感动。在亲子互动"一个不能少"活动中，孩子表达对父母的爱以及对未来的信心，妈妈表达对孩子深切的期望，母子心心相印，人小志气大，深深感动了大家。淝河小学老师的教育，主张张扬每个学生的个性，让学生学会表达爱和感恩，学会表达自己的人生追求和梦想，这就是教育的成功！

2015-05-09

助力爱思　2015 中考学生心理辅导

　　当辅导活动结束，看到孩子们留下幸福感动的泪水，看到妈妈们伸出双臂迎接孩子投入怀抱，看到同学们和老师们热情相拥，看到孩子们甩开手机为同伴加油鼓励，从做游戏时一开始的第一句话"幼稚"到和我手拉手并肩站到一起大喊"加油！"我坚信一颗真诚火热的爱心可以融化所有的坚冰。从快乐的抓手指到挑战自我一分钟鼓掌，从挑战极限到吹气球游戏，让孩子们体验迎接中考到来我们可以挖掘自己的潜力。从读书到底为什么的讨论，引发孩子们深入思考。四十二中的孩子说出的：人生从圆形到鱼形、到三角形、到边缘型的人生成长概念，让我也受到启发。有的孩子把中考比作黎明前的黑暗，有的比喻鬼门关，有的说是一扇门、一道坎，是挑战也是一道风景。然后跟孩子们一起分享行动的力量，分享坚持到底的精神，分享从容的心态，张弛有度，劳逸结合，睡好觉，给自己合适的目标，超越自我，发挥正常水平。继而带领孩子们分享老师的鼓励，留言祝福，一起聆听爸爸妈妈给自己的中考祝福，在起伏的《命运交响曲》中孩子们表态，一定坚持努力，无悔青春。

2015-05-23

当爱遇到了正能量

——走进蔡岗小学

刚进门，孩子们就热烈地鼓掌。我说，我们首先要把掌声送给这个宇宙中独一无二的孩子们——你自己。我走进蔡岗小学，把一份心中的热情、爱、快乐、励志的正能量传递给毕业班的孩子们，心中无限温暖，我也看到了孩子们内心深处就有无限的温暖。当我说人生就是打扑克牌，抓到最烂的牌打好他才是真英雄，孩子们哈哈大笑。人生不仅和别人比，更重要的是和自己比。我表演崔万志出场的滑稽，继而讲述他人生大起大落时，孩子们肃然起敬，我们一起重复着那句催人奋进的话："埋怨没有用，一切靠自己"。一个老师的神圣就是传递正能量，让学生和孩子们对未来充满希望，永不放弃！成功的人比别人要遭遇更多的失败和打击，让暴风雨来得更猛烈些吧！给每个孩子以信心、力量和信念，相信一切皆有可能，只要你敢于超越自我。请尊重未来，不可小觑！

2015-05-23

心理辅导诠释真正的一家人

真教育拒绝冷冰冰的分数，而是热血沸腾的爱，激情燃烧的岁月，值得回味不尽的人生美好时光！

倒计时分分秒秒！不是中考，而是离别的淡淡忧伤！不是分数，而是倍加珍惜彼此情感！

真正的一家人是什么？今天滨湖四十八中全体毕业班 600 多名师生告诉你。一家人就是我们在一起口无遮掩大声表达彼此之间的爱和情感！情感，不仅是涓涓细流，更是浩瀚的海洋！孩子们在一起大声地欢呼自己老师的名字，一浪高过一浪，一起为老师欢呼喝彩，老师还没有开口就被淹没在掌声和欢呼声中，老师们一个个热泪盈眶，对着话筒大声地说"同学们！我爱你们！同学们！加油！""老师希望你们不断攀登，领略人生领略这个世界更多的精彩！""很多的同学被我揍过、批评过，但是老师心中永远对你们充满期望！""老师今天也是鼓足勇气站在这个舞台上，我害怕面对即将离别的失态，我不想做站在你们面前说教，而愿意一直默默在你们的背后给你们支持！"一个个亲切念叨着自己的班级、自己的学生！从来未曾见过如此神勇的孩子们一个个冲上舞台，为班级呐喊助威，为自己人生表态，心潮澎湃说："××班我爱你！"同学之间的友情，浓郁的师生情，三年的情感堆积喷薄而出，一发不可收拾！从来未曾见过如此群情激昂，热血沸腾。那一刻我们无以言表，那一刻我们深情拥抱，那一刻我们诠释深刻的命题"滨湖四十八中，我们是一家人"！

曾几何时，我认为毕业生心理减压就是依靠自己的煽情！当我把自己放得很低，当我站在别人后面，把大家推上台的时候，我突然发现不是一个浪潮，而是一片海啸，狂风巨浪袭击着每一个人的心灵！并非我去唤醒别人的情感，让他们去宣泄，而是让一大批人一起彼此唤醒情感，让每一个心中沉睡的巨人觉醒！

　　减压不是一个放松游戏，一起唱一首歌曲！不是你在讲台上指手画脚教育别人该如何该怎样，减压就是让彼此情感碰撞，让心灵互动交流，让爱喷薄而出，让所有的人懂得珍惜最后的美好时光，珍惜我们在一起的美好情感，扮演好自己的角色，超越自己！从此刻到分手必将成为我们人生中一道最亮丽的风景，因为我们倍加珍惜，因为我们懂得呵护。

　　我的开场白就是：我不是专家！从 2013 年到 2014 年到 2015 年，我一直站在这个讲台上，我们已经是一家人！

2015-05-29

难忘儿童节　师生一起玩

　　6 月 1 日下午三点，六十四中全体毕业生 100 多人在老师的组织下来到这风景如画的四季花海，玩急速 60 秒游戏，小组比赛找出 30 张牌；做撕名牌游戏，被撕的同学直呼沮丧，一定再来一次；获得第一的同学惊叫呐喊过瘾！全班同学一起做兔子舞蹈游戏，班级、全校的凝聚力得到了升华。回顾三年美好时光转瞬即逝，最纯真的年代我们一起度过，我们如同兄弟姐妹，提醒孩子珍惜最后的分分秒秒，留下美好的情感，留下美好的印象和态度，从容自信迎接中考。"我能行！我真棒！"不仅是喊破嗓子，更要做出样子。平时调皮活泼爱动的同学今天变得格外温顺，真的要分手了，我们要学会珍惜！让最后 13 天初中生活成为我们生命中最美好的回忆！

　　难忘儿童节，老师专门陪他们玩！难忘初中生活，今天下午不要再想分数，只有尽情玩、疯闹，只感受我们在一起的友情和师生情！感受大家庭的力量和相互温暖！

2015-06-01

走进六十一中心理辅导演讲

　　来到六十一中的第一句话：我和你们有着悠久的渊源！8 年前，兄弟学校篮球友谊赛丰盛的晚餐记忆犹新，与张成校长、吕校长老关系，和大妹子张卉多年的交情，温暖于心！当我把心交给他们的时候，我们就在一起了！完全从紧张情绪中解放出来，我要和孩子们分享人生的成长意义，我要和他们说，在中考面前要端正态度，做最好的自己。我们要为父母争光，为家人争光。我们不要老去考虑成败得失，我们需要做的就是专注细心做好每一道题，保持良好的精神状态，休息好，完成当下一件一件事情，然后对自己说：青春无悔！111 名同学挥舞着拳头高亢有力振奋人心的宣誓，源自于内心深处的能量，震撼人心！相信这次活动一定影响他们的一生，让他们知道人生为尊严而战、六十一中未来因为有我骄傲自豪！吕校长的演讲震撼人心，孩子们如果因为我的存在而中考加分，我将万分荣耀！

2015-06-11

包河未成年人心理志愿者走进义城

从紫云路向东走，南风徐来。走进毗邻省政府的义城中心校，王莉老师早在门口迎接。原本室外的心理拓展改成课堂心理辅导。见到六年级的小可爱们格外开心！一开始就采访毕业生们，"心情怎样？"有的说紧张，有的说激动，有的说很失落。我们从雨点变奏曲游戏拉开今天课堂的帷幕。与孩子们分享了日本名医生在斥责中成长的故事，然后与孩子们进行 6 年学校生活的回忆。还没有说完，小可爱们就哭得眼泪汪汪，说舍不得老师，舍不得分离。我说，还有 6 天就分手，应该给彼此一些鼓励祝福的话。孩子们立即行动起来，"你一定要努力加油！""我们都做一个诚实的好孩子！"班主任王老师也泣不成声地表达对同学们的祝福和鼓励！长大就意味着分离，独立自主，你们如一棵棵小树生长在滨湖，滨湖以你们骄傲，安徽也理所当然为你们骄傲和自豪！从今天开始，端正态度，作业认真一点，努力勤奋一点，珍惜和老师在一起美好时光。一个在前半截活动中调皮的孩子竟然第一个上来表态：我一定好好表现，不让爸妈失望！我说"君子一言"，他说"驷马难追"。其他孩子也纷纷上来表态，意气风发。将来也许他们会成为医生、警察、法官、教师、企业家或领袖，他们是巢湖水滋润长大，他们会成为一片亮丽风景！

2015-06-11

心海扬帆　逐梦远航

——走进红星路小学

6月27日下午，在站长李妮老师的带领下，牛艳、淑杰、晓哲、梁老师，还有合肥学院志愿者一行，市校外未成年人心理健康辅导中心志愿者走进最后一站红星路小学。在滂沱大雨中玩雨，协奏曲最为应景，班级小比拼，全校200多名毕业生在狂风暴雨中活动确有排山倒海气势。继而安静下来，一起回忆6年的美好时光，珍惜6年走过的点点滴滴，值得我们怀念。从懵懂无知，长成意气风发的少年，毕业之际为自己的同学、好友、老师、祝福加油！情感迸发，热情洋溢。老师让学生回到自己的座位，两人一组分享自己收获的祝福和鼓励，每个班级邀请一位同学上台分享自己的收获和感受，最后指导孩子们做好雏鹰展翅准备，少年壮志向前冲！我们不再是爸爸妈妈襁褓中的乖宝宝，我们要用自己成熟的行为证明自己！激发孩子们下决心改变那些曾经怯懦的行为，或者不端正的态度，以及对待父母不孝顺的言行，决心改变自己！不再沉迷电视游戏，不再作业马虎、不再拖拖拉拉，决心学会帮助父母做力所能及的事。站在少年的起点线上惜别，不是让孩子们感觉到分离的痛苦，而是感受一种成长的快乐。毕业，意味着我们展翅高飞到更广阔的领域，见识人生更美丽的风景！让孩子们踌躇满志意气风发斗志昂扬，做最好的自己！同学们！今日我为红小骄傲，明日红小因我而自豪！

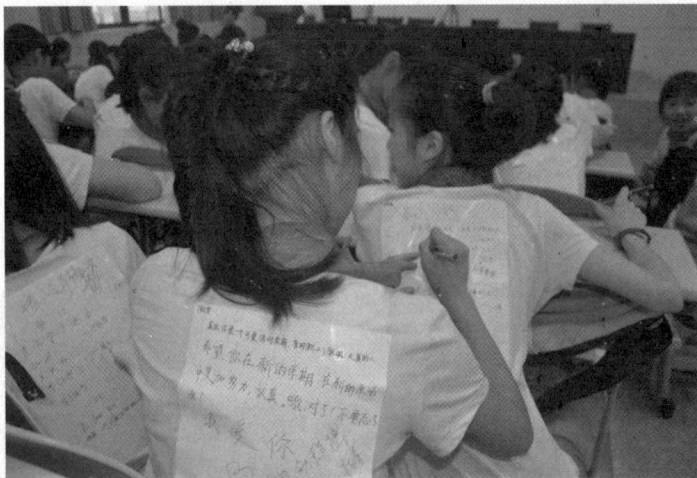

2015-06-27

雏鹰展翅，壮志凌云

——新生入学心理拓展

　　6月29日上午八点，二十九中举行新生入学适应心理拓展教育活动，全体新生和家长一起参加。张成校长详细介绍二十九中历史和校园文化，对广大新生提出殷切期望，希望大家早立志适应初中生活，铭记"是己以自立　宽人而协同"的校训，学会自立自强。占明忠副校长指导广大家长如何帮助孩子适应小升初，如何做一名优秀的初中生家长。年级组长武涛老师从学习方法上指导家长帮助孩子如何面对繁多的初中课程，既要宏观管理又要指导细节。德育室主任管以东老师带领孩子们分享进入初中大门的感受，激发学生的信心和勇气，教育孩子们懂得自我反省，让学生写出自身不足，和自己的人生梦想。在管老师的激发下，孩子们纷纷走上讲台，表达自己改正爱看电视、玩游戏，学习不认真、作业拖拉缺点的决心，努力做一名优秀的中学生。大家还一起观看了《Yes I Do》《崔万志》等激发梦想和励志的视频。全体同学在家长面前庄严宣誓：相信自己我能行！用行动证明自己！努力学习！拼搏进取！为父母争光！

2015-06-29

芜湖龙山营地　亲子幸福成长夏令营

感谢一路同行！感恩一路有您相伴！所有的爸爸妈妈爱心付出，给孩子们一个舞台、一个精彩世界！

开营啦！

带孩子们一起玩"疯狂撕名牌"、两人三足、集体踩气球、吹爆气球游戏，增强孩子们的合作团结和竞争意识。让孩子们自己打扫"战场"，人人争做环保天使！有趣，有意义！

房车文艺晚会开播啦！

龙山营地微风细雨、山野静寂，房车内却热火朝天。主持人陶乐潇宣布：精彩文艺汇演房车音乐会开始啦！有贾烨忻的《天上掉下个林妹妹》，胡锦程的《超级英雄》，詹欣阳的笑话，陈艺洋的《如果你是我的眼》，陶乐潇的《平凡之路》，独唱、合唱、笑话、小品，精彩纷呈。此活动，灯光：余祥、余瑞，策划：陈思远。给孩子一个舞台，孩子还你一个童贞、精彩的世界。最后，群舞公鸡舞，孩子们乐翻天！

清晨小试牛刀！

龙山营地清晨，力量、毅力、平衡、速度大比拼，看谁金鸡独立时间更长，看谁能在平衡木上奔跑不掉下，团队奔跑看哪组合作能力最强，拔河比赛看谁力气更大，最后看谁以最快速度跑到营地。

集体的力量！

当我们在为孩子的胆怯、犹豫、任性而咬牙切齿、恨铁不成钢时，请把孩子放到集体中，集体会鼓励他（她），约束他（她）！集体能教他们学会照顾别人，学会相互依靠。成长路上有的孩子走得慢，有的徘徊不前，有的退缩，我们不要责骂，只需鼓励。他们都会到达终点。只要家长能给孩子一个更大舞台和空间！

2015-07-12

界首中学高一新生心理拓展

　　7月31日上午8点，合肥市未成年人校外辅导中心对界首中学130多名高一新生开展入学适应心理拓展活动。管以东、王国松、徐凯、盛春玲4位心理老师带领同学们一起开展"物竞天择进化"小游戏，指导新生们尽快以积极的心态融入高一学习生活中。有趣的"口香糖"游戏，粘住头手脚，还进行了小惩罚，做俯卧撑、绕圈跑。全体高一学生分成10个小组，开展了"个性名片"制作活动，大家在小组中交流分享，个人优势大转盘提高了大家参与的积极性。然后各小组开展"高中！你约了吗？"头脑风暴主题讨论。有的说"努力、拼搏！"有的说"做好计划安抚，保持良好心态"，有人说"自强不息，团结合作"，有的说"拥抱梦想，付诸行动"。管老师充分肯定各个小组同学的聪明、智慧和决心，希望大家为进入高一做好充分的心理准备，积极学习、主动交往。他告诉学生，成长意味着成熟和独立，见识更宽广的世界。最后全体同学围成同心圆一起唱起《相亲相爱》，大家手挽手、心连心，已经做好了充分的心理准备，高中！我们约好了！适应新的学习环境，适应新的同学、新的老师，我们微笑迎接高中生活！

　　八中赵琳副校长和界首中学邹主任对此活动赞誉有加，说，这代表着合肥心理老师的水平，它打开了高一新生的心扉，让他们自觉、自信、自强迎接新学期的开始！

2015-07-31

包河心理志愿者暑假进社区开展亲子成长教学活动

8月17日上午8点30分，包河区未成年人心理辅导站的志愿者老师们走进五里庙社居委，为12组亲子家庭开展了一场别开生面的亲子成长心理辅导活动。

志愿者徐凯老师组织全体家庭开展了家庭组合亮相，有的展示嘹亮的歌喉，有的展示精致的绘画、书法，还有家庭展示造型，充分调动了各个家庭的参与积极性。"大树松鼠家"的游戏很快活跃了整场的氛围，让大家激情迸发，张淑杰老师组织孩子做了"进化论"小游戏，彼此之间通过对抗赛进行激烈的角逐，分享感觉时，有的孩子表达了只有积极参与才能胜利的观点，赢得全场掌声。志愿者老师们组织大家开展亲子绘画，在相互合作与协调中丰富了亲子情感。殷秀娥老师引导大家握住对方的手，轻轻碰一碰对方的鼻子，让亲子之间表达对对方的爱；有的妈妈表达了对孩子深深的情感和希望，胡妮娜小朋友深深感激妈妈的爱，表示自己一定要改正自己的缺点，努力学习，报答父母的爱。最后，五里庙社居委刘光娟主任还将很多笔记本和绘画笔等奖品颁发给获奖的小朋友。抓住暑假的尾巴，开展亲子心理成长辅导志愿工作，一方面升华了亲子的情感，一方面也为孩子迎接新的学期做好充分的准备。包河区心理志愿者服务队还将根据孩子成长的不同阶段走进社区开展"人际交往"、"青春期"等主题心理辅导志愿活动。

2015-08-17

与三十五中藏班孩子放飞心灵迎接新的学期

在藏语《传奇》中开始我与180名藏族孩子们和家长的沟通交流。

管以东老师首先对孩子们深情地说：在茫茫宇宙中，每一个人来到这个世间都是传奇。在我很小的时候就憧憬着有一天能看到冰山上的雪莲，欣赏喜马拉雅的雄鹰，阿里，山南，这一个个迷人的景物、地方早就让我心驰神往，大家从海拔几千米的高原走下来，来到合肥，合肥欢迎你们，三十五中欢迎你们！他还说：唐古拉山，拉萨，久远的藏文化，血性坚韧的藏族精神让我敬畏，我爱你们！10年了！几千名藏族孩子在三十五中成长成人，回到西藏，或在祖国各地发挥着他们的聪明才智；一届届藏班同学们做出让父母欣慰，让三十五中骄傲和自豪的事情，让我们感动，让合肥、让三十五中自豪！

乐天派徐凯老师先带同学们一起制作个性名片。大家首先自我介绍，然后进行小组展示：冰山雪鹰，快乐联盟，棒棒达，等等。藏族孩子们的心灵慢慢打开，充分展示自己的聪明才智。老师们带领孩子们一起开展多项活动，激励他们走上舞台，抒发自己的豪情壮志。同学们一个个积极踊跃，有的表达勤奋的决心，有的想当老师、医生、企业家、领导者。不管是抒发自己人生目标的同学，还是决心用实际行动兑现自己人生梦想的同学，都值得为他们骄傲。引导现场，所有的藏族家长用藏语和汉语表达对孩子的期望。上下互动，彼此感染，氛围温馨。老师、家长和所有的孩子们一起唱起了《我的未来不是梦》，我的心跟着太阳走，跟着希望走！

致敬，三十五中的老师！致敬，优雅的顾校长！钢铁战士雷主任！年轻有为的徐凯老师！你们热血沸腾、敬业奉献，值得敬仰。三十五中，哺育藏族孩子的摇篮。致敬，最可爱的三十五中人！

2015-09-04

走进兴园开展新生适应心灵拓展主题教育

　　9 月 28 日 15 点 40 分，代表市教育局 525 心灵导航团专家走进兴园中学，为 120 多名七年级新生开展一次入学适应心灵拓展主题教育。从讲达尔文的故事到开展进化论游戏，让大家分享怎样以最快速度进化。然后按照出生月份进行分组，要求大家遵守规则，如果不遵守纪律，小组集体就要被扣除一颗星。首先进行不适应初中生活的心理现象罗列，然后轮换进行小组指导，帮助别人懂得如何克服不适应的心理。大部分孩子都提到科目多、学习任务重、老师节奏快，陌生环境不安。未曾想到孩子们给队友开具的对付这些烦恼的秘方：认真学习，充分准备，积极与他人交往，心胸开阔，个个都是小专家。班主任王老师鼓励所有的新生，今后我们就是一家人，我们一起幸福成长。孩子们纷纷写下自己三年的美好梦想，纷纷上台慷慨陈词：要成为值得尊重的人，要成为父母的骄傲，要努力学习考上省级示范高中，要成为学校的骄傲，要成为大家学习的榜样，要在各个学科有进步，成为运动、艺术、科学方面有造诣的人。孩子们的雄心壮志值得大家尊重，每个有梦想的人都了不起。最后大家激情澎湃地一起唱起《飞得更高》！校长、老师以及教育局的、团校的领导一起参与进来，为兴园中学的新生们加油鼓励！

2015-09-28

肥东一中高三 500 名毕业生室内团体心理辅导

　　12 月 21 日，和团队伙伴小哲、玉浩一起驱车来到肥东一中。"阳光灿烂"的吴贝贝同学到大门口迎接。他带我们观看场地，分工协作，调试音响、投影、话筒，对接各个环节。

　　下午，合肥市校外未成年人心理辅导站志愿者一行也来到肥东一中，为 500 名高三文科班的同学们开展了一场"温暖前行　放飞梦想"的主题毕业生团体心理辅导活动。

　　团体辅导活动在肥东一中报告厅举行，志愿者代表心理辅导老师管以东组织广大毕业生开展"真心话大冒险"游戏，让所有的毕业生把烦恼折叠成纸飞机放飞，宣泄内心的不良情绪。还通过"明确人生目标、悦纳自己、关注当下、温暖前行"等主题分享如何自我调整心态，积极迎接高考的到来。辅导活动中，师生彼此情感碰撞，班主任老师和家长都表达了对同学们的期望，同学们积极踊跃举手，向老师表达由衷感激，还有一位同学带领全班同学向老师鞠躬致敬。在互动中，激发同学们内心的爱和温暖。在梦想起航阶段，20 名同学踊跃走上舞台，慷慨激昂地表达自己的人生梦想和高考目标，有的说要报考南开大学，有的说要考上安徽大学，有的说要考陆军军官学院，将来要为保家卫国做出贡献，有的说要报考南京大学。最后，在老师的带领下，全体同学一起高举拳头以青春的名义宣誓：以积极心态，自我超越，明天一中因我而自豪！豪迈激情的呐喊回响在肥东一中的上空。

合肥市校外未成年人辅导站心理志愿者自 2013 年以来就积极开展各种走进社区中小学心理志愿活动，进社区心理健康志愿普及讲座；开展夕阳红老年人心理辅导活动，关爱阳光敬老院孤寡老人。特别是积极开展走进中小学开展团体心理辅导活动，2015年先后为 20 多所中小学开展毕业生心理辅导工作，及时解决中小学生成长中的烦恼，为他们的健康成长保驾护航。

2015-12-22

肥东二中 300 名高三毕业生室内团体心理辅导

2016 年元月 8 日，合肥市校外未成年人辅导站本学期高考心理辅导走进最后一站肥东二中。

合肥八中张晓哲、六十四中李海侠、肥东一中吴贝贝、合肥二十九中管以东一行走进肥东二中为 300 名高三毕业生进行一个半小时的团体心理辅导，点燃激情、起航梦想！

一、暖场活动

在《平凡之路》的暖身音乐中，300 名高三毕业生在老师的带领下走进阶梯教室，看着意气风发的这些高三学子，想起 20 年前的今天，我和他们一样坐在高三的教室里，憧憬着美好的未来。音乐非常应景，同学们都像小花小草在人生的平凡之路不停地寻找，跨过山和大海，不管是坎坷还是曲折平坦，都一直不停，星夜启程、夜以继日。

二、自我介绍

20 年前的今天我和大家一样坐在高三的教室里，开头的自我介绍就是我的出身和学校单位。2 代表着每个人心中白天鹅的梦想，9 是寓意我们在社会上存活彼此携手共进，方能收获精彩人生。我们学校学生虽大多出生于进城务工人员家庭，虽然生活在高楼大厦的背后，但是他们都拥有着美好的梦想，他们相信，通过自己的努力可以改变命运和人生。我和大多数同学一样来自农村，不相信命运，我们相信努力可以改变我们自己，坚持执着的我，为今天的我鼓掌加油！

三、真心话大冒险游戏

大家非常有兴趣！最恐惧的事情就是担心高考失败，最开心的事情就是每天回家和父母在一起吃饭，最悲哀的事情就是现在很迷茫，最快乐的事情就是天天开心就好了，同学们的笑点多！

四、放飞烦恼

引导语：每个人自来到这个世界的那一刻起，如同一张白纸，那么的清澈干净整洁，不经意间，我们从嗷嗷待哺到蹒跚学步，我们认识了爸爸、妈妈、爷爷、奶奶和姥姥、姥爷，还有熟悉的叔叔、阿姨，我们心中有一个温暖的爱的港湾，慢慢地我们认识了很多周围的人，认识了很多的小伙伴，这张白纸上不知道什么时候就图上了各种颜色，不知道什么时候开始被别人图画。一天天地长大，烦恼仿佛也一天天地增加。他就像一只忠心耿耿的小狗，总会一直跟着你；就像是你的影子，你到哪，它就会跟到哪儿。这张已经被图画的纸开始被折叠，被揉成一团，甚至被撕裂戳穿，学习的压力、老师的压力、父母的压力、同学之间的压力使我们手足无措，我们沮丧、痛苦、伤心，每每想到这些，我们就开始怀疑为什么我生活在这样的家庭，生活在这样的班级，为什么我有这样的同学，有这样的老师，这样的父母。为什么我遭遇到那么多不公正的待遇？生活中太多不如意让我开始怀疑我自己，我该怎样面对这个世界？

下面请大家将目前让你心烦气躁的 5 个烦恼，写在这张 A4 纸上。静下心思考，此时此刻最困扰着你内心的 5 个烦恼，也许不能立即解决，让我们好好审视，面对问题就是解决问题的第一步。还记得儿时我们都喜欢玩的一个小小的游戏，纸做的飞机往远处飞，今天在这一刻，让我们把烦恼抛得远远的。

五、读书到底为什么

一位老师这样解释：今后你们会遇到很多很多你们不知道的、不能理解的事情，也会碰到很多你们觉得美好的、开心的、不可思议的事情，这个时候，作为一个人，自然地想了解更多、学习更多。失去好奇心和求知欲的人，不能称为人。连自己生存的这个世界都不想了解，还能做什么呢？失去好奇心的那一瞬间，人就死了。读书，不是为了考试，而是为了成为出色的人。

龙应台：我要求你读书用功，不是因为我要你跟别人比成就，而是因为，我希望你将来拥有更多选择的权利，选择有意义的工作，而不是被迫谋生。

从社会价值分析，学习是为了让自己为社会做出更大贡献；从个人价值分析，学习是为了让自己有尊严地生活。我们要听陶行知先生的话：做有价值的事情，到最有信仰的地方去。

六、努力与成功的关系

暂时努力不一定能成功，持续努力才能成功。用习总书记的话说：坚持努力，梦想一定可以实现的。如果在网络上搜索管以东，大约能获得 200 条信息，我的偶像刘德华可搜索到 820 万信息，成龙 850 万，范冰冰超过亿。我让大家分享范冰冰成功的执着精神，同时插曲关于大学生的执着精神和爱情。

我的执着精神让人生小有所成：从初中时一直热爱收集诗歌散文，抄录名人名言；为大学演讲比赛的成功进行了 5 年的准备；为了参加大学生篮球比赛，自己进行刻苦训练；不停地努力学习，从而圆了篮球之梦，演讲之梦。曾经是全班倒数十名的我，都能做到，何况你们？

七、那又怎么样

针对很多输不起的心理，我与大家分析考试失败，一次考试失败那又怎么样？我们从头再来。即使高考失败了，那又怎么样？现在不行不代表将来不行，这次不行，不代表下次不行，在每次受到挫折时，我们都要越挫越勇，再来一次又如何？

八、钝感力和毅力

渡边淳一的两本书，我由衷敬佩。渡边淳一说，在人际关系方面，最为重要的就是钝感力。当受到领导、老师批评，或者与朋友意见不合时，还有恋人或夫妻之间产生矛盾时，不要郁郁寡欢，而应该以积极开朗、从容淡定的态度对待。其实，何止人际关系，生活也真的需要一种钝感。

指导我的主任教授是一位后起之秀，医术高明，要说他有什么缺点或令人不满的地方，只有一样，就是在手术当中，他总是不断地指责那些协助他的部下，虽然他也并不是出于什么恶意或是想要惩戒谁，那只是他的一个毛病，喋喋不休地指责别人，例如"手脚太慢！""快点儿，拿牢靠些。""你眼睛往哪儿看呢？"等等，都是些无关紧要的指责。

S 医生，也许正因为是教授的第一助手，所以他被教授训斥得最多。每当 S 医生被教授斥责，我都偷偷地在心里表示同情，觉得他是一位十分可怜的医生，可是我发现每当被教授训斥的时候，S 医生的回答都很独特，必定为"是，是""是，是"，把"是"轻轻重复两次。

不管教授说些什么，S 医生的回答一成不变，一次我听着听着，甚至觉得教授的呵斥对 S 医生本人毫无影响，在手术中被教授那样斥责，一旦手术结束，他立刻忘得一干二净，舒舒服服地泡在洗澡水里。完事以后他回到医疗部，一边喝着日本酒，一边和同事们谈笑风生地聊起刚刚结束的手术以及其他各种事情。S 医生以惊人的速度把一切不快统统丢到了脑后。与这位开朗的 S 医生相比，有的人稍稍受到斥责就觉得备受打击，尤其是那些出身良好、在溺爱中长大的人，仅仅被上司训过一两次，马上就变得失魂落魄，一脸阴沉的表情，值得吗？S 医生后来成为出色的外科医生。

笛子和晾衣架的故事：有两根竹子，一根做成了笛子，一根做成了凉衣杠。有一天凉衣杠碰见了笛子，凉衣杠就不服气地问笛子，我们同是一片山上竹林里出来的竹子，凭什么我就天天日晒雨淋，不值一文，而你就价值上千？笛子就说，你只是挨了一刀，我是经过千刀万剐出来的！凉衣杠沉默了……

有一本书的名字叫《感恩那些打击、伤害过你的人》，范冰冰说感恩那些曾经伤害过她的人。曼德拉在总统就职仪式上，做出一个震惊世界的举动：他请来当年罗本岛监狱的 3 名看守，向他们致敬，感谢监狱生活对自己的磨砺。法国文学家罗曼·罗兰：累累的伤痕是生命中最好的东西。

九、不抱怨，一切都是最好的安排

因为我们的出身，因为我们的父母，因为我们的老师，我们曾经埋怨，崔万志先生的故事和名言可以激励大家：抱怨没有用，一切靠自己。借用马云先生的话，抱怨的人大多是生活中失败者的扮演者。

塞翁失马焉知非福，有趣故事分享：古时候，有一个国王，他很宠爱他的宰相，这个宰相的口头禅就是"一切都是最好的安排"。国王很喜欢出游，而且经常带着他的宰相。有一天他们带着侍卫出去打猎，国王打中了一头狮子，兴冲冲地跑了过去，谁知道狮子并没有死，看到国王走近，突然奋起袭击国王，在侍卫的救护下，国王活了下来，但是受了伤，而且小拇指被折断了，国王很伤心。可是宰相还是说"一切都是最好的安排"，所以国王很愤怒，把宰相关了起来。过了一个月，国王的伤好了，他又想出去玩了，往常他会带着宰相，可是这次，他准备自己一个人出去。骑着快马，来到了国界附近的丛林之中，看着皎洁的月亮，很抒怀地走在深林里的小路上。这时候突然来了一群野人，把他团团围住。原来在这附近生活着一些古老部落的人，他们会在月圆之夜抓一个人献祭给上天，国王就很不幸地成了他们的猎物，野人们把国王的衣服撕掉，很开心今天抓到了一个细皮嫩肉的祭品，相信老大一定会满意这份礼物的，下个月肯定会保佑他们抓到更多的猎物。就在他们把国王推上祭坛的时候，有人发现国王的小拇指缺了，"呃！"野人们发出愤怒的叫声，献给神的礼物怎么能有残缺呢？所以他们把国王放了。回到皇宫中，国王下令把宰相请了过来。国王对宰相说："我今天才领略到'一切都是最好的安排'这句话的意义。不过，爱卿，我因为小指断掉逃过一劫，你却因此受了一个月的牢狱之灾，这要怎么说呢？"宰相笑了笑，说道"陛下，如果我不是在狱中，依往日惯例，肯定要陪您出行，野人们发现您无法作为祭品的时候，那他们不就是会拿我祭神了吗？臣还要谢谢陛下的救命之恩呢！"

十、聚焦，关注当下

奥斯特洛夫斯基：人最宝贵的是生命。生命属于人只有一次。人的一生应当这样度过：当他回首往事的时候，不会因为碌碌无为、虚度年华而悔恨，也不会因为为人卑鄙、生活庸俗而愧疚。

走好脚下每一步。减少各种干扰，让自己保持一颗安静的心，把时间聚焦到学习。保证良好的学习环境，排除外界干扰，抵制各种诱惑。学习环境要保持安静、整洁，这样就可以减少各种外界干扰，使你集中注意力学习。所以在学习时你要劝告旁人不要随意打扰你，不要大声喧闹，你还要把书桌和书本、文具等收拾整齐。你要勇于抑制自己的欲望抵御各种不利于按计划学习的诱惑，防止惰性的侵扰。人总是有惰性的，你稍不注意，惰性便会发作，使你无法再坚持学习。所以你要时刻提防惰性的侵入，否则，你就会越来越懒散，以致最终放弃学习。冥想——当学习累了或是临考前临升学关或遇到不顺心的事，心浮气躁的时候，可以先坐直，全身放松，微闭双目，冥想内心深处那片平静的湖泊，想那花草树木在湖面上的倒映的影像，想得越逼真越细致，心情便越沉静，注意力会越来越好。也可以试着把周围的声音和冥想结合起来，如听钟表的嘀嗒嘀嗒声，可以把这声音想成雨水滴在心灵湖泊上的声音，还可以一边听一边想一边数着这雨滴的数量，当数到一百多次的时候，睁开双眼，你会觉得心情异常平静，注意力特别集中。冥想也可不闭眼，在作业本上画一个直径两毫米的圆圈。你可以先把自己浮躁的心丢在圈外，然后想象这个小圈像一个宏大的世界，那里也有江河山川，再把自己的注意力集中在冥想的森林中的一处湖泊上，湖泊的水面异常平静。这样的冥想一次两三分钟，用时不多，却能有效控制精神收拢浮躁的心。经常这样训练形成习惯，注意力会越来越集中。还可以试试两眼集中凝视一点，如窗外的某棵树或房间内某物，当视线变窄，注意力也能有效集中。

十一、信心

无坚不摧的信心，相信自己。希尔顿的成功就是带着信心。拿破仑就是带着信心走上战场。如果你都不相信自己谁会相信你。

十二、温暖：欣赏、鼓励、支持

2016年我们在这片天空下，我们一起走向考场，接受人生的挑战和洗礼。最重要的是彼此鼓励、相互温暖，成绩一般的人在一起相互温暖，成绩优秀的人，更需要你去靠近。每一个老师、同学以及我们的父母亲人，都要彼此温暖、相互支持。

你把身边的人看成是草，你被草包围，你就是草包。你把身边的人都看成宝，你被宝包围着，你就是"聚宝盆"。温暖前行，共同迎接美好的2016年高考。让王老师上台表达对同学们的祝福和期望，让同学们之间表达对对方的支持，对老师的感恩。

十三、高考目标，我能行

同学们群情激奋冲上舞台，大喊自己的名字，说出自己的人生目标：中国海洋大学，中国科技大学，合肥工业大学，安徽大学，湖南大学，安徽师范大学，安徽医科大学……有梦想的人谁都了不起，为你们的人生理想目标骄傲自豪！

全体同学集体宣誓：我要努力！我要加油！我要坚持到底！我要证明自己！我要为父母争光！今天我为肥东二中人骄傲！明天肥东二中因我而自豪！

十四、真心英雄

全体同学在温暖的音乐中，手拉手一起唱起这首催人奋进的歌曲，三位同学领唱，全班同学一起来，"在我心中曾经有一个梦……"

有方向地走叫旅行，漫无目标地走叫流浪。所有的同学不管是表达还是藏起心中的梦想，让我们一起让梦想化作行动，从此刻起、从今天起行动起来，一步一个脚印，每天坚持努力，2016年的9月，让我们在樱花烂漫的武大，在全国知名的科大，在美丽的安大，在我们设定的每一个预期的大学校园里徜徉，怀念我们一起走过的高三时光，有我们彼此的心理支持、爱、鼓励和温暖，是一片靓丽的风景。

十五、青春誓言

全体同学把自己的大学梦想一起张贴在梦想起航线上，让所有的老师和同学一起见证，让我们肥东二中见证我们的誓言，见证我们的未来，从今天开始，我们行动起来！

十六、签名留念

同学们激动地过来让我签名，谢谢孩子们的真诚热情！曾经这样梦想：仗剑走天涯，看看世界有多大，你们要相信自己的美好未来！我期待，如果我能在今天的活动中给你们一点点人生的启示，我将无限荣光！！

感恩！感谢！我们都不要辜负彼此的一份真情，一份执着的情怀！永不言败的决心，一种坦荡荡的胸怀！20年前的我与20年后的你们，这块土地上都曾经在中学校园里进进出出，变化的是季节，不变的是真情，我爱你们！我热爱这片土地！这块土地上有我的青春纪念册，有你，有我！

2016-01-09

心口如一　青少年特训营十大亮点

亮点一：主持人特有范

亮点二：诵读经典有模有样

亮点三：歌曲演唱自信满满

亮点四：书法字方正规范

亮点五：演讲口才大言不惭

亮点六：感恩父母跪下奉茶孝心可见

亮点七：心理拓展趣味体验

亮点八：读书明理名人励志心潮澎湃

亮点九：八段锦外练筋骨皮，内练一口气

亮点十：家长学生疯狂点赞

2016-01-28

走进合师院附中开展中考心理辅导

3月8日下午，包河心理志愿者管以东、张淑杰、肖玉浩、王甲春四位专业心理老师走进合师院附中为300名毕业班学生开展"积极、超越、共进"主题团体心理辅导。

下午4点10分活动正式开始。"距离中考还有96天，大家的心情怎么样？"这是主讲管以东老师的开场白。管老师带领大家分析积极乐观、紧张焦虑、茫然无措、得过且过的四种不同的心态，带领大家一起玩"真心话大冒险"的游戏。让同学们自己写出目前的5条烦恼，并邀请大家出谋划策现场解决。同学们大胆站起来说出自己的烦心事：恐惧中考考不好，父母唠叨；每天学习辛苦，同学关系紧张；担心自己的未来等等。老师们带领大家一起玩纸飞机游戏，当一起放飞自己的烦恼和忧愁时，同学们的欢呼声此起彼伏。读书、学习到底为了什么？心理老师们帮助学生们端正学习的动机。从诗人李贺的"少年心事当拿云"到王勃的"穷且益坚，不坠青云之志"，从岳飞的"莫等闲，白了少年头，空悲切"到流沙河的"理想是灯，照亮我们前行的路"，管老师鼓励大家要树立远大的志向，帮助学生分析怎样的学习是有效的学习。要明确目标、有计划、积极心态、团结合作、反馈总结。心理老师引用了范冰冰、孙俪等名人的成功案例教育学生坚持执着面对自己的学习和挫折，引用渡边淳一的《钝感力》和《那又如何》两本书中的精神指导大家不屈不挠面对自己的人生。考不好那又如何？跌倒了那又如何？课堂上师生互动，学生情绪高涨。老师们引导大家认识：人生不仅要和别人比，更要和自己的昨天比，不断自我超越。携手共进，迎接挑战！还有 96 天大家就要中考，大家也要分离，请在背后留言写下我们彼此的祝福和鼓励，孩子们也纷纷为自己的同伴写下自己的祝福。30 位家长代表和老师们纷纷向自己的孩子和现场所有的同学们表达自己的祝福：自己努力就可以了，爸妈永远是你坚强的后盾！我们相信你，你是我们的骄傲！写出青春誓言，我的未来你作证。心理老师们向所有的同学分发中考心愿卡片，孩子们写下自己的中考目标：三中、五中、八中、一中，信心满满地贴在主题宣传版上。在老师的带领下，大家面对着自己立下的誓言，集体宣誓：我要努力！我要拼搏！我要坚持到底！不怕困难！不怕挫折！奋勇向前！灿烂星空，我是真心英雄！年级组长吴老师和学生代表李强带领全体毕业生一起唱起了激动人心的《真心英雄》，"在我心中曾经有一个梦……把我生命中的每一分钟……不经历风雨怎么见彩虹……"振奋人心的歌声回荡在合师院附中的上空，所有毕业生将带着老师和家长的爱与期盼掀开他们人生崭新的一页。

2016-03-09

包河心理志愿者走进工大附中　对话家长亲子教育

　　3 月 14 日下午，包河心理志愿者老师走进工大附中，为 200 多名八年级学生和家长开展一次面对面的亲子教育交流，分析八年级学生青春期的心理特征，指导家长智慧地和孩子交流，积极关爱用心陪伴。

　　"态度决定行为，行为决定效果，先来一起检验大家的态度吧！"志愿者代表管以东老师开场如是说。下午 4 点，对话家长亲子教育活动正式开始，一个击掌的小游戏迅速热场。抱怨的态度是幸福生活的第一大杀手，消极的处事态度就会让我们对生活失去主动权。父母好好学习，孩子才会天天向上；输得起才能赢得起；父母对待生活的态度就是孩子的榜样。管老师着重就孩子的学习目标和意义进行重点讲解，读书是为了将来过上更有尊严的生活，做更有价值的事情，为了家庭和社会发挥更大的光和热，不仅仅为了谋生。志愿者肖玉浩老师分析青少年青春期自我意识发展的特点；关注外貌风度，重视能力和成绩，关心自己的个性以及有很强的自尊心，存在着心理断乳和精神依托、心理闭锁与开放、成就与挫折三重矛盾，并阐述了怎样认识和应对。家长不仅要改变孩子，关键要改变自己。处理亲子关系应遵循几点基本原则：创建民主平等的亲子关系，有安全感的亲子依恋，爱与规则的平衡，自主和支持的平衡。

　　家长们纷纷表示，参加本次家庭亲子教育活动受益匪浅，懂得了家长应积极关爱用心陪伴孩子，欣赏鼓励支持孩子，用积极的态度对待自己的工作、家庭和社会生活，改善亲子关系，提升亲子质量和家庭幸福指数。

　　2016年以来，包河心理志愿服务队积极开展走进中小学、社区，志愿为广大学生、家长和社会工作者开展心理讲座、心理拓展、毕业生心理辅导等心理关爱活动，增强了包河心理志愿工作专业水准，提升了服务对象的幸福指数，让大家以积极的人生态度面对自己的学习、工作和生活，在全市起到辐射和引领作用。

2016-03-14

志愿者走进曙光小学
"雏鹰展翅、放飞梦想"毕业生团体心理辅导

　　2016年4月13日，合肥市包河区心理志愿者以"雏鹰展翅　放飞梦想"为主题的毕业生团体心理辅导在曙光小学热烈举行。120多位即将毕业的小学生积极参与这场精彩的团体心理辅导活动。

　　志愿者主讲老师管以东先以一个幽默的小故事活跃了现场的气氛接着做抓手指游

戏，让同学们的心情得到大幅度的放松，迅速地拉近了与孩子们的距离，在一阵阵欢声笑语中进入活动的主题。然后，管老师以"毕业了，心情如何？"为题，揭示了六年级毕业生的四种心态：自信乐观、焦虑紧张、茫然无措和得过且过。管老师让大家在白纸上写下自己苦恼的事情，把不满意的事情写出来，做"放飞纸飞机"的游戏，让大家心情得到极大的释放。有一个纸飞机竟然飞到了投影仪上，得到管老师的表扬。

管老师还和孩子们一起分享动画片《悦纳》和"笛子与竹衣架的对话"，让孩子们明白：有烦恼是很正常的，要学会悦纳各种情绪。又通过观看演讲视频《抱怨没有用，一切靠自己》和《Yes，I can》，激励每个孩子都要为自己的梦想努力奋斗。最后，开展"写下自己十年后的梦想"活动。同学们在心形卡片上写出自己十年后的理想，并走上讲台，和大家区同分享自己的远大美好的理想。十位同学让大家分享了自己的理想。让大家见证他们的理想，有大家的见证，他们的理想一定能够成为现实！分享的环节让整个课堂的氛围达到了高潮，孩子们齐呼自己的梦想，齐呼为自己的梦想奋斗，场景令人震撼。

一个小时的心理体验、拓展、讲座很快过去，可是它带给孩子们心灵的力量将继续激励每个孩子前行。拥有积极健康的心理，乐观地面对生活中的喜怒哀乐，相信每个孩子都会迎来属于自己的曙光！

2016-04-15

高新区主办关爱中考生系列活动

——走进梦园中学

4月14日上午，由高新区心理学会主办的关爱中考生系列活动，走进了第一站梦园中学，此次活动的主题是"梦想，超越，在一起"，活动由合肥二十九中学管以东老师主持。管老师是安徽省社会心理学会副秘书长、中小学分会副主任，合肥市教育局优秀心理志愿者。

活动在《平凡之路》的音乐中开始，教师给学生发放活动要用的白纸。管老师做了自我介绍，表达对同学勤奋学习的同理心，拉近了彼此间的距离。管老师首先让同学们在白纸上写出自己当下的五条烦恼，然后折成飞机集体放飞；其次在音乐的配合下，让大家以班级为单位齐跳兔子舞，以此来彻底放松考前紧张的情绪；接下来同学们围坐在一起共同回忆初中三年美好时光，并在同伴背上贴上自己的祝福和鼓励语。管老师鼓励同学走到台上，表达自己的决心和信心以及对母校、家长和老师的感恩之情；最后，全体九年级同学围成一个大圈，齐唱歌曲《骄傲的少年》，为自己鼓劲也为中考加油。

此次活动离 2016 年中考整整 60 天，很多学生感觉到整个人都处于紧绷的状态，压力很大，也有很多至今仍没有明确目标。为激发部分懈怠同学的学习动力，端正态度，珍惜时间冲刺中考；帮助学习压力过大同学适当放松减压，缓冲紧张情绪，挖掘学生潜能，不断自我超越而进行团体心理辅导。团体心理辅导能够增强学生学习的责任感和坚定的信心，促进学生和老师之间的心灵沟通，指导他们自我调整、关注珍惜当下，发奋学习感恩母校、感恩老师、感恩父母，青春无悔。

2016-04-15

合肥三十五中：明媚四月　做自信的自己

最好的教育是浸润孩子心灵的教育，最好的老师是走进孩子心灵的老师。

为了让全校汉藏学子以积极的心态迎接春天、以自信的面貌面对学习和人际关系，合肥三十五中将本学年度四月确定为"心理健康教育月"，4 月 17 日举行的"自信做自己"心理健康团体活动将整个心理健康教育月系列活动推向高潮。

下午两点整，在学生管理中心的组织下，西藏班七、八年级六个班级同学有序入场，安静落座，"自信做自己"为主题的心理健康团体活动如期举行。学生管理中心雷金军主任到场主持，各班班主任老师也随同学们一起参加活动。

学校心理健康教育中心的徐凯老师首先带领全体同学进行抓手指热身游戏，将"自信"作为关键字植入游戏中，暗示主题。在场的同学们积极投入，一扫拘谨，代之以欢乐和轻松。

徐老师趁热打铁，让同学们以一句话介绍自己的优点，给自己打气鼓劲。虽然我们的传统文化并不崇尚个人表现，但在前期热身的推动下，同学们都争先恐后地表达自己。随后的优点大爆炸环节，同学们互相写下彼此的优点，互相鼓劲加油。活动中，很多同学通过别人的眼睛看到不曾了解的自己，他们激动不已，踊跃上台表达对同学们的感谢。第一次拿到话筒时，很多同学紧张得不知所措，但他们的脸上洋溢着战胜拘束的喜悦。

在自我优点介绍与互相鼓励之后，各班级同学上台以走秀造型的方式展示班级形象，大声呼喊班级口号，向全校师生表达自己班级的优点。每个班级口号响亮、造型新颖，彰显班级团结友善、自信进取的精神风貌。

来自合肥二十九中的全国心理名师管以东老师带领全体同学观看视频《不抱怨，一切靠自己》和《梦想》，现场汉藏学子看到为梦想矢志不渝的崔万志、杜兆泽川的坚韧行为时，个个潸然泪下。在平静的轻音乐背景中，管以东老师引导同学们静心冥思未来自己的人生规划，以2年、5年、10年、30年和50年为时间节点，畅想将来自己的事业与生活。

在管以东老师的激励与引导下，孩子们捧着自己的人生规划走上舞台，在全校师生的见证下大声喊出自己的未来规划。成为商界领袖、一代名医、科技先锋……或是保家卫国、建设家乡，每个汉藏学子勾画出理想的自己，憧憬着对前途与美好生活的向往。最后，孩子们以一首励志的《骄傲的少年》合唱抒发自己的志向，为整个活动画上一个圆满的句号。

本次心理健康团体培训活动还得到了一六八中学肖玉浩老师和科学岛实验中学夏云霞老师的积极协助和大力支持。这次活动是三十五中心理健康团体活动月的组成部分。三十五中高度重视汉藏学生心理健康教育，致力于培养汉藏学生自信乐观的心理品质，为祖国民族事业培养身心健康的人才。

心理志愿者走进滨湖实验中学开展中考心理辅导

4月22日上午，包河心理志愿者管以东、王赢两位心理老师走进滨湖实验中学为150名毕业班学生开展一场"超越、梦想、在一起"的团体心理辅导。

心理志愿者老师以一个小笑话为开场拉近师生的距离，老师告诉同学们，平时生活中应该保持积极乐观的心态。老师让同学们自己写出目前的5条烦恼，并鼓励同学们大胆站起来说出来：恐惧中考考不好，父母的唠叨，每天学习辛苦，毕业分手舍不得老师和同学，担心自己的未来等等。老师带领大家一起玩扔纸团的游戏，同学们一起扔出写着自己的烦恼和忧愁的纸团，顿时感到压力也减少了不少。活动中，老师以渡边淳一的《钝感力》和《那又如何》两本书中的精神指导大家不屈不挠面对自己的人生，考不好那又如何？跌倒了那又如何？课堂上下互动，学生情绪放松高涨。管以东老师引导大家：人生不仅仅和别人比，尤其要和自己比，只要比昨天的自己有一点进步，都是在不断的自我超越。读书、学习到底为了什么？管老师们帮助学生们端正人生的目标。从诗人李贺的"少年心事当拿云"到王勃的"穷且益坚不坠青云之志"，从岳飞的"莫等闲，白了少年头，空悲切"到流沙河的"理想是灯，照亮我们前行的路"，管老师要求大家树立远大的志向，要坚持自己的梦想，因为有梦想的人最了不起！

在舒缓的音乐声中，老师带领同学们回顾三年的美好时光，要求彼此写下自己的祝福，许多同学都流下了不舍的泪水。剩下的每一天都应该珍惜，珍惜身边的同学，珍惜老师。有了同学们的鼓励，你们会更有自信！

同学们在分发的中考心愿卡片上写下自己的中考目标：三中、五中、八中、一中……在老师的带领下，大家面对着自己立下的誓言，集体宣誓：我要努力！我要拼搏！我要坚持到底！我是最棒的！最后，每个同学在《骄傲的少年》的歌声中大声唱出自己的心声：奔跑吧，骄傲的少年，年轻的心里面是坚定的信念。燃烧吧，骄傲的热血，胜利的歌我要再唱一遍！

毕业季即将到来，2016 年包河心理志愿者进校园活动，已经多次走进中小学毕业生中，进行团体心理辅导，帮助学生端正学习态度，明确人生目标，减压排忧，从容自信迎接未来的挑战。

2016-04-25

包河心理志愿老师送教池州十中
进行毕业生团体心理辅导

4 月 22 日下午，合肥市包河区心理志愿者管以东、王嬴等老师一行在区教研员刘燕的带领下来到池州第十中学，为全体毕业班学生开展一场"超越、梦想、在一起"的团体心理辅导。通过辅导活动，帮助学生放松减压，缓冲中考带来的紧张情绪，让学生懂得感恩父母、老师，唤醒学生内心丰富的情感意识，化亲情、师生情、友情为不断前行的动力，挖掘学生潜能，不断超越自我。15 点整，团体心理辅导在池州十中的操场上正式举行。800 多名初三毕业生和班主任及部分家长参加了这次活动。心理辅导老师以问候同学们的心情为开场，带领大家分析积极乐观、紧张焦虑、茫然无措、得过且过的四种不同心态。让同学们自己写出目前的 5 条烦恼，并鼓励同学们大胆站起来说出自己的烦心事：恐惧中考考不好，怕辜负父母的期望，每天学习辛苦，舍不得老师和同学，担心自己的未来等等。老师们还带领大家一起玩纸飞机游戏，当一起放飞自己的烦恼和忧愁时，同学们的欢呼声此起彼伏。团体游戏活动中，老师带领同学们以班级为单位一起跳兔子舞。在欢快的音乐声中，同学们不仅感受到班级凝聚力的重要性，也体会到人生就像兔子舞的舞步一样，虽然会有暂时的倒退，但进过调整和努力，依然向前进。针对考试心态调整，管以东老师指导大家要不屈不挠面对自己的人生，考不好那又如何？跌倒了那又如何？课堂上下互动，学生情绪放松高涨。团体辅导情感互动环节，老师让各班围成一个圈，回顾三年的美好时光，并在自己同伴的背后写下自己的祝福。引导学生懂得珍惜剩下的每一天，珍惜身边的同学，珍惜老师。有了同学们的鼓励，你们会更有自信！12 位班主任和 15 位家长代表上台向现场所有的同学和自己的孩子表达自己的祝福：自己努力就可以了，爸妈永远是你坚强的后盾，我们相信你！你是我们的骄傲！有一位妈妈激动地走上讲台，告诉全体同学，自己是人生第一次紧张地站在大家面前说话，就是要为自己的女儿做出榜样和表率，人生就是不断自我超越。许多同学都流下了激动的泪水，并对着台上的老师和父母大声说出"我爱你！"所有的同学都在中考心愿卡片上写下自己的中考目标，学生代表大声说出自己的目标。王勇老师指出中考不是全部同学都要考上重点高中，而是每个人敢于不断自我超越、积极迎接、全力以赴。在老师的带领下，大家面对着自己立下的誓言，集体宣誓：我要努力！我要拼搏！我要坚持到底！我是最棒的！今天我以十中为骄傲！明天十中以我为骄傲！最后池州十中何晓平校长分别与所有的毕业生击掌互动，在《骄傲的少年》的歌声中，同学们有秩序地退场。同学们，努力吧！勇敢面对人生中的每一次挑战！

2016-04-25

超越自己　追逐梦想

——城关中学开展毕业班中考心理减压团体辅导活动

　　4 月 28 日下午，城关中学在校操场上开展了九年级毕业班中考心理减压团体辅导活动。此次活动是合肥市校外未成年人辅导中心走进校园系列活动之一。来自合肥市的心理志愿者管以东老师为该校毕业班学生开展一场"超越、梦想、在一起"的团体心理辅导。800 多名学生、教师、家长代表参与了本次活动。

　　16 点整，在轻快温馨的《平凡之路》音乐声中，学生、教师、家长代表有序进入操场，活动正式拉开帷幕。主持人管以东真诚问候大家，表达着对同学们勤奋学习的同理心，拉近了彼此间的距离，并请大家将内心的烦恼和忧愁写在白纸上，鼓励学生大胆表达，进行交流，并指导同学们将烦恼叠进纸飞机中，通过放飞纸飞机的方式抛开烦恼。在纸飞机放飞的瞬间，笑容绽放在每个同学的脸上。

在团体游戏环节中，管以东指导大家以班级为单位，一起跳兔子舞，在欢快轻松的音乐中，学生感受到了心理辅导老师的用心，体会到团体的作用，班级的凝聚力，在"前前后后、左左右右"的节奏中感受着在一起前进的动力和能量。在团体辅导环节中，各班班主任和学生在一起，围成一个圈，在轻柔的音乐声中闭上眼睛细数三年美好时光，很多学生都禁不住流下眼泪，更珍惜在校园的最后时光，同学们纷纷在同伴背后的心形写真贴上留下了最真诚的祝福，有些老师也纷纷参与其中，此时的操场上暖暖的充满了爱的气息。

在随后的环节中，班主任和家长代表走上讲台，真诚表达对孩子们的美好祝愿和鼓励。每班的学生代表在舞台的梦想墙上写下了自己的中考心愿，并大胆表达出自己的心愿。在管以东的带领下，同学们大声说出自己的誓言，表达超越自己，追逐梦想的信念和无限的激情。最后的环节，在《骄傲的少年》的音乐中，家长和老师们组成了一支爱的通道，在爱的掌声中，每个学生都带着微笑朝着他们的梦想信心满满地奔跑着。

两个小时在不知不觉中悄然过去，学生们在参与中思考，在思考中感悟，在感悟中成长，相信他们在接下来的中考中，会轻骑前行，获得好的成绩。

2016-04-30

梦想的远方　庐阳高中举行高一年级青春励志大会

青春是初升的太阳，是潮起的浪花，青春要有激情，更要有梦想。5月22日下午，合肥市庐阳高级中学高一年级全体师生齐聚三楼报告厅，共同见证庐阳高级中学2015级高一年级青春励志大会的隆重举行。

庐阳高中副校长刘彩虹主持召开本次励志大会，安徽社会心理学会副秘书长、中国蓝天团体心理联盟团队创始人管以东老师为同学们带来以"为梦想，时刻准备着"为主题的励志讲座。管老师通过一个个生动有趣的故事，与同学们上台让大家分享努力学习的意义，并邀请同学们分享各自的感悟。讲座最后，管老师提议同学们写下自己的人生规划并上台展示，同学们积极响应。设计服装、环游世界、制造汽车等各式各样的人生规划赢得台下师生、家长们掌声不断、喝彩连连。

有梦想，更要有行动。该校老师、学生代表纷纷上台发言，畅谈感悟。

"自信自强""为了梦想"。最后，高一年级学生举起右拳集体宣誓。

刘校长深情寄语，希望同学们不忘初衷，勇敢追梦。

虽不能改变过去，但可以把握现在。这群高一年级的庐阳学子们，有着更多的机遇与挑战！在庐阳高中这个梦想开始的地方，奋发向上，展翅飞翔。

2016-05-25

包河心理志愿者走进卫岗小学

2016 年 5 月 18 日下午，合肥市卫岗小学邀请了包河区心理志愿者管以东、张淑杰两位老师，为全体毕业班学生开展了一场"心海扬帆　逐梦远航"的团体心理辅导活动。来自八个班的 400 多名六年级毕业生和他们的班主任、任课老师、部分家长参加了此次活动，区心理教研员刘燕老师也亲临现场观摩指导。

管老师首先带领大家以轻松愉悦的趣味游戏做热身活动，帮助学生放松身心，缓和紧张情绪。"异掌同声"游戏展示了班级同学们之间的整齐划一和来自团队的力量；在欢快的音乐声中，老师带领同学们以班级为单位一起跳起了"左左右右前前后后"节奏下的兔子舞，同学们不仅感受到班级凝聚力的重要性，也体会到人生就像兔子舞的舞步一样，虽然会有暂时的倒退，但经过调整和努力，依然向前进。

在"美好回忆篇"环节中，各班同学围圈席地而坐，闭眼聆听，由一位班主任老师带领学生一起回忆 6 年来的美好生活。孩子们懂得要珍惜美好生活，要在小学阶段的最后时光里，把最好的表现留给同学、老师和学校！

毕业班同学即将走入初中校园。在"青春励志篇"环节中，所有的同学都在梦想卡片上写下自己的人生梦想，然后由各班的学生代表上台大声读书来，以此激发孩子们改变自己。

接着，在管老师的指导下，同学们将自己的梦想卡折叠成飞机，集体放飞，并大声说出自己的行动和梦想。孩子们感受到分离不是痛苦，而是一种成长的标志，意味着展翅高飞到更广阔的领域，见识人生更美丽的风景。在《骄傲的少年》的歌声中，同学们再一次感受到成长的力量！"我是某某某，我是骄傲的少年！"一声声铿锵有力的呼喊，表明了同学们心中无尽的感动与力量。

最后，校长、老师、家长们一起站在舞台两侧为毕业生击掌欢送。同学们带着自己梦想的纸飞机有序地离场。

卫岗小学一直非常重视学生的心理健康教育。本次《心海扬帆　逐梦远航》毕业生团体心理辅导活动，得到了学生和家长们的一致好评。本次活动不仅有效地帮助了毕业班学生适当地放松减压，缓解了小升初带来的紧张情绪，还让学生懂得感恩父母和老师，唤醒学生内心丰富的情感意识，化亲情、师生情、友情为不断前行的动力，从而挖掘学生潜能，不断去超越自我，实现自我，达成梦想！

2016-05-25

徽州二中毕业生团体心理辅导

一生痴绝处，无梦到徽州！两小时的车程，从合肥到徽州，来到徽州二中，为300多名徽州学子。点燃心中的梦想与激情。引领他们关注当下，和自己赛跑，在中考中表现更好的自己。

徽州，自古以来让多少先贤哲人慨叹。徽州文化，徽商精神，传递着健康向上的人生态度。

为了拉近与学生的距离，管以东老师以常住徽州的朱熹对比合肥的包拯，以胡雪岩对比李鸿章，彰显了他们积极的人生态度和为社会做出的贡献，以他们为楷模，引出"我的人生梦想"。从乔丹到马丁·路德·金，从苏霍姆林斯基到魏书生，最后引出徽州教育家陶行知的话："你的教鞭下有瓦特，你的冷眼里有牛顿，你的讥笑中有爱迪生。你别忙着把他们赶跑。你可不要等到坐火车、点电灯、学微积分，才认识他们是你当年的小学生。"

辅导不仅是与学生心灵的靠近，活着的价值和理由，让学生了解如何正确应对成长中的困难和挫折。谈谈"钝感力"、"那又怎么样"；说说"即使垫底我们也要积极乐观"、"人生没有什么不可以"。我们学会彼此温暖、欣赏、支持、鼓励。我们要发挥徽州文化的精神：天下为怀的开放精神，百折不挠的进取精神，同舟共济的和协精神。

"梦想超越"是人生的一种乐观态度和向上精神。梦想5年后，10年后，20年后，50年后，我们在哪里？谁都无法预测，一切如此神奇，不可想象的有趣，我们期望，我们向往。奔跑吧，骄傲的少年，年轻的心里有的是热血与激情！燃烧吧，骄傲的少年，胜利的歌我要再唱一遍！

2016-05-27

心海扬帆　筑梦远航
淝河小学毕业生心理辅导

　　5月30日下午淝河小学的五楼报告厅欢声笑语不断。六年级的毕业生和来自二十九中的心理辅导专家、包河心理志愿者管以东老师，实现了一次心与心的碰撞。整个活动气氛热烈，精彩纷呈，同学们在管老师的循循善诱下，敞开心扉，吐露心声，展望理想。

　　管老师以幽默的故事开场，原本严肃的氛围立即变得活跃起来。击掌活动考验了大家的凝聚力；真心话大冒险又让大家的距离瞬间拉近了；三分钟内写下自己最困惑的五件事，让大家找到了倾诉的窗口；"人为什么活着?""失败了怎么办?"这些问题引起了每一位同学深深地思考……

　　同学们在这次活动中，明白了挫折并不可怕，可怕的是失去了前进的勇气，面临毕业的我们，应该愈挫愈勇，相信只要努力，就一定可以成为自己的骄傲，家长的骄傲，学校的骄傲，老师的骄傲!

　　活动被同学们的一次次精彩发言推向高潮，大家把写满烦恼的纸飞机抛向远方，重塑信心，整装待发，向着理想的彼岸扬帆远航!

　　心理辅导让淝河小学毕业生雏鹰展翅，放飞梦想，心海扬帆，筑梦远航。

　　毕业是人生新的开始，踏上新的里程! 我们一起憧憬着美好的前程!

2016-06-01

志愿者走进滨湖四十八团体心理辅导

　　为了引导学生以积极心态迎接中考，学会自我调整，释放心理压力，5月31日下午，滨湖四十八中九年级师生近500人，在安徽社会心理学会副秘书长、包河心理志愿者管以东老师的组织下，开展了一次"放飞梦想，超越自我"的中考心理辅导活动。校领导亲临现场指导，并特邀了部分家长现场观摩。

在"暖场"环节，随着《平凡之路》音乐响起，学生和老师陆续进场，教师提前给学生发放卡纸、白纸等。管老师自我介绍，真诚问候，拉近彼此心灵距离，让学生获得同理心理。

在热身游戏环节中，管以东老师以讲故事、做游戏、体验等形式，使学生放松身心，缓和紧张情绪。在"情绪宣泄，抛开烦恼"游戏中，老师提前给每人发放一张 A4 纸，让大家把内心的烦恼和忧愁写在白纸上，并进行交流，然后折叠纸飞机，进行集体放飞，让学生宣泄心中的郁闷和压抑。三年美好时光即将过去，让我们彼此留下温暖的鼓励的话语。在"书写温暖卡"活动中，伴随着《祝你一路顺风》《因为你因为我》等音乐，引导学生书写温暖卡并在班级内部传递，温暖卡上写着给同伴鼓励祝福加油的话语，让彼此心中充满温暖和动力。

"老师、家长祝福"环节，在音乐《我的歌声里》伴奏下，管以东老师即兴邀请部分老师、家长走上舞台积极正面对学生进行鼓励加油。老师代表对同学的祝福与鼓励，调动了更多的心理动力，促进了学生的自我肯定。在"人生梦想与中考目标"这个环节中，管老师要求每个同学写下自己的中考目标和人生梦想，并走上舞台大声说出，让大家共同见证自己的梦想与追求，自我激励。

最后，500 名师生齐声合唱《骄傲少年》，激励学子们从容面对中考，自我调整好心态。整个活动内容充实丰富，环节紧凑流畅，达到了预期的效果，受到师生们一致好评和家长的点赞。

2016-06-05

五、教师、家长培训

二十九中召开"做幸福的班主任"
为主题的班主任培训交流工作会议

8月27日上午8点30分，在二十九中三楼会议室里，新学期班主任培训交流工作会议拉开帷幕。参加本次班主任工作会议的有30位班主任和校长室、政教处、团委、教务处、总务处的负责人。

政教处管以东主任首先代表学校对各位班主任和年级组长在一学年中辛勤的劳动表示敬意，并发表了"做幸福的班主任"的主题讲话。他针对目前班主任工作的繁、杂、难教师职业倦怠的现状，谈到班主任应该具有职业幸福感。管主任认为，作为班主任老师，自己首先要拥有幸福感，春风化雨，教书育人，桃李满天下，本身就是莫大的幸福。他还号召广大班主任，在目前应试教育、分数至上的环境下，班主任要帮助学生成长，一起创建幸福的班级生活，让成绩成为班级幸福生活的成果之一。团委书记武涛就团队建设和社团建设问题要求各个班主任积极推进班级社团文化建设，注重规范学生社团团员的推荐和选拔，让成为班级工作的组织领导之一，成为班主任的得力助手。管老师还就新学期的班级管理评分细则向全体班主任进行解读，把班级评分划分到其他各个部门，让班级评价工作更加科学有效。

接着，贾秀英、叶文林、聂和彬、杜宗恒、夏兵、孙慧徽6位班主任代表就自己的班主任工作进行交流发言，有的谈后进生的转化，有的谈和家长沟通交流，有的谈班主任智慧应激，有的谈养成习惯，精彩纷呈，赢得大家掌声不断。保卫科凌圣高科长还专门就安全教育和青少年法律以及班主任语言艺术作了简短发言，语言诙谐幽默，引人反思。教务处席鹏主任专门就新学期的教学检查作了布置，对新学期教学重点工作做了强调。

最后，崔玉刚副校长做了指导性讲话。他对本次班主任培训交流工作会议的成功召开表示充分肯定。他寄语广大班主任，一定要做幸福的班主任。他深情地说，教书育人一辈子，最让他欣慰的是，依然在不经意中突然被学生想起，得到几十年前的学生的挂念和爱戴，这是最大的幸福。本次班主任培训交流会还专门进行了论文评奖，陈锋、夏兵、王道付、聂和彬、张剑等10位同志获奖。

2011-08-28

二十九中心理老师让"省心理关爱培训"老师分享心理体验课

　　11月21日，阳光灿烂的下午，二十九中迎来了一批特殊的客人，来自全省各地市60位参加流动儿童心理关爱培训的老师，他们在合肥师范学院心理系主任陈庆华老师的带领下来到二十九中，前来观摩一堂特殊的心理体验课。

　　13点50分，正式开始上课，二十九中心理辅导中心主任管以东老师为90名七年级新生上一堂《我们都可以做得更好》的主题心理体验课。从生命的源头读到成长的烦恼，从父母城市生活的艰辛读到现实生活的无奈，管老师带领广大同学反思自身的不足，珍惜身边的幸福，鼓励大家，只要自己加油，采用合适的方法，我们都可以做得更好。课上，三位同学还分享了自己成长中曾经对父母的埋怨以及反省自己不珍惜生活的种种表现。他们真诚的表达赢得了全场师生热烈的掌声。管老师说，烦恼和困难谁都有，关键是我们的态度，烦恼来了，我们怎样轻松地应对，合理地宣泄自己的不满，让自己轻松上阵。管老师对同学们表达自己曾经的软弱和不足表示充分的肯定，开导广大同学，真诚地求助本身就是一种智慧，想哭的时候哭出来，没有什么大不了。

　　接着，大家共同观看了合肥二十九中学阳光心理社团的视频。从社团的成长发展，从丰富的内容精彩的活动诸方面，充分展示了二十九中阳光心理社团的风采，赢得了现场老师热烈掌声。课堂上，管老师还解答了很多听课老师的提问，比如：心理健康工作的困难，怎样赢得大家的支持等，管老师都虚心解答、介绍经验。最后他还带领大家一起参观校园，参观心理咨询室，移步换景，大家拍下很多资料。4位阳光心理社团的小天使还专门介绍了昨天参加合肥市中学生社团文化艺术节的魔法书、心愿墙、百恼汇、接力爱4件法宝，引起广大老师的兴趣。最后大家在办公楼前合影留念。在欢乐的气氛中，在夕阳的余晖中依依不舍挥手告别。

2011-11-21

二十九中心理老师为安师大"留守儿童心理关爱"的老师开展主题心理讲座

元月 2 日上午，合肥二十九中管以东老师应安徽师范大学教育科学学院的邀请，专程来到安徽师范大学教育科学学院为 70 名留守儿童心理关爱的老师们开展一次"学校心理健康教育模式探索"的主题讲座。

管老师首先从当前学校心理健康教育的现状谈起，提出了学校开展心理健康教育探索性意见。他认为，当前学校心理健康教育不仅要面向少数学生，还要面向全体学生开展适应性的心理健康教育，帮助有心理问题的学生摆脱心理困扰，恢复健康状态，不断提高学生的健康水平。管老师还阐述了积极心理学对学校心理健康教育的启示，并就如何发展和发掘学生的积极力量开展心理健康教育谈了自己的看法。最后管老师还和大家一起分享了合肥二十九中阳光心理社团的发展，一起分享了阳光社团学会交流、求助、懂得爱和拥抱梦想的阳光理念。一张张生动的照片，丰富的心理健康体验活动课堂和课外拓展活动展示，让广大国培班的学员们耳目一新，大家纷纷表示，受益匪浅，启发很大，并表示，积极将这次课堂理念和心理健康教育活动在以后的工作进行推广。

2012-01-04

包河区10位心理健康教育老师参加省中小学心理健康年终汇报研讨会

元月5日下午，安徽省社会心理学会中小学心理健康教育委员会年终汇报研讨会在五十中南区隆重举行，包河区10位从事心理健康教育的老师参加了本次研讨会。

在本次大会上，中小学心理健康教育委员会副主任合工大附中陈乐东书记首先汇报了到深圳参加全国心理健康研讨会的情况，针对中小学生心理健康的危机干预提出了很多实战性的指导意见。其次，合肥八中的李妮老师和安大附中的黄志敏老师针对中学生自杀危机的干预提出很多良好的建设。接着五十中乙姗姗老师向大家汇报了自己今年在蜀山区开展的一节《关注快乐 幸福常伴》主题课堂教学情况，乙老师通过游戏导入心理健康教育，激发广大学生的热情，并运用情绪ABC理论指导广大中学生如何转换视角看待周围的事件，快乐幸福地成长。紧接着二十九中管以东老师汇报了中学生心理社团建设在学校开展的情况，并号召大家在学校开展心理健康教育更应关注孩子积极的一面，充分发掘和发展学生的优势，提供更宽阔的舞台帮助他们幸福成长。最后，针对教师的专业化成长，六十三中的沈云侠等老师提出了很多建设性意见。委员会决定为了提高心理咨询的技巧，将在新的一年开展一些教师成长培训工作，进行分门别类的专业分工，定期召开研讨会，提高老师专业化水平，让学校心理健康教育工作更专业、更规范。在本次年终汇报研讨会上还开展了论文评选。组委会一共收到 38 篇来自巢湖、马鞍山、滁州、淮南、铜陵的老师发来的论文。经评选包河区阳光中学、谢岗小学、巢湖路小学、包河中学、四十八中、合工大附中的老师们的论文获奖。

2012-1-6

二十九中管以东老师为"留守儿童之家"省级培训班学员开展教育培训

2 月 24 日上午，合肥二十九中心理健康教师管以东同志应合肥师范学院的邀请，专门针对"留守儿童之家"省级培训班的老师们开展了一次"中学心理健康教育模式探索"的主题讲座。

参加本次培训的老师主要来自全省各地一线的教育教学工作者和管理者。课堂上，管老师首先通过一个"记住你身边朋友"的心理小游戏，一下子拉近了和各位老师的距离，让课堂生动有趣。接着管老师深入阐述了我们要给学生什么样的教育，他从情感支持、信心的培养、意志的磨砺、乐观态度和合作共赢五个方面细致地为广大老师讲解了教育教学工作的宗旨。在第二节课堂的导入中，管老师用了一个欢快的手语操，带领全班45名学员老师一起互动，缓解了各位老师紧张学习的压力。接着他就二十九中心理健康教育开展的工作和各位老师进行了分享，秉承"学会交流、懂得求助、心中有爱、拥抱梦想"的四大阳光理念，管老师详细介绍学校心理健康教育很多可行性的操作方法，并且骄傲地介绍了二十九中阳光心理社团在合肥市中小学文化艺术节上的精彩展示，获得合肥心理社团中唯一一个"优秀社团"荣誉称号。

3个半小时的精彩讲座，让参加学习的老师们深受启发，现场掌声不断。管老师用真诚和智慧把心理健康教育的理念、"积极乐观"的人生态度和"坚持不懈执着追求"的工作精神播撒到现场每个人的心中。新的教育理念必将如阳光伴随着所有听课老师并播撒到四面八方。让世界充满爱，生命因我们更精彩！

2012-02-24

百名心理健康管理者培训老师
到二十九中观摩学习

3月6日，久违的太阳终于露出灿烂的笑容，阳春三月，春意融融，参加合肥师范学院"留守儿童之家"心理健康管理者省级培训的100名老师上午刚听完合肥二十九中心理健康教育中心管以东老师的"学校心理健康教育模式探索"的专题讲座后，下午又驱车来到二十九中美丽的校园现场观摩学习。

管以东老师热情地接待了大家。首先带领大家一起参观美丽的校园，从办公楼到教学楼，从龙腾跃马石到小花园，向大家详细地介绍了学校的发展历史以及校园的丰富文化氛围。接着大家又一起参观了校园的心理咨询室，很多有特色的心理和德育展板以及多样的心理健康教育图片深深地吸引了各位老师，大家纷纷拿出相机拍摄留念。

两点四十分，全体参加培训的老师在二楼多功能厅中一起观摩了管以东老师的一节心理健康辅导课。管老师针对七年级100多名同学上了一节"唤醒心中的巨人"心理体验课。管老师从人的出生和成长凝聚着父母和亲人的爱，谈到每个同学都要珍惜自己的生命，用优异的成绩和良好的表现来回报父母和所有爱我们的人。他鼓励学生，只要大家努力进取、只争朝夕，将来一定会由一棵小树长成参天大树，成就一片亮丽的风景，成为社会的栋梁，为家人遮风挡雨，为国家做贡献。最后他要求全体同学站立起来，一起抒发豪情壮志，表达决心。100 多名同学高亢自信的豪言壮语，深深地感动了与会的老师，雷鸣般的掌声响彻整个多功能厅。紧接着合肥二十九中阳光心理社团的 4 位同学还向大家展示了阳光的心理理念：学会交流、懂得求助、心中有爱、拥抱梦想，努力成为阳光好少年。前来观摩和学习的老师纷纷表示，深受感染和鼓舞，来到二十九中，真正感受到了春风拂面、春意盎然、春暖花开。最后全体老师还在办公楼前合影留念，依依不舍乘车作别。

2012-03-07

二十九中心理志愿者进五里庙社区做心理健康讲座

6 月 20 日下午，应五里庙社居委的邀请，二十九中心理志愿者服务队来到五里庙社居委开展了一堂"健康生活从心开始"的主题讲座。

下午两点半，二十九中志愿者管以东、蒋树、贾秀英三位老师来到五里庙居委会，负责社区思想道德建设的胡主任热情接待了大家。志愿者老师们通过大屏幕向参会的各位居委会和社区企业公司的代表介绍了二十九中最近两年的发展，并介绍了毕业的学子考上科大、北大等名校的喜讯以及优秀的老师们分别在国家级、省市各个教学大赛中取得优异的成绩。三点整，管以东老师正式开始讲课，他首先讲解了什么是心理健康，以及心理健康的各种标准。他通过很多事例说明当前人们由生活压力带来的诸多不健康的心态，并通过丰富的图片引导大家从不同的角度面对生活中困难和挫折，以培养健康的心态，指导大家积极乐观的面对人生，并通过有趣的生活图片告诉大家要做快乐地做事、执着做事、做自己擅长的事，有意义地生活。短短的40分钟，大家余味未尽，在轻松愉悦中获得心灵的成长。

2013-06-20

二十九中召开八年级家长会
家校联动为学生假期生活保驾护航

6月30日下午3点，炎炎夏日，合肥二十九中专门组织了全校八年级学生家长会，全面安排假期学生学习生活部署，指导家长科学指导孩子度过一个平安、健康、充实、有意义的暑假。

政教处负责人首先通过广播向全体家长表达欢迎。会上，管以东老师全面向家长们汇报过去一学年取得的成绩，从校长获得教学大赛双特冠军到王建、李春燕、贾秀英等老师取得各级教学大赛的优异成绩；从校园文化艺术节上学生的《商鞅变法》《三个小猪》课本剧、演讲比赛以及合唱队在区校园文化艺术节上成绩斐然到校园足球在全市中学成绩优异，同时通报了三十九今年中考取得优异成绩这个振奋人心的消息。管老师还分别从如何关爱孩子、尊重孩子、创建良好的家庭氛围、科学安排假期生活等作了认真的讲解，并一再强调假期防溺水、注意交通安全，要求父母以身作则讲究文明礼仪，为孩子做出榜样，为合肥创建文明城市做出贡献。

紧接着，各个班级分别召开了家长会，班主任们做了精心准备，有的专门给家长们发了孩子假期学习安排表，指导家长怎样监督孩子的学习；有的指导成绩落后的孩子的家长制订合适的目标，帮助子女获得成功的体验，增强自身的信心。16点30分，在办公楼三楼的会议室里，学校专门组织各班家长委员会代表参加了针对八年级孩子教育难题的座谈，家长们个个踊跃发言，有的提出孩子厌学的问题，有的提出孩子网瘾的问题，有的提出孩子拖拉问题，还有提出家庭父母和孩子关系紧张问题，管老师

——作了解答，他还专门通过很多亲子交流的案例指导家长们尊重、欣赏孩子，善于发现孩子的优点，信任自己孩子，鼓励孩子，为孩子健康成长保驾护航。

2013-07-01

周末与母校国培班的心灵之约

12月14日下午，我非常荣幸作为合肥市唯一心理健康教师代表来到安师大教科院为参加国培班的35位老师授课，与他们分享心理健康教育教学经验：《初中心理健康教育模式探索》。

其实我非常羡慕他们能有两个星期的时间同吃同住，聆听来自全国各地精挑细选的高校老师和中小学心理健康老师的讲座。昨天的课堂上大家刚刚听过北京师范大学伍新春老师的课，而今天轮到我登场，内心深处有期待、有激动、有紧张。

开场白的：今天是2013年12月14日，用咱们中国人的谐音就叫"爱您一生要爱一世"，所以今天我非常荣幸，希望大家热爱我们的家人亲人，热爱我们的学校和学生，热爱我们从事的教育事业。我从2013年我们国家的大事谈起，从中国梦到神十飞天，从恒大夺冠到嫦娥奔月，从雾霾到曼德拉逝世，让我们每个人心中都燃起希望和梦想。

我从我们合肥素质教育大舞台精彩纷呈讲到第四届校园文化艺术节华彩绽放，从大湖名城创新高地的宏伟蓝图讲到包河教育的百家争鸣，从包河区的书香文化、棋苑文化、方正文化、徽州文化讲到二十九中的蓝天文化，当然少不了要讲我们义务教育获得全省第一的好成绩。

一切源于我对合肥教育的了解，特别是对我们包河区每一所学校的了解。

正题分享：

第一个主题是每一位老师都是心理健康教育工作者。我们的工作任务主要是对学生进行成长性的辅导。

第二个主题是心理健康的标准。虽然很多种说法，我今天也斗胆进行了归类总结，心理健康标准的前提：经济是后盾（吃喝穿住不用愁），要有家庭基础（良好的家庭关系）、爱好基础（有自己喜欢做的事情）、朋友基础（有一群自己喜欢的人），有人生目标。

第三个主题是当前中学生的烦恼，以及如何解决他们的烦恼。让孩子们一起谈烦恼，帮助孩子们解决烦恼，让孩子们自己正视烦恼、解决烦恼，效果更佳。

第四个主题是关于厌学。根据马斯洛的需要层次理论分析，其实学习应该属于人生的最高需要，作为老师，一方面注意个别对待，帮助学生制订合适的目标，特别要真诚尊重相信孩子。我还向大家展示我校的校园之星十大之星的评选，从才艺、阅读、美德、运动、进步、环保、文学等多方面让孩子们抬起头来阳光做人，展示我们九大社团的招募盛况。

第五个主题是家长心理健康教育。家长心理健康直接决定孩子的心理健康。我从目前家长关注孩子学习的情况谈起，讲述了如何进行有效的亲子沟通，举例说明了教育方式的重要性，形式的有效性。要求大家理性地接纳孩子，赏识孩子。

第六个主题是不同阶段孩子成长中积极心理暗示。从孩子的入学教育培养孩子的归属感，从告别童年仪式培养孩子的责任意识，从升旗仪式培养学生的爱国精神，从毕业典礼培养孩子的感恩情怀。

第七个主题是如何开展毕业生的心理减压和心理拓展夏令营活动。

第八个主题是心理社团活动如何在学校有效开展。

课堂的最后我还开展了和大家互动交流。凤阳三中的冯春老师，祁门一中的张老师以及宿州的王老师等5位老师踊跃表达了自己对本节课的认识以及自己的教育人生路。

我还和大家共同分享自己的人生感悟。

我的人生之路和目标：把快乐带给别人，把信心带给别人，把梦想带给别人。人生的旅程不在乎结果，而在乎旅途的风景。人生不在乎得到什么，而在于我们做了什么。和自己喜欢的人做喜欢的事，让人们因为我的存在而幸福！

最后大家积极参与课堂交流，我欣慰不已。我知道，真正的课堂就是你和台下的学生心灵的靠近。课堂就是分享，课堂也有争执，发言的5位老师中有4位对自己角色的认可，并为自己从事无上荣光的教育事业表达出自己幸福感的时候，我也由衷自豪。是的，要么改变职业，要么改变心态，人生最大的悲哀莫过于否定或者怀疑自己。人生最大的幸福就是相信自己，自我肯定，幸福地执着于自己从事的事业。

2013-12-15

走进浥河与 80 名老师一起体验心灵拓展

受沈音校长的邀请，5月21日下午来到浥河，与80位兄弟姐妹一起体验心灵拓展带来的温暖、感动和快乐。

针对浥河女教师偏多，80位老师中约60位女老师，而且大多数都是年轻未婚，另外还有20多位代课老师，原本想从一个过来人经验出发，分享婚姻、家庭以及教师的专业成长和人生规划，以"信"作为讲课的核心，对自己的自信，对学校的信任，对同伴的信任，对学生和家长的信任，以及对爱人的信任和对家庭的信任。后来担心讲座有时说教太多，可能效果不太明显，不如进行一次快乐的、感动的、温暖的心灵之旅。

下午4点，和我的助手小老弟王建，走进办公楼的大厅，看到第二届心理健康周的宣传画屏，一个个美好的心愿展示，还有一张张笑脸很阳光、活泼。

下面就是整个活动的方案。

1. **热身游戏**：集中注意力，激发广大老师参与的兴趣，愉悦身心

A：雨点协奏曲（一开始微风细雨，到淅淅沥沥小雨，到中雨，到大雨，狂风暴雨，协奏有序，很快集中了大家的注意力）；

B：抓逃手指游戏（开心快乐有趣，从一开始男女同事有点拘谨到完全放开，其实只要能够带来快乐，自然放松身心，然后就热情高涨）；

C：组建春夏秋冬四支队伍，做相互按摩操，做"兔子舞"练习小比拼（先是根据春夏秋冬不同的出生月份分组，然后小组竞赛，做相互按摩操，在舞蹈老师王建带领下集体跳兔子舞。有趣生动，50多岁老师们跳起来也很有趣）。

2. **盲人之旅**：体验一下自助与他助、信任与被信任、爱与被爱的幸福与快乐

先宣布规则，然后一起体验。大家带着好奇与欣喜体验着盲人的无助与帮扶者的责任。用"你是我的眼"最恰当不过了。谁做谁知道！

3. **心灵之旅**

当大家还沉浸在信任与温暖中的时候，让我们一起再来一次心灵之旅。从出生到成长，一幅幅过往的难忘回忆重现眼前。珍惜现在，珍惜每一天！

4. **请在我背后留言**

缘分让我们走到一起，若干年后，我们回忆往事的时候，回想起我们在浥河的点点滴滴，都会成为美好的风景。兄弟姐妹的友谊，一起奋战的朝朝暮暮，一起的欢声笑语。我们在一起，我们相互携手共创美好明天。今天在这里，让我们一起开始一段新的人生旅程，让我们在彼此的背后留下赞美，让我们用自己发现美的眼睛写下我们

的伙伴们身上的优点，留下真诚的祝福！

5. "相亲相爱一家人"手语操

这套我最喜欢的手语操，在任何地方任何时候，我觉得都能凝聚人心。让兄弟姐妹们自己唱出来，一起搭建一个幸福的家，充满温暖的。浓浓的乡情味。徜徉其间，就是幸福和甜蜜，回忆也是感动与温馨。我们是一家人，相亲相爱的一家人！

6. 飞得更高

梦想再大也不嫌大，梦想再小也不嫌小。世间千万个生命，他们都是在为着梦想而战斗！不管是弱小的，还是强大的，他们都拥有着拼搏精神，只要是努力着，进取着，都值得我们去尊敬。今天站在泏河这片有缘分的天空下，要从心里发出我们的呼唤；泏河我们的家园！我们要努力工作！让泏河因为我们而骄傲！我们要为自己是泏河人而自豪！

2014-05-22

走进"一六八"玫瑰园家长课堂
谈改变孩子从自己做起

受新安晚报的委托和"一六八"玫瑰园的邀请，7月1日下午3点为200名七年级学生的家长开展了一次主题为"改变孩子从改变自己做起"家庭教育讲座。

玫瑰园校位于风景秀丽的翡翠湖畔，虽然办学只有短短的两年，都已在经开区声名远扬，坚实的师资力量，优良的环境与配套设施，使得经开区的层次越来越高。

从负责接待的骆兵老师谈吐中可以看出"一六八"教师充满激情和智慧。一切给我留下了良好的印象。

家庭教育首先应讲究亲子沟通方式，亲子关系决定着教育的效果。讲座的开场我列举了很多家庭教育成功和失败的案例，引导家长怎样与孩子沟通。接着就孩子是什么、父母是什么这一系列的主题展开分析。孩子不仅属于父母，还属于社会，属于未来，更属于他们自己！作为父母一定要转变观念，做孩子成长路上的陪伴者、支持者、欣赏者。父母不仅是物质的提供者，更多的是精神的引领者、风景旅游的导游。对学习的兴趣，生活情趣高低，父母的榜样作用最为重要。我还就培养孩子养成良好的收拾、学习、劳动习惯进行重点讲解。讲座完毕很多家长围观咨询如何指导孩子爱好阅读以及怎样提高学习的自觉性。新安晚报的余记者随行采访让很多家长感受，大家纷纷表示今天回家就改变自己。

2014-07-04

皖西首届心理健康教育大会分享家庭亲子教育之道

受六安市心理咨询协会胡鹏飞会长的邀请，6月9日，在皖西学院参加皖西首届心理健康教育大会。会上认识了很多皖西的老师朋友，分享了关于家庭亲子教育，心与心的沟通。热情洋溢"一见钟情"的胡会长，秀外慧中的孙家甜老师，勤勤恳恳的大管家陈老师，睿智的柯茂林博士，风趣的庞助理，谢谢你们的招待，辛苦了！

从教子经验心得到学校工作实际，从家长教育咨询到各种校外家庭讲座，从偷西瓜的故事谈到一位爸爸的教子之道。然后，从猜想62分的考试成绩引出了欣赏的目光看待孩子的成长，从太平保险的广告词谈及父母要为孩子创造一个安全的成长环境。关于家庭亲子教育，我提出，父母主动示弱可以培养孩子的担当，应以多元化的标准评价孩子，要以身作则爱好读书。我还列举了很多父母过多关注孩子的学习成绩，望子成龙、望女成凤心切使及亲子关系紧张，最终造成的终身遗憾的事例。孙家甜老师也深入研究家庭教育工作，提出关于孩子成长的黄金法则，首先父母要有正能量。孩子的自信来自于父母的自信，孩子的从容来源于父母的从容。

第一次听柯老师的课，觉得他讲的很有趣。他把毕业生减压和男女谈恋爱联系一起。4个老师的体验告诉了我们，怎样的老师最能获得学生的拥戴。关于弗洛伊德和华生的故事也很有趣，正确的宣泄居然是放屁学问，他把学生上网吧归咎于寻求一种心理支持的氛围。

一路前行的人，收获的不仅是知识，还有一路的风景！

2014-08-09

第二届家庭教育论坛论道家和教

教育的价值到底是什么？家到底是什么？杜威的生活的教育论，陶行知教人求真学做真人，早就给我们很多的启示，教育应该从课堂和家庭中解放出来，走进我们的生活。

学习孝道是家庭教育的基础，孩子一旦懂得孝顺，懂得感恩，就会发愤图强。

单调的说教会失去了说服力。家长们对于孩子总有挥之不去烦恼，其实还不如来一次亲子活动，带着孩子走出家门，来一次旅行，以实际行动培养亲子关系。综观目前的家庭教育，亲子关系说到了白热化的程度。家长们苦口婆心，孩子们却冷嘲热讽，究其原因还是家长不懂孩子心理。

家长们往往因评价标准过于单一化而泯灭了教育本身的丰富性和有趣性，很多家长往往过于强调或者关注孩子的学习成绩结果却事与愿违，其实吃饭、睡觉、沟通、做家务都是教育，寻求捷径，欲速则不达。体验式教育、前瞻性的未来城市生活教育恰恰被我们的忽略了。

家长自身的优良示范往往对孩子起到以身作则、率先垂范的教育效果。也许家长的上进性无形中就给孩子树立了一个良好的榜样。

营造良好的家庭氛围。安全的温暖的家，孩子愿意回到这个避风港，这里没有疑虑，这里是疗养院，是加油站。永远有个欣赏目光，永远有个怀抱可以依靠！这里没有冷冰的、猜疑的、任何不安全的因素……

理想的家里应该是一片宽阔的草地，总有一双隐形的翅膀，带领我们领略蓝天碧水和世界的风光！

2014-08-14

浉河毕业班家长心理辅导

针对毕业生的学习压力大，心理波动较大，容易亢奋、激动，也为了给毕业班的学生营造健康的家庭教育环境，促进家校联系，形成良性教育合力，共同促进孩子的心理健康成长，4月10日下午，浉河小学召开了毕业班心理健康家庭教育讲座。近200名六年级学生家长参加了此次会议。首先，邀请心理健康教育硕士、心理健康专职老师、二十九中政教处主任管以东老师做了一场主题为"陪伴，欣赏"的心理健康家庭教育专题讲座。管老师从各位家长在家庭教育中面临的困惑谈起，和家长朋友们一起分析了"教育是什么？"提出了"教育80%是沟通，20%是引导"，只有多陪伴孩子，多和孩子沟通，了解孩子的心理需求，才能更好地教育孩子；教育孩子不能简单粗暴，而应正确引导，否则孩子不仅感受不到父母的爱，而且会影响亲子关系，造成家庭教育的危机。管老师从身边的具体事例入手，深入浅出地阐述了家庭教育的重要性，让参会的家长们深刻地体会到了"孩子要成长，关键靠家长的道理"！

随后，沈音校长结合浉河小学的育人目标：让每个孩子都成为有用之才。他强调了分数不是评价孩子的唯一标准，要找准适合自己孩子的教育方法，让孩子幸福成长。沈校长特别关心200名毕业生的暑假生活，要求家长在暑假这一个特殊时期，一定要对孩子的安全、学习加强管理，并希望家长们在忙于生计之余能多多陪伴自己的孩子。

　　紧接着，各位家长相继回到各个班级，参加班级家长会。班级家长会围绕以下几点展开：各班班主任详细介绍了小升初的有关政策；仔细核对毕业班学生花名册的相关信息；再次强调孩子的安全教育问题，特别是交通安全和预防溺水等。各任科老师也相继走进班级，有的向家长汇报了孩子的学习情况，有的向家长介绍毕业复习的方法，有的呼吁家长多关爱孩子、陪伴孩子度过小升初这一重要阶段……各班的会场都气氛融洽，掌声不断，直到晚上7点半，家长还围着各位老师，不肯离去……

　　此届学生是2009年进入学校，学生、家长亲眼见证了沘河小学六年的变化和发展，对学校有着深厚的感情。各位家长会后都很高兴，认为此次家长会开得特别及时，会议内容很实在、很有指导意义，解决了许多实际问题，是一次非常成功的家长会，家长们纷纷向老师们表达了深深的敬意和谢意。

2015-04-13

二十九中开展家庭教育读书沙龙

　　4月22日上午，世界读书日到来之际，二十九中邀请各班家委会代表开展了家庭教育读书沙龙活动。

　　8点30分，16位家长代表来到二十九中环境优雅的蓝天心灵氧吧，喝着清茶，听着悦耳的音乐，娓娓道来家庭教育读书心得。刘宗珍老师让大家分享了自己与女儿在亲子阅读中成长的过程，她提出，家长要多学习多鼓励孩子，陪伴、欣赏孩子，在孩子失落、烦躁时候，家长要默默关注、爱护。七（8）班胡一凡同学的妈妈介绍自己不仅学习家庭教育书籍，还时时刻刻利用空闲时间通过手机微信学习家庭教育方面的知识。胡妈妈说，每天晚上坚持读一篇文章伴随孩子入眠，伴随着孩子成长进步自己也不断进步。双胞胎姐妹朱倩倩和朱婧婧的爸爸妈妈一起来参加本次家庭教育读书沙龙活动，他们让大家分享了父母的宽严相济帮助孩子健康成长的经验。德育主任管以东老师还带领大家一起分享了微信上的经典教子美文，如《最大的教育，竟然是妈妈的情绪平和》《母亲的强势对家庭是一种毁灭》《孩子闹情

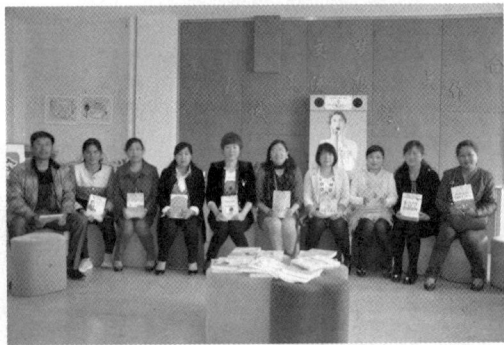

绪时，父母一定不能做的事》《不要因为孩子的学习而放弃了更重要的东西》《一个好父亲等于 200 个老师》等。家长们还从学校借阅《好父母好家教》《懂方法的父母成就孩子的一生》《父母必须为孩子树立的 50 个榜样》等家庭教育书籍。

二十九中自 2013 年第一届阅读节开幕以来，每年开展演讲、朗诵以及读书征文活动，2014 年还开展了第一届家长读书沙龙，建立家长读书沙龙微信群，号召家长一起参与亲子阅读活动。这不仅培养孩子养成良好的阅读习惯，也让书香溢满校园，让每个家庭因读书而幸福温馨。

2015-04-22

二十九中家长教育论坛论：快乐学习与亲子关系

学习究竟是苦还是快乐？怎样的家庭氛围最有利于孩子成长？家长抓得越紧孩子成绩就越能上升？到底怎样才能让孩子心悦诚服热爱学习？5 月 7 日下午，就这一系列的家庭教育问题，二十九中组织广大家长开展了一次家庭教育论坛。

倡导快乐学习的谢跃老师指出，初中生正处于青春期，个体意识和群体意识逐渐增强，同时也是培养他们独立品质的最佳时机，家长们可以多用"拇指教育"创造良好的家庭氛围，促进孩子热爱学习。心理中心管以东老师指出，家庭教育以孩子为中心会制约孩子在成长阶段自觉能动性的发展。他要求家长从创造良好的家庭氛围和做出工作生活榜样两个方面为自己树立威信。父母要给孩子传递正能量，给孩子希望、信心、鼓励和支持。他强调亲密的夫妻关系和良好的家庭氛围能让孩子心无旁骛专心学习。郭爱明同学的家长让大家分享自己在教育孩子过程中夫妻扮演不同的角色促进孩子热爱学习的经验；周爱玲同学的家长指出，充分尊重孩子，让孩子心悦诚服接受你，就能促使孩子爱学习；谢敏同学的家长让大家分享自己把家务活等安排给孩子做，使得孩子自理能力很强，夫妻一起欣赏孩子的成长的经验，陈路同学的家长放手让孩子走出家门体验生活，并告诉孩子世界的真相，使得孩子体谅父母工作生活的不易，更加珍惜学习生活。家长们个个争先恐后参与快乐学习与亲子的教育讨论。二十九中一直注重开发家长资源让家长参与学校教育，发挥家长自我教育积极性，在家长与学校之间搭建一个积极家庭教育交流沟通的桥梁，让家长们积极讨论如何处理亲子关系，如何获得孩子成长和家庭和睦双丰收的途径和方法。

2015-05-07

走进爱思　考前家长心理辅导

　　应"爱思"彭校长邀请，我代表安徽社会心理学会为广大中考家长开展一次公益心理讲座。分析考前学生的几种心理状态：疲倦、懈怠、茫然、得过且过、放弃等。希望家长不要好高骛远，要和孩子一起制订加把劲就能达到的目标；不仅要赢得起，更要输得起；做到的志得意满，做不到的坦然接受，不管别人的孩子多优秀，你的孩子永远是独一无二，需要尊重、陪伴和欣赏的。指导家长对孩子充满期望和信心，以身作则树立学习的模范和榜样，创建良好的家庭环境，做好后勤为考生保驾护航。家长们写下很多鼓励的话语张贴在形象墙面，还录下了自己对孩子的期望、欣赏以及鼓励的话语，接纳、支持孩子，为孩子加油！佩服彭校长思维超前，民办教育开始关注孩子心理健康，让我们一起为他们点赞！

2015－05－22

走进六十五中　传递正能量

7月8日，应邀来到六十五中校本培训，与各位亲们分享哪些消极的心态对生命的影响。抱怨，头号杀手，让我们的团体乌云密闭；消极，二号杀手，让我们止步不前；自卑，三号杀手，让你没有尊严无法归属你的学校和团体。行动起来！证明自己，远离生活中的垃圾人，对你的未来充满憧憬和梦想，永不放弃我们的初心！志存高远，甩掉阻拦我们行动的绊脚石！热情真诚对待我们的工作学生、同事、朋友和家人！怀着"一切都是最好安排"的心态，宽容并在逆境中发奋，磨砺自己坚强的意志力，使钝感力更强，做那条忍着不死的鱼，最棒的玉米需要更多风雨的洗礼与风吹日晒。与大家一起做"如果你是我的眼"游戏，让大家感悟：原来团队是如此的重要，同事关爱如此温暖；爱的传递接力，让大家感受：原来我有这么好。在这个大家庭中，我们更要珍惜！大家一起齐心协力为这个家庭送上我们的祝福。我们与六十五中一起成长，大家分享收获、感动、温馨和动力。许校长全程参与活动，感受同事们对六十五中强烈的爱与期望！六十五中发展离不开任何一分子，六十五中因为有我们而骄傲，未来我们以六十五中人为自豪。热情洋溢的工会主席，聪慧的江校长，还有王永平大姐，好学的叶蕾，火红热舞的音乐老师，都自始至终参加了活动。感谢上苍在这个暑假让我们相遇，你们的热情真诚和追逐精神让我感动！

2015-07-08

走进庐阳社区开展公益亲子讲座

　　8月15日下午走进庐阳社区为78名社区代表开展公益亲子讲座。我通过《和樱桃树成长的岁月》《一个母亲的三次家长会》《射雕英雄传》《无为妈妈有为儿女》等故事指导社区家长们如何建立亲密的亲子关系，如何有效抓住亲子的十年，用积极的眼光看待孩子的成长。最后分享：父母给孩子最好的礼物是夫妻恩爱。80岁的孙老爷子很受感动临走前握住我的手赞不绝口。公益安徽，我们在行动，我们在努力传递正能量！感谢刘会长、王姐一大批志愿者背后默默地奉献！

2015-08-16

大地中学校本培训　　分享教师情绪管理

　　应大地中学邀请，8月19日上午，为200名老师开展"教师情绪管理"主题讲座。看到现场老师们激动的情绪、校长们开怀的笑容，晚上老局长给我短信，赏识赞誉之词让我心安。

　　我从当下年轻老师情绪失控造成的危害谈起，阐述教师首先要明白教育就是帮助学生寻找适合的生活方式，找回个人的尊严。教师需要如水的平和及如水的韧性。我以《和樱桃树成长的岁月》《四颗糖的故事》《玫瑰花的故事》，讲述教师的良好心态和情绪管理对教育事业的帮助。和大家分享了《在斥责声中成长的日本名医》的故事和华为总裁任正非的公司管理名言"烧不死的鸟就是凤凰"。指出，不论是拿破仑还是比尔盖茨，都是在赏识的目光中幸福成长，并找到了自尊自立，为社会做出了贡献。由此指导广大老师发挥个人的光热。提出教育就是关系，要让孩子们感受在班级中存在的价值和意义。中场休息期间，带领全体"大地"老师一起开展了"你是我的眼"拓展活动。老师们说，感受到团队的支持，感受同事的关爱和温暖，感受集体的莫大力量。要求大家远离生活中的几种垃圾人，不抱怨，怀着满腔的热情面对我们的工作和生活，永不放弃自己的人生目标，在温暖的大家庭里，相互关心，让在一起的时光成为人生中一段最美好的回忆。最后所有的老师在心形卡上写下自己对同事的鼓励和感激的话语，写下对"大地"未来的美好祝愿。愿"大地"更加肥沃，更加美好，成为合肥的靓丽明珠。"大地"不仅是博大宽广，"大地"更是厚德载物！带着朴实忠诚的情怀，带着我们满腔的热情、聪明和智慧，你我一起书写"大地"美好的明天。"大地"因我们而精彩，因我们而骄傲自豪！非常荣幸碰到美丽聪慧的孟校长，非常荣幸遇到"大地"如此多的可爱的老师们！感谢助手徐凯，有智慧，更有激情！华东师大高才生，前途大好！

2015-08-19

走进红星路小学　分享教师诗意人生

　　你若盛开，幸福自来！红星路小学校本培训分享教师的诗意人生。8 月 24 日非常荣幸受红星路小学朱校长的邀请，为红星 110 名老师开展新学期校本培训。从"世界那么大我想去看看"的洒脱情怀谈起，分析当代教师面临的压力，呼吁大家在各自的岗位上找到人生的价值。教育就是发现发掘，指导孩子们找到自己。一位老师让大家分享自己的心得：在集体中感受到了责任、信任和团队精神。我也非常动情地代表一位家长表达对老师们的饱含深情的致敬，信任和感激，指导大家通过放松、音乐、运动和倾诉来调整自己的情绪，迎接快乐人生。带着热情、忠诚和信念我们迎接新的学期、新的人生。红星一家人唱起了《相亲相爱》，我们在一起，不管何时何地，请记住我们在一起的一段美好的回忆。人人都是发光体！"你是我的眼"，徐凯用一只手蒙住眼睛带着大家感受世界；聪慧的朱校长还有可爱的牛艳老师，他们坦然如水，一如水的百折不挠、滴水穿石、汇聚江河。做最好的自己，红星人，我们一起为自己点赞！我们相互照耀、彼此温暖！

2015-08-25

郎溪路小学与大家分享：教育就是建立良好关系与发现美，激发一家人的爱

　　8 月 26 日下午，受郎溪路小学欧阳主任邀请，为 66 名老师开展心理健康教育培训。新学期到来之际，教师重新审视教育的本真。教育就是建立一种良好的关系，和学生、家长建立良好的关系，同样要与社会和同事建立良好的关系，关系顺了教育目标就能实现。

　　作为人类灵魂的工程师，我们深知良好的关系建立在彼此信任、尊重和欣赏的基础之上。学生肯定喜欢赏识自己的老师，喜欢和这样的老师在一起。帮助学生建立自信，找到自己，就如刘翔因跨栏找到自己，郎朗因钢琴找到自己，博尔特因短跑找到自己。每个人都在寻找自己的生活方式，从而让生命更加灿烂。寻找的过程中需要百转千折，需要滴水穿石。

　　老师如同孩子的眼睛，当孩子双眼被蒙住，经历的是恐惧、担心时，你把孩子安全送到家长的手中。小学一年级孩子懵懂无知，在他们的内心，老师就是自己世界中的第二个父母，甚至比父母更重要。我们的态度决定孩子的归属感、亲密感和价值感，所以老师如同责任重大。向所有一线的小学老师致敬。

　　郎溪路小学让我们分享了一家人的情怀，我们要以积极的态度面对人生，我们要给彼此留下人生美好的回忆！

　　三个小时的心理辅导和拓展、在热烈的掌声中结束了。我很欣慰与郎溪路小学的老师们分享感受，心理触动很大，灵魂得到洗礼，倍感彼此要更团结协力，珍惜孩子们，努力站好自己的岗位。杜校长总结说，原以为只是一次心理知识的普及，没有想到活动如此生动有趣，扣人心弦，振奋我们的精神，鼓舞了我们的士气。感谢管老师和徐老师的辛勤付出！

2015-08-27

走进沁心湖社区　关爱老年人心理

　　2015 年 10 月 27 日下午，包河区志愿服务队联合沁心湖社区志愿服务工作站，在社区二楼大会议室开展"包河心理志愿者关爱老人走进沁心湖"活动，给社区老人讲述心理健康知识。

　　今天来社区主讲的是国家二级心理咨询师、安徽省心理危机干预学会副秘书长沈云侠老师。沈老师讲课亲和力强，通过快乐的"抓手指"游戏，迅速拉近了和老人们的距离；寓教于乐，通过游戏讲述心理健康知识，劝导老年朋友要学会倾听，发掘身边的快乐，体会细微的幸福，传递正能量。参加本次活动的老人们个个兴高采烈，感谢社区、教体局和社会关心关注老年人的心理健康。

　　包河心理志愿者把走进社区开展心理志愿服务列入常规工作，动员社会力量走进社区，关爱老人的志愿活动，向社区和基层传递更多的温暖。

2015-10-27

心理拓展　走进望湖小学

在最美的年华，走进望湖小学班主任心理拓展。11 月 19 日 16 点 30 分，各位班主任老师走进高大上的武术馆，盘腿而坐，无比轻松愉悦。第一个游戏是模特走秀，单人出场，双人携手，四人集体亮相，惟妙惟肖，全场笑翻了天。紧接着按照春夏秋冬四个季节生日线进行分组，讨论主题：最近比较烦。各小组交换烦恼：工作忙碌、身体欠佳、经济压力、困难学生等，然后集体讨论，寻找解决烦恼的途径和方法。我们从陌生到熟悉，从熟悉到喜欢，教育就是一场美丽的邂逅，遇见在最美的年华。我们要接纳教师的角色，培养自身强烈的职业归属感和幸福感。运用正念观帮助各位直面生活中烦恼。所谓英雄是承担着比常人更大责任和压力的人，"望湖"的蒸蒸日上源于大家的齐心协力，社会各界的关注支持。"望湖"只争朝夕，不负众望！面对压力最好的办法就是直面压力。组织全体老师一起体验"奔跑吧！兄弟姐妹！""我来啦！"大家集体用手挡在前方比作生活中的千难万险，回应"冲啊"！当体验者冲过去，所到之处无不披靡。你、我、他是，遇见在最美的年华，让我们在一起的时光成为人生中最美好的回忆。

2015-11-20

"阳光心态幸福成长"家长沙龙活动

12月16日上午，二十九中12月家长主题沙龙在三楼多功能厅举行。本期活动主题是"阳光心态幸福成长"，让大家分享家庭教育中积极语言对孩子成长的影响。

张成校长指出，作为一名家长，要遵循孩子成长的规律，承担起教育孩子的责任。他要求大家提高自身能力，为孩子树立良好的榜样，引导孩子健康成长。心理老师管以东让大家分享了邓亚萍、阿姆斯特朗、敬一丹、赖斯等名人成长中父母积极引导的故事，要求广大家长要学会用积极的语言引导孩子在关键期健康成长。他说，通过调查发现，孩子在遇到挫折、伤心、紧张、成功时希望父母的支持，广大家长要多用积极语言与孩子交流，要斟酌哪些话能说，哪些话不能说。刘宗珍老师讲了自己女儿成长的故事和一路陪伴女儿成长的幸福。她放开双手给女儿更多选择的权利，陪伴欣赏孩子健康成长。女儿给妈妈的一封信中写到"你们做我的父母是我永生最大的骄傲！"针对家长提出孩子和自己缺乏沟通、心理有隔阂，管老师指导大家：要适当表达关爱，行动比说更重要；家长反映孩子有内向闭锁的心理，刘老师指出，家长要带孩子一起多参加外界活动，要以平常的心态面对生活中的不顺利；有的家长提出，孩子常与别人发生矛盾，大家纷纷支招：要用积极态度解决问题；还有的家长提出，孩子用手机查资料写作业，老师们指出，要进行合理的监管。

每个孩子都需要被肯定，都需要被欣赏，父母作为温暖港湾的守护者，要守护好安全的小家，给孩子积极的心理暗示，发现孩子的优势，让孩子体验到生活的乐趣。开展主题家长沙龙活动，为家庭教育保驾护航，让更多的家长学会如何做好父母。二十九中自2014年起，便有计划地开展家庭教育沙龙活动，搭建家校沟通的桥梁，在亲子关系、学习心理、情绪管理等方面有效指导家长科学教育孩子，深入推动全校家庭教育工作。

2015-12-16

信任沟通　共创美好未来，义城班主任心理培训侧记

　　班主任的心中都在想着啥？每天担惊受怕，每天干不完的琐事，每天都有无边的责任，每天都期待着与学生碰撞出一个个精彩。我们的职业到底有没有前途，我们的未来到底可不可确定？我们一生就是从事这样一眼望到头的工作，我的幸福感到哪儿去了？这些问题都必须解决。

　　信任是对自己，更是对学生、对家长，对我们共同的未来。如果对自身的职业没有归属感、幸福感和信任感，感到工作就是负担，工作就是有无尽的压力和痛苦。

　　如果暂时不爱，我们可以尝试去爱，因为你需要花费一样的时间站在课堂上，与其被动发怒当消防员，不如未雨绸缪主动当植树者。尝试自己喜欢，把爱植入学生的心灵。

　　和老师们一起玩有趣的"大风吹"，玩"信任背摔"，玩"男生女生向前冲"。让大家书写对家庭、工作、生活、同事、学生、家长比较烦心的事，同时共同探讨解决办法。

　　张成校长提出，我们要取得大家的信任和支持，带动一批人，影响一批人，帮扶一批人，然后成长一批人。占明忠副校长说，我们要搭台让大家唱戏，台子多大，我们就成长多高。所言极是，受益匪浅。

2015-12-08

二十九中家委会年终总结会　未雨绸缪迎接寒假

　　元月 12 日上午，合肥二十九中家委会年终总结会在三楼会议室召开，全校各班家委会主任参加本次会议。会上，武涛主任指出了沟通在家委会工作中的重要意义，指导家长充分利用寒假契机，抓好孩子良好行为习惯的培养。占明忠副校长指出家长委员会要发挥在班级家庭教育中的示范作用，协助班主任参与班级管理，同时成为班级管理和课堂教学的有力监督者。大家对班级管理各抒己见。陈锋、娄蓉、贾秀英、武涛四位班主任的班级管理工作受到家长们充分肯定。曹浩瀚家长让大家分享自己的教子高招：拜百度为师，教子赢得威信；张玉涛爸爸注重亲子关系沟通交流，营造温馨家庭氛围；胡一番妈妈注重以平和的心态和孩子沟通；周好欣妈妈让孩子分享，充分信任孩子能让大家主动管好自己学习生活；朱妈妈介绍了自己如何和女儿建立良好的关系，使孩子健康成长的经验。也有很多家长提出，关于孩子青春期、阅读、人际关系、学习等困惑，占明忠副校长一一给予了回答，并提出很多建设性建议。最后，管以东主任对孩子的寒假上网问题提出四点针对性的建议：制定规则，了解内心，关注需求，拓宽世界。同时就考试不理想的学生家长如何调整心态，提出输得起、赢得起、不断反思，才能自我成长。

　　寒假来临，二十九中未雨绸缪，提前布置好家庭教育工作，依托家委会全面辐射到每一个家庭，为孩子过好一个美好的寒假保驾护航。

2016-01-12

阳春三月，毕业班家长心理辅导走起

东方欲晓，莫道君行早。3月1日下午，在二十九中在一楼阶梯教室举办了主题为"积极关爱　用心陪伴"的考前团体心理辅导。来自合肥市未成年人校外心理辅导站的四位老师们进行了面对面家庭教育，答疑解惑。

"家有考生"家庭教育指导

阳春布德泽，万物生光辉。下午三点活动正式开始，占明忠副校长首先代表学校对家长的到来表示欢迎，同时代表大家热烈欢迎合肥市未成年人校外辅导站的老师们。他和大家一起分享自己曾经作为毕业班家长的心情，针对今天辅导的主题，向广大毕业生家长们提出用"细心、耐心、平常心"关爱呵护孩子的成长，积极乐观与孩子一起迎接人生的一次次考验。他指出，家长心态平和，孩子方能从容镇定迎接中考。

"积极关爱　用心陪伴"团体心理辅导

管以东老师首先带领大家做了"雨点协奏曲"趣味游戏，要求家长关注孩子的生活、学习和工作，做到张弛有度。他从学生目前存在的焦虑、茫然、得过且过、自卑的四种心态谈起，列举了通过毕业生调查反映家长的"四大症状"：唠叨、忆苦思甜、恐吓、紧箍咒，分析了家长一言一行对孩子成长的影响。孩子经历着一次次考试，家长也要经得起考验，对孩子经鼓励、支持、陪伴、欣赏，赢得起更要输得起。管老师还以西安天才少年的悲剧，提醒家长关注内向、敏感的孩子。他说，良好的家庭氛围是孩子成长最安全的港湾，父母好好学习，子女才能天天向上。最后他要求大家以积极的心态关爱自己的孩子，用心陪伴，与孩子一起携手笑迎中考。

"中考心理　答疑解惑"面对面

在"中考家庭教育困惑调查问卷"反馈中，家长们提出了一系列问题，如亲子沟通的困难，孩子成绩上不去，孩子积极主动性差，孩子没有信心、对学习没有兴趣……。对此，来自合肥市未成年人校外辅导站的四位老师进行了面对面的答疑解惑。杨小玲老师提出"中考到了，家长要有平常心"，过分关注反而让孩子乱了方寸，适当的家务活劳动也是孩子对学习压力很好的一个调节方法。谢辉老师指出，亲子沟通的最大忌讳就是命令和控制，父母不要乱给孩子贴"叛逆、不听话"标签，一旦亲子站在对立面，教育就无效。黄燕老师提出要充分信任孩子，要真诚对孩子说：孩子，我相信你可以处理好自己的问题和自己的人生，如果你需要帮助，我愿意帮助你，什么

时候帮助由你决定。允许你犯错，经验不可以代替，过程不可以逾越，爸爸妈妈虽然
爱你，却没有办法帮你多吃一口，多走一步，不能替你过这一生。朱玉娟老师指导家
长，越是学习紧张越是要带孩子感受这个世界的精彩，走出家门方能感受个人的渺小，
懂得珍惜学习的机会。王迪老师要求家长放下焦虑，不断激励自己的孩子做勇敢的海
燕，体验搏击风雨的美好人生。刘宗珍老师提出，家长一定要悦纳自己孩子的现状，
创造好良好的家庭环境，把孩子生活照料好，把学习指导交给老师。

2016-03-02

快乐人生幸福成长　包河心理志愿者走进五里庙

　　3月4日上午，包河心理志愿者服务队的老师们走进五里庙为35位社居委工作人员开展一场以"快乐人生幸福成长"为主题的心理拓展活动。

　　来自二十九中的志愿者管以东老师带领大家玩"异掌同声"游戏，用掌声表达对生活的热情。全体成员围成一个圆开心跳起兔子舞。在欢乐的音乐中，来自四十六中的志愿者张淑杰老师带领大家开展"桃花朵朵开"心理游戏，感受小组抱团的惊险，落单组员被惩罚用身体写字，全场欢笑声此起彼伏。在"心有千千结"的游戏中，大家感受到一个团体彼此之间合作的重要意义。在"齐心协力"向前冲活动中，大家步调一致，体验小组成员之间统一向前的感觉。大家在"如果你是我的眼"的活动中，感受彼此之间的信任和支持。五里庙社居委领导刘光娟委员对参加心理拓展活动感受颇深：心理活动趣味性很强，玩乐中加强我们社居委同志们彼此之间信任、理解和沟通，增强了集体的凝聚力，真正指导我们懂得"快乐人生、幸福成长"的意义。

2016-03-05

包河《师说心语》开讲
管以东谈"做一颗成长的苹果树"

　　3月4日下午，包河区新学期心理健康教育教学工作会议在美丽的滨湖四十六中举行，心理教研员刘燕老师布置了本学期的工作计划、课题申报、教研安排等工作，正式宣布本学期包河心理名师《师说心语》正式开讲。

　　第一讲主讲嘉宾是来自合肥二十九中的专职心理老师管以东。他首先介绍了自己从一个羞涩的男生长成有着岁月沉淀的伟丈夫，从一名体育老师成长为一个全国知名的心理达人的奋斗历程；展开了梦想、执着、热爱的力量！他开讲的主题是"做一颗成长的苹果树"。我是什么？我为了什么？我要成为什么？管老师从一个似乎哲学的话题开始，分析心理老师的专业化成长之路。他指出，老师要有一颗火热的教育心，唯

有热爱才能用心用情创造性做好事。心理老师要积极利用好学术资源，和大学心理学专家教授积极联系，用心理专业理论高屋建瓴指导中小学心理健康教育实践；也要积极利用好专业资源，和广大一线的心理名师积极联系，不断推陈出新，提升自己的专业素养；还要充分利用好社会资源，和公益组织、报刊媒体、家长、社区、其他学会组织积极联系，丰富拓宽自己的视野进行跨界思维。心理老师要开拓自己的资源，搭建平台与广大心理健康教育工作者交流研讨，不断自我激励，自我超越。管老师特别强调心理老师要内外兼修不断历练自己。心理老师要，要使自己有别于海滩上的沙粒，就要不断地磨砺自己，使自己成为一颗闪光的珍珠。要强化锻炼自己的专业能力，增加生命的厚度，提升生命的品质，让生命更有价值，让人生更加精彩，让学生因为我们的幸福而更加幸福。生命是我们自己的，我们有责任对它尊重；生活是我们自己的，我们有能力让它丰满。在心理健康教育这片广阔的舞台上，我们要活出自己的精彩，让学生和我们在一起的每一天成为美好的回忆。我们要成为一棵不断成长的苹果树，枝繁叶茂，果实丰盈，成就自己，成就这个美好的世界。

2016-03-05

肥东县举办中小学生心理健康教育专题讲座

　　为进一步提高肥东县广大中小学班主任和心理老师的心理健康教育水平，4 月 27 日上午，"肥东县中小学生心理健康教育专题讲座"在合肥通用技术学校实训楼四楼会议室召开。肥东县教体局德育室主任吴蔚芳、副主任刘玉琴，校外未成年人心理健康辅导站负责人和志愿者、各校分管部门负责人和心理健康教师近三百人参加了会议。本次专题讲座由肥东县心理健康教研员、校外未成年人心理健康辅导站负责人吴贝贝主持。

　　本次讲座由合肥市二十九中心理健康教育教师、心理健康教育硕士、安徽省社会心理学会中小学心理健康教育委员会副主任管以东老师担任主讲。作为学校心理健康教育的一线资深专家，管老师从自己的成长经历和工作经验出发，和大家交流了心理健康教师如何充分的开发、调动专业资源和社会资源的经验，指出了毕业生的烦恼主要是"成绩不好""害怕考不上好的学校""未来很迷茫""同学之间的矛盾""担心对不起父母和老师""功课任务重"和"睡眠少，没有时间玩"等，指导大家从情绪、认知、学习方法和心态四个方面帮助学生正确地面对中考、高考。

　　管老师还提出，要使毕业生心理辅导卓有成效，首先要了解毕业生的心理特征，辅导前要适度通过音乐营造一个温馨的场氛围，辅导过程中要充分调动家长、老师、学生等多方面的积极因素，激发毕业生的心灵动力。他还运用层层递进的辅导技巧，指导大家如何开展毕业生团体心理辅导。

　　管老师的讲座理论联系实际，对肥东县初高中毕业生的心理健康教育工作具有很强的借鉴价值。

2016-04-30

中考，我们在一起

——二十九中师生、家长营造温暖积极心理氛围备战中考

距离中考还有 40 天，二十九中全校师生和家长齐心协力营造着积极乐观、相互鼓励的温暖氛围。让学弟、学妹写些鼓励加油支持的话送给学哥学姐，让爸爸妈妈对孩子表达心中的爱，让同学们自己表达对父母和老师的爱，让老师们表达对同学们和家长的期望鼓励支持！建立微信互动交流平台，开展毕业班家庭教育分享会。中考！我们在一起！

学弟学妹们如是说

盛雯雯说：你想要的只有自己能给自己。李俊达：哥！姐！心想事成！奋力一搏！戚雯雯：现在的努力，就是未来的基础，哥哥姐姐加油！丁玲：勤奋是一只蜜蜂能帮助我们酿造幸福的蜜。马闻弟：用你的笑容改变这个世界，别让世界改变了你的笑容。

爸爸妈妈如是说

王安琪家长说：孩子！爸妈给了你生命，但是不能给你生活，生活有平坦，也有坎坷，甚至有难以逾越的鸿沟，你要学会坚强，一切都会过去的。王雅楠家长说：孩子！有付出就有回报，每天进步一点点，爸爸妈妈永远爱你！王梦姣家长：只要努力了，付出了，哪怕不成功，也不后悔，我们对你无怨无悔！要为自己的理想加油，爸妈永远支持你，不管结果如何，我们是你坚强的后盾！李天一妈妈说：孩子！你正直、善良、充满正能量，我们因为你而骄傲！

老师如是说

陈锋老师说：自信，不抱怨，用智慧赢得中考成功！聂和彬老师说：尽最大努力，留最小的遗憾，享受过程，看淡结果。李园园老师说：以积极的心态迎接中考，不留遗憾；永不放弃，努力创造奇迹。董婷婷老师说：最美的年华绽放我们最灿烂的笑容，留给自己和世界一片靓丽。席鹏老师对家长说：陪伴孩子能建立良好的亲情，爱是一切的动力！管以东老师对家长说：面对再大的挫折困难都不要灰心，输得起才能赢得起，一切都会过去，永远对自己、孩子、未来充满希望，积极向上，做最好的自己。

毕业生的梦想与目标

卢文香说：我要考好，将来在很牛的大学里学习；夏叶凡说：要考上高中，将来

要当摄影师；潘莉莉说：要考好二模，考上理想的高中。陈烨说：轻松应对，考上理想高中。梦想让家人过上幸福的生活，梦想让自己的人生辉煌灿烂，梦想可以环游世界，梦想可以当服装一名设计师、法官、老师。

爸妈，我想对您说

虽然我不善言辞，你们的爱，我永记在心里。你对我的期望很大，我一定尽力学习。人生路途遥远，这次我失败了，不算什么，我一定会成功的！在你们眼中我是最好的，我却让你们担心，我不会让你们失望的，为了我深爱的家人们！父亲每天很辛苦，坚持与我谈心鼓励我，母亲生病还在为我做饭，我爱你们！您给我无微不至的爱，难过的时候安慰我，无聊的时候陪我聊天，爸爸，谢谢您在我受挫折的时候鼓励我不要泄气。母爱如水，温柔细腻；父爱如山，伟大深沉，我永远爱你们！

老师，我想对您说

你身体受伤还坚持上课，没有半句怨言，我一定不给你丢脸，交上一份满意的答卷。我一定要展翅高飞到一个更大的平台，暖暖的师生情谊已经化作我前进的动力。我庆幸人生路上遇到你们，三年的师生情谊化作我内心美好的回忆，最美的年华幸运遇到你们！您是我人生的坐标，指引我走向成功之路和知识的殿堂，你让我变得坚强，不甘示弱，坚定信念，永远向前。

2016-05-05

家长会要开成孩子成长分享会

5月13日，二十九中七、八年级家长会如期召开，各位班主任老师精心准备本学期以来孩子的成长成果，让每位参会家长看到自己孩子的自我超越，看到希望，增强信心。

七（2）班的家长会上，我们看到了学生与主持人，优秀学子发言，优秀家长经验分享，学生节目表演，在孩子们的共同参与之下还表演了一个心理剧；学生们勇敢地抒发出对父母的爱，每个孩子都准备了一朵美丽的康乃馨送给他们的父母。

八（5）班的家长会上，班主任叶文林老师强调，家长要对子女做如何做人的教育。比如家里来亲戚，孩子要微笑打个招呼，帮客人倒杯水等等。同时还强调，家长应该全面地看待自己的孩子。不能因为孩子的成绩差了点就认为自己的孩子一无是处。每个孩子都是一朵花，只是开的早晚不同，我们要静待花开。

八（2）班的家长会上，葛亮老师为了激励进步学生的学习热情，家长会让孙文斌同学、李宇凡同学、周妤欣同学、袁英玲同学和何洁同学协助老师召开家长会。让学生主动站上讲台汇报班级的学习、纪律、综合素质培养的情况。丰富的照片和视频，丰富多彩的班级活动和荣誉，极大提升了家长们对班级信心。贾秀英老师手术未愈，依然坚持参加了整场家长会。在自己讲话的时候，为了表示对家长的尊重，也为了坚持自己的职业操守，贾老师毅然以手支撑讲台，站立着为家长们做了近半小时的演讲。

在集中家庭教育分享会上，年级组长武涛老师针对七、八年级学生家长提出，我们要多和老师沟通、多参与学校活动、多关注孩子的行为、多与孩子沟通、多关注孩子的心理。德育主任管以东老师从生命的和意义谈起，希望家长悦纳自己和孩子，成长的路上，家长要给孩子带来希望、爱，面对人生的每一步挫折和打击，要以输得起的心态欣然接受。积极的心态、自我调整迎接美好的未来。

把家长会开成孩子成果分享会。学习成绩进步只是其中的一部分，更多的要看到学生各方面都取得的进步。家长会让家长有了信心、有了希望，打破了以往家长会开成考试的批评会的惯例，让更多家长愿意来积极参与。不仅要让家长看到孩子在学业上的成长，更要让家长看到孩子各方面的发展。

2016-05-13

六、心理教育团队建设

合肥二十九中成立心理健康教育中心

9月26日，合肥二十九中心理健康教育中心正式成立。学校心理健康中心成员专门在学校心理咨询室开了第一次工作会议，管以东、席鹏等6位同志参加了会议，管以东老师主持了本次会议。

管以东老师向大家介绍了8月在芜湖参加的中国心理学会学校心理分会工作年会的盛况，并向大家汇报了论文《农民工子女心理教育问题及对策》荣获省级一等奖的情况，同时就二十九中的心理健康教育问题和大家一起展开讨论、就学校承担的市级课题《农民工子女心理健康危机以及干预》的课题研究做了具体分工：管以东负责研究校园德育对农民工孩子心理健康的影响，席鹏负责研究教师的能力、态度、行为对学生的影响，叶文林负责研究社会环境对孩子的影响，刘宗珍负责研究家庭教育对孩子心理的影响，蒋树负责研究学校的校园环境景观对孩子心理的影响，夏兵负责数据统计研究。会议还制定了心理咨询室值班制度，要求定期对学生老师开放，专门建立心理信箱，开辟心理教育专栏和专刊，还计划在全校开展以心理健康教育为主题的系列讲座。

学校领导非常重视心理健康教育，积极支持、鼓励老师参加心理健康教育硕士进修，推荐老师参加市心理咨询师培训，并对老师们参加各种心理大会大力支持。"中心"七人非常热爱心理教育工作，表示一定全力以赴，为农民工孩子健康成长营造一片湛蓝的天空，让孩子们放松心情，快乐健康地成长！

2010-09-28

合肥市中小学心理健康教育研讨会
在二十九中圆满落幕

5月17日下午，由安徽社会心理学会主办、合肥二十九中承办的"合肥市中小学心理健康教育研讨会"在二十九中举行。参加本次研讨会的有来自全市各中小学心理健康教育工作者共 62 位同志。安庆四中的金顺姬等 3 位老师也远道而来参加本次会议。安徽省教科院心理教研员李皓博士、包河区教体局李琼主任、安徽省心理学专家黄石卫教授等莅临现场指导工作。

14 点 20 分，会议正式开始，合肥市第二十九中学崔玉刚副校长代表学校对各位的到来表示热烈的欢迎，省教科院李皓博士和教体局李琼主任作了重要讲话，他们对大会的举行表示热烈的祝贺。

14 点 30 分，大家首先观摩了五十中心理老师乙姗姗的"交流，让心灵靠得更近"的主题课。乙老师首先带领大家做一个游戏，让一位同学看一个图片，然后思考 30 秒，用自己的语言向其他同学描述看到的图形；再让一位同学力求让其他同学清楚这个图形，将自己听到的描述按自己的理解在纸上画出，不许彼此交流。这个有趣的游戏一下子就把同学们的兴致提起上来了。紧接着她提出了沟通要诀，开始第二个游戏。她引导孩子们明白地将自己的意思表达清楚，表达时要考虑对方的接受能力，考虑对方的感受，锻炼同学们在平时的学习生活中要倾听和理解对方声音的能力。课堂中，乙老师不时地穿插游戏对话，深入浅出地诠释沟通对中学生心理健康的重要性。不仅要同桌之间要沟通，还要前后位沟通，全班沟通。乙老师的讲解绘声绘色自然亲切，全班同学积极响应，整个课堂精彩纷呈。

15 点 20 分全体参会人员在二十九中大厅内合影留念，紧接着开始了第二节心理体验课。这是由二十九中政教主任、心理中心管以东老师组织的一堂"唤醒你心中的巨人"的心理体验课。管老师要求所有的参会老师和在场的同学们一起进入体验的角色，跟随着老师的语言引导来寻找生命的源头。他从母亲怀胎十月的艰辛谈到父母的艰辛，并让同学们反思自己在生活中的抱怨，理解父母从农村来到城市的不易。管老师从汶川地震很多孩子失去父母谈起，介绍了一个失去母亲的男孩勤奋学习的心理历程，号召所有农民工孩子要懂得珍惜亲情，深刻反思自己，努力一点、刻苦一点，让父母欣慰一点。管老师还让大家体验：假如有一天这个世界上父母双亲都离去时，大家会有什么心理感受，以此教育同学们，孝心不能等，要爱自己的父母，努力学习报答父母，教育大家，只有父母的牵挂是无限的、永远的。他要求大家珍惜生命，不要和父母吵架怄气，更不能离家出走甚至自杀。他讲到了同学们不懂得体谅孩子出走后父母双亲的痛苦，讲到了孩子离家出走后，带走了全家人的幸福，孩子自杀后导致家破人亡的悲惨境地。情到深处，全场所有的同学都哽咽哭泣。最后他要求同学们学会表达爱，希望全体同学一起行动起来，为了自己父母，为了所有爱我们的人，从今天开始，我们要长大，要懂事，要发愤图强。全体同学都精神振奋地站起来，在老师的带领下高声呐喊："我要努力！我要加油！我要拼搏！我要为爸爸妈妈争光！"

16 点 25 分开始了今天教研活动的第二项议程：研讨。二十九中心理健康中心首先汇报了学校开展心理健康教育活动的情况：从 2010 年 9 月 26 日心理中心的建立，到咨询室的建设和规章制度的制定，从心理教育的家长公告到学生心理档案的建立，从中心 6 位成员任务的分配到学校开展活动的具体方案实施以及危机干预。管老师还汇报了学校开展心理课堂教育和心理实践拓展活动的开展情况，特别就开拓社会资源方面向大家详细地介绍了二十九中积极地与合肥工业大学、安徽大学和中国科技大学的大学生交流，实施小手拉大手心育工程，以及与媒体积极联系，提高各项活动开展的影响力等情况。针对农民工孩子自卑心理，学校重在培养学生的自信和社会责任感，每年三次到阳光敬老院慰问老人，进行节目表演，在校园中开展高年级帮助低年级活动，低年级写信为毕业生加油鼓励，高低年级结对子互帮互助工程，还提到了在西南旱灾以及玉树地震中，二十九中农民工子女在学校捐款数额位居合肥学校前列。

三十九中的梁校长在谈到他们学校开展的心理健康教育情况时，不无自豪。三十九中作为心理健康特色学校一直积极与安徽医科大学交流，并经常与济南、南京以及省内外很多学校教育沟通交流，校园心理剧以及心理课堂教育活动开展得有声有色。他还特别指出，自从开展心理健康特色教育以来，学校的升学率大幅度提高，成绩喜人。

安庆四中的杨老师对本次活动的开展给予了高度的评价。她谈到了安庆四中作为安庆的一所名校，各方面工作非常出色，学校还招聘专职心理教育老师，积极开展心理健康教育工作。她特别谈到了心理老师的困惑，就是关于职称的评定问题。

合肥八中的李妮老师是从乌鲁木齐引进的一名心理学方面的优秀老师。她谈到了合肥八中自从去年3月开展心理健康教育工作以来，心理课堂教学、团体心理辅导、个体咨询等心理教育工作开展得井井有条。她还特别提出，最近两周是他们学校的心理健康教育周，活动丰富，欢迎大家前往指导。

接着安徽省心理学专家、合肥师范学院学科带头人黄石卫教授专门就农民工子女心理健康教育问题谈了自己的见解。随着城市化进程的加速，大批农民工进城，农民工子女心理健康任务很重、意义重大。他指出，现在很多人在进行研究的时候拘泥于形式，而不能实质性地开展一些工作。他希望二十九中心理教育工作者有针对性地开展好这些工作。农民工孩子也有很多的优点，如何扬长避短帮助他们找到自信、获得自尊、从而自强很值得研究。

最后，包河区教体局教研室李琼主任作了总结讲话。她对二十九中承办本次教研活动给予了充分的肯定，表示在以后的教研活动中多搭建这样交流的平台，并要求全体心理教育工作者努力在专业领域多出成绩、出好成绩，为包河为合肥的心理健康教育工作添光增彩。

合肥市中小学心理健康教育研讨会
合肥市第二十九中学 2011年6月17日

2011-05-19

安徽省社会心理学会中小学心理教育委员会
成立大会在合肥二十九中圆满闭幕

2011 年 8 月 13 日上午，安徽省社会心理学会中小学心理教育委员会成立大会在合肥二十九中隆重举行。参加本次成立大会的有来自马鞍山、铜陵、淮南、滁州、合肥等全省各地的心理健康教研室教研员、优秀心理健康先进集体的学校老师以及心理教育工作者共计 86 人。安徽省教育科学研究院心理教研室的领导和合肥市教育局的领导也莅临现场指导工作。

上午九点，成立大会正式开幕，合肥市二十九中副校长崔玉刚首先代表学校对各位领导和专家的到来表示热烈的欢迎，希望各位专家能为二十九中农民工子女的心理健康教育工作献计献策。合肥市基教处张承冲副处长代表合肥市教育局对"委员会"的成立表示热烈的祝贺，同时希望合肥中小学心理健康教育工作者不断努力进取，发扬省城的模范和引领作用，积极有效地推进合肥中小学心理健康教育工作又好又快地发展。安徽社会心理学会会长范和生教授对成立大会的必要性进行了深入阐述，同时希望新成立的中小学心理教育委员会踏实有效地开展工作，促进中小学生的心理健康。紧接着，在热烈的掌声中，张承冲副处长和范和生教授正式为安徽省社会心理学会中小学心理教育委员会揭牌。随后，安徽省社会心理学会副会长合肥师范学院心理学黄石卫教授发表讲话，他希望广大中小学心理健康教育工作者以本次成立大会为契机，积极交流沟通学习。安徽师范大学心理学教授、原芜湖信息技术中小学心理健康教育学院院长、中小学心理健康教育委员会主任姚本先教授发表了重要讲话。他详细地讲解了中国心理健康教育事业发展的历程，并对当前中小学心理教育工作者存在的问题进行了深度的剖析，对广大中小学心理健康教育工作者提出了殷切的期望，要求新成立的"委员会"建立年会制度，使之规范化、有序化。根据大会安排，大会领导还为获得全省心理健康教育先进集体的合肥一中、芜湖一中、铜陵一中、马鞍十一中、淮南一中等18个先进集体颁奖。

在全体参会同志合影后，开始了专家报告。南京中小学心理教育委员会的秘书长潘月俊老师报告的主题是《提高中小学学习力的策略》。潘老师对提高中小学学习力的策略分析深入浅出，让与会者耳目一新。马鞍山心理教研员张先义老师作了题为《为孩子的明天助跑——马鞍山市心理健康教育的现状与思考》的报告。原铜陵教研员、现为铜陵四中副校长的沐扬老师作了题为《积极开展心理健康教育提高中小学生的心理素质——铜陵市心理健康教育工作总结》的报告。然后，淮南市教体局德育科主任李韦遴老师作了题为《让学生在心灵的蓝天下飞翔——淮南市心理健康教育工作介绍》的报告。几位教研员精彩的报告不时赢得大家热烈掌声，上午的会议持续到12点才结束。

根据大会的安排，13点30分，各地心理健康老师开始经验交流。芜湖一中的邹睿老师、铜陵一中夏冰老师、当涂一中陈天刚老师、安师大附中谢莉老师、铜陵人民小学许新江老师、合肥八中李妮老师、铜陵十二中唐书老师、淮南一中王艳老师、合肥三十九中孙勇老师、合肥五十中乙姗姗老师、合肥四十六中周龙清老师、合肥二十九中管以东老师等来自全省的12位心理健康工作的出色代表，先后进行了经验交流。交流内容精彩纷呈，让与会老师大开眼界、大饱耳福。最后，中小学心理教育委员会的几位负责人上台为在本次论文评选中获行优秀的35位同志颁发了获奖证书。副主任合肥工业大学附属中学陈乐东书记希望广大会员积极参与"委员会"的各项活动，携手为中小学心理健康教育工作加油。副主任合肥二十九中德育主任管以东老师对本次大会做了总结，他说，安徽社会心理学会中小学心理教育委员会的成立，为广大中小学心理健康教育工作者安了一个家，希望大家珍惜这样一个平台，在各自的工作岗位上多出成绩、出好成绩，及时在安徽中小学心理健康网上发表新闻，促进沟通交流，大交流、大进步、大发展，汇聚力量推动安徽省中小学心理健康事业的发展，大家要一起让心灵每天洒满阳光，一起为心的事业加油！

2011-08-15

首届中小学心理健康老师心灵成长分享沙龙圆满结束

　　10 月 27 日上午 8 点半，由安徽省社会心理学会中小学心理健康教育委员会主办的合肥市首届中小学心理健康教师成长分享沙龙在四十六中举行。本次沙龙活动主要目的是促进我市广大心理健康教育工作者自身业务水平的提高，增进同行间的交流。参加本次沙龙活动的一共有来自全市各中小学心理健康辅导教师 30 人。中小学心理健康教育委员会副主任合肥工大附中陈乐东书记主持了本次沙龙活动。合肥四十六中的心理健康中心周龙清等老师热情地接待大家，学校还给与会老师营造了一个欢乐放松的环境。

　　沙龙活动一开始，管以东老师宣布了心理健康教育委员会的决定于2011年11月在合肥市开展"阳光行动——合肥市中小学心理健康教育公益讲座"，普及心理健康教育知识，引导广大教师树立积极的心态，帮助家长推进家庭教育步伐，指导中小学生克服自卑，学会交往、自信、自强，阳光做人，同时针对广大中小学生心理危机进行预防，为减少青少年犯罪做好一道防线。接着，大家一起畅谈中小学心理健康辅导工作中遇到的困惑，并纷纷为解决这些困惑献计献策。六十三中学的沈云侠老师一直默默地耕耘在心理健康教育这块热土上，在谈到自己成长时，他说，家人的支持、信任，鼓励，给自己能力的提升心灵的成长提供了强大的力量，让自己，具有了良好的心态，获得了幸福感。接下来，大家一起聆听八中李妮老师带来的主题案例分享"我该拿什么来爱你"，李老师细致地分析了一个咨询的个案，指导大家如何接待来访者，并提出无条件关注和倾听以及提问技巧，提醒广大教师一定要给积极的求助者咨询，把爱先给那些需要的人，并教会他们调整心态的技巧，使他们获得信心的提升。李老师的分析讲解让大家受益匪浅。

　　合肥一中的郭璎老师又带领大家做了一个彼此认识的心理小游戏"说说我是谁"。在愉快的氛围中大家加强了彼此的认识，新老朋友欢聚一堂，好不热闹。工大附中的陈书记还带领大家做了一个接力的小火车游戏，大家在团结合作中增进相互了解。最后周龙清老师热情地带领大家一起参观了四十六中的心理拓展中心。现代化的心理健康教育设施配套，温馨舒适的良好环境让大家赞不绝口。三个小时的时间，大家在欢声笑语中愉快地度过。四十六中给大家留下了难忘的美好印象，与会老师高兴地在心理拓展中心合影留念。

　　中午的阳光暖洋洋地照在与会老师的身上，大家依依不舍话别。美好的心灵，美丽的约会，心在飞扬！在美丽滨湖四十六中的上空，我们心灵交融，分享彼此的精彩，守望合肥中小学心理健康教育。我们一直在努力，我们与年轻的合肥共成长，因为我们有爱，有梦想。

2011-10-27

安庆心理健康教育教师与
二十九中老师开展互助交流

10月28日上午10点，来自安庆望江和枞阳的4位分管德育的校长和心理健康教育老师一行来到合肥二十九中参观学习交流心理健康教育经验，学校政教处主任心理辅导中心负责人管以东老师热情地接待了大家。

安庆来的几位校领导、老师参观了学校的景观，管以东主任向他们详细地介绍了学校发展的历史和学校开展的德育工作、心理健康教育工作的情况。在心理咨询室，老师们就心理健康教育工作进行了交流。来自望江的方法校长对心理健康教育工作提出自己的见解；来自枞阳的曹老师在自己的学校积极开展心理咨询工作，并一直和全国心理教育老师保持紧密联系，在不断学习中提高自己，把所学的咨询知识和技术应用到学生健康咨询中，获得了很大的成就。二十九中的心理健康教研室、教务处和团委与远道而来的客人进行深层次的交流。大家在交流中获得共识：学生的心理健康教育工作应该被每一位教师所重视，教师应给予学生需要的爱，让学生感受你对她的爱，只有心中有爱的学生将来才能为社会发展做出贡献。爱是无私的，爱是需要教师自身能力把控的，不能让学生感觉你的爱在折磨她，而要让爱荡漾在学生们的心中，荡漾在校园的每一个角落。

2011-10-28

合肥市初中心理健康观摩课研讨会
在二十九中圆满闭幕

　　11 月 29 日，由安徽省中小学教师教育网和安徽社会心理学会中小学心理健康教育委员会主办、合肥二十九中承办的合肥市初中心理健康观摩课研讨会在合肥二十九中隆重举行，56 名来自国培计划心理健康班的学员以及全市心理健康教育工作者参加了本次活动。上午，大家一起观摩合肥二十九中管以东老师的一节"自信"主题心理课堂和六十三中沈云侠老师的一节"快乐成长"主题心理活动课。安徽省中小学教师教育网进行了全省远程网络直播。下午，巢湖路小学的王倩老师组织参会老师在二十九中阳光心理活动中心开展了一次"箱庭疗法"体验。接着，与会嘉宾与二十九中的 80 名家长共同聆听了合肥师范学院李群教授的"真爱为孩子成长助跑"的亲子教育报告。李群教授还专门就二十九中的农民工子女心理健康课题给予指导。

丰富的心理健康课堂

上午 8 点 45 分，由二十九中管老师组织的一场以"自信"为主题心理课正式开始。管老师以抒情诗导入启发学生了解今天的课题，接着让四名同学展示了一场不自信的情景短剧，并配合着"姚明"、"比尔盖茨"和青春靓丽的男生女生真人版表达着内心对自信的渴望。管老师就影响大家自信的因素，如身高、体重、长相、家庭条件和学习成绩等组织了班级讨论。同学们还主动以很多逆境中成长的名人伟人来激励自己。接着，同学们积极发言对自己身边的同学表达由衷的赞扬，全班分组开展了"优点大爆炸"讨论，全班每一位同学都得到至少 7 位同学的肯定和表扬。最后，在老师的带领下，大家一起做了手语操：《我真的很不错》，把同学们自信的情绪一下子带到了高潮。

　　六十三中的沈云侠老师给大家上了一堂"快乐成长"的主题心理活动课。沈老师让全班同学围成一个圆圈，做"大风吹和小风吹"的游戏，一下子把同学们的情绪调动起来。接着，通过光谱图团体心理自评活动，让同学们寻找快乐和自信。全班分成5个组，分别以"快乐、团结、自信、爱心、自然"为主题，让大家自行设计口号、队徽和造型。各组同学积极参与，纷纷为自己的小组献计献策。在最后的小组展示中，各组群情激昂。大家纷纷表示感受到了心理健康课堂带来的快乐、放松和自信。下课铃响了，孩子们还依依不舍，并和沈老师拥抱再见。

神秘的箱庭体验　构建心灵家园

下午一点半，在合肥二十九中的心理活动中心里，来自巢湖路小学的王倩老师组织广大心理健康工作者一起体验神秘的箱庭。在王老师的引导下，大家一起自我体验摆放各种沙具。大家仿佛进入了一个自我的小世界，在小小的沙盘旁，仿佛15位老师都在构建属于自己的心灵家园。

精彩的家庭教育报告

14点30分，合肥二十九中邱先明副校长代表学校对大家的到来表示热烈的欢迎，向大家介绍了学校近年取得的荣誉。接着，合肥师范学院的李群教授为二十九中80位家长上了一堂"真爱，为孩子成功助跑"的主题课。李老师从青春期孩子的成长特点以及孩子与父母的矛盾入题，手一下子打开了参会家长的心扉。随后，她从孩子成长的维生素、怎样和孩子沟通交流、如何营造一个良好的家庭氛围、青春期性教育等方面全面解读家庭教育。李老师开阔的视野、广博的家教知识、可亲可敬的讲课风格赢得了家长们一致认可。最后，大家纷纷和李老师合影留念。

李群教授和与会的各位心理健康老师还听取了二十九中农民工子女心理健康课题汇报，并给课题研究提出了很多宝贵的意见。李群教授提出，课题研究要明确评价标准，如，学生参与心理社团后在学习生活等方面的变化，制定统一量表进行测量等。很多老师提出，农民工子女心理健康的课题研究不仅可以调查学生的变化，也可以从教师的变化以及农民工家长的变化进行分析，这样更全面、更有效。

2012-11-30

合肥二十九中"增强自信"心理健康专题辅导课简案

教学的理念：依据青少年心理发展规律，青春期成长的关键期，信心是学生成长的基础，心理健康辅导课旨在通过搭建良好的平台发现、发展学生优点，增强学生信心。

教学目标：帮助学生发现自我，提高自信心，增强自我发展能力。

教学任务：帮助学生树立信心。

教学方法：通过课堂讨论、情景展示、手语操和积极自我暗示帮助学生树立信心。

重点：增强学生的信心

难点：帮助学生增强信心

教学对象：八年级学生

教学流程：

一、情境导入

信心不足的同学情景展示：四个同学依次上场表达自己对生活缺乏信心，原因是长相欠佳、体形过胖、普通话不行和成绩偏差。

二、信心大讨论

1. 列举缺乏信心的其他原因：身体不高、家庭条件差、人际关系不好等。

2. 分析讨论：没有自信心的危害，如何有针对性地帮助信心不足的同学。

3. 分析其貌不扬、在逆境中成长的名人、伟人，帮助学生改变观念、发现优点。

4. 优点大爆炸：优点大接力，赞美同学接力比赛。被赞美的同学记录下别人的赞美话语。

三、训练自信心

1. 写出自己的名字，大声说出"我很棒！"

2. 老师带领大家一起做"我真的很不错"手语操。

2016 年 4 月 8 日

省社会心理学会新春中小学心理健康沙龙
在巢湖路小学举行

　　元月 10 日下午，安徽社会心理学会中小学心理健康教育委员会新春心理健康沙龙在巢湖路小学举行。来自全市的 21 位从事心理健康教育的专兼职老师参加了本次活动，"委员会"的顾问、合肥师范学院黄石卫教授亲临指导工作。

　　14 点 30 分，沙龙活动准时开始，中小学心理健康教育委员会副主任管以东老师首先感谢巢湖路小学提供的良好的环境，让大家感受新春的到来，接着向大家汇报了"委员会"发展情况。从第一届初中心理健康研讨课到"委员会"的成立大会，又分别在二十九中、四十六中和五十中开展了一系列心理健康教育活动，组织了包河区心理拓展夏令营活动和第二届初中心理健康研讨课。随后，大家一起聆听了合肥师范附小的丁丹老师关于参加北京校园心理情景剧所见所闻所想。很多老师对校园情景剧提出了疑问，黄石卫教授通过很多的图片向大家介绍了情景剧，从角色转换到角色扮演。他号召大家，2013 年可以把校园情景剧作为突破口来开展好心理健康教育活动。巢湖路小学王倩老师详细地向大家介绍了自己在学校开展的沙盘游戏活动的情况。从沙盘游戏的顺序到人员的安排以及陪伴人员的提示，王老师一一介绍并展示了工作记录。六十三中的沈云侠老师和大家分享了反向心理学。她从正反两个角度解析了人的心理，给大家留下了深刻的印象。二十九中管以东老师把自己到山东参加心理健康教育活动和大家分享。他分别介绍了胶州的家庭教育咨询大集合、荣成的创新家校沟通方式、青岛五十中的阳光诵读以及校园大信箱和心理电影等等。不知不觉三个小时过去了，大家依然热情如潮，一起分享着过去一年的心得，黄石卫教授提出，沙龙就是希望大家在宽松的环境下畅所欲言，头脑风暴；大家也纷纷表示，新春沙龙分享了很多同行的心得，收获颇丰。

2013-01-11

在安徽社会心理学会年会上汇报工作

元月 12 日上午，安徽大学磬苑宾馆第二会议室里，春意盎然，安徽省社会心理学会 2012 年度年会隆重举行。来自科大、工大、安大、安师大等的 56 位老师会员和安徽大学的 20 名大学生参加了本次会议。会议上，二十九中管以东老师代表广大中小学心理健康教育教师进行中小学工作总结汇报。

安徽省社会心理学会会长范和生教授首先总结了 2012 年的工作，并对 2013 年年会工作做了展望。紧接着，安徽社会心理学会中小学心理健康教育委员会副主任合肥二十九中管以东老师向与会嘉宾汇报了自中小学心理健康教育委员会成立以来，组织开展的一系列省、市级的心理健康观摩研讨课、教研会、心理拓展夏令营活动，以及成立包河区心理健康辅导站的工作情况。这些活动有力地推动了心理健康教育在中小学的普及，管老师还向与会嘉宾介绍了"委员会"的主要成员，如八中的李妮老师、五十中的乙珊珊老师、工大附中的陈乐东书记、六十三中的沈云侠老师、四十六中的周龙清老师、巢湖路小学的王倩老师等在各自工作岗位上的成绩。管老师表示，在以后的工作中将更加踏实有效地组织好中小学心理健康教育工作，促进所在学校乃至更多区域的中小学生健康成长。管老师还专门汇报了他的硕士论文《初中阶段进城务工人员随迁子女理想状况与教育研究》的主要观点。与会老师们纷纷表示，一定积极支持中小学心理健康教育，做中小学心理健康教育的有力后盾。

2013-01-15

包河区首届中小学心理健康教育论坛圆满闭幕

元月6日下午，由包河区教研室组织的包河区首届中小学心理健康教育论坛在二十九中隆重举行，来自全区以及其他区县的50多位中小学心理健康教育专兼职老师代表参加本次论坛，大家共聆听了6场精彩的心理健康教育报告，包河区教研室李琼主任和合肥市教育局心理健康教研员李妮老师亲临现场指导工作。

下午2点10分，论坛正式开始，二十九中汤善龙校长发表了热情洋溢的欢迎致辞，他向来宾介绍了二十九中一直关注学生心理健康，积极选派老师和班主任参加各种心理健康教育培训的情况，希望全体教师自觉地在各学科教学中遵循学生的心理发展规律，将适合学生特点的心理健康教育内容有机渗透到日常教育教学活动中。

心理情景剧：《青春期撞上更年期》

大家一开始欣赏的是由二十九中3位老师和10位同学表演的心理情景剧《青春期撞上更年期》。剧中，首先上场的两位同学向大家表达了自己长大后，出现了学习成绩上不去、父母不理解、交友困难等各种烦恼；接着，一个女孩因为做作业时玩手机隐私被妈妈发现，出现一场母女争执对话场景；然后，3位同学上场表达了如何主动与父母沟通，消除彼此隔阂。第二场是一个胖乎乎的小男孩针对很多同学因为自己身高、体重、青春痘和长相等烦恼给出合理的解答，他诙谐的段子"青春痘说明你还年轻，年轻难道不开心吗？我长得胖说明我吃得好、睡得香、身体健康，胖又怎样，胖的还可爱呢？"引得台下的老师们情不自禁热烈鼓掌。第三场是董婷婷老师从学生们的心愿谈起，列举了同学们的一个个美好的心愿，并希望自己家的宝宝健康幸福成长，自己工作顺风顺水，学校蒸蒸日上。最后，三位老师和同学们共同发出呼唤：彼此尊重，学会交流，懂得关爱，真诚相待，相互合作，拥抱梦想。

李妮老师：《表达性团体辅导》

合肥市教研室心理健康教研员李妮老师报告的主题是《表达性团体辅导》。她首先向大家介绍了一系列心理健康教育的途径：专题心理健康教育，建设心理辅导室，开展家长心理健康教育，利用校外资源开展教育，并把心理健康教育贯穿于教育教学全过程。她从自我发展、情绪管理、人际关系、学习心理、生涯规划、环境适应 6 个方面具体讲解针对不同年龄孩子开展心理教育。李老师还与大家分享了自己编著的《小学生表达性团体辅导》精彩篇目，还对下一年市教育局的心理健康教育督查工作提出了具体要求。

乙姗姗老师：《心理健康教学 8 年经验谈》

合肥市心理健康骨干教师、五十中的乙姗姗老师，她的报告主题是《心理健康教学 8 年经验谈》。乙老师作为 2006 年合肥市第一位引进的心理专职老师，根据自己的教学经验跟大家讲述了不同年级应该开展什么样的教育，如：七年级应进行关注入学适应教育和人际关系教育，八年级应进行青春期教育和学习情绪自我管理，九年级应进行应对心理压力，拼搏冲刺中考教育。

沈云侠老师：《心理导航与 2014》

合肥"525 导航团"老师、"爱之梦"心理团队负责人、六十三中沈云侠老师跟大家一起分享《心理导航与 2014》。她首先表达了参加包河区的论坛活动的激动心情，并以亲切的口吻跟大家讲述了自己一路学习的幸福，从走进兄弟学校开展心理健康讲座，到走进社区开展心理帮扶送温暖行动。沈老师提议大家，既然选择心理健康教育，就要无怨无悔，敢于面对各种困难。

刘燕老师：《启迪心灵，明亮人生》

师范附小刘燕老师报告的主题是《启迪心灵，明亮人生》。刘老师从自己在附小积极开展心理课堂教学、指导心理社团和家长心理教育等方面让大家分享了自己的经验。她还介绍了在保兴乡村分校开展的心理教育。她计划 2014 年让附小的老师们和班主任人人参与心理健康教育教学，有针对性地做好心理健康教育工作。

王倩老师：《沙盘游戏与童心》

巢湖路小学的王倩老师报告的主题是《沙盘游戏与童心》。她带大家一起走进他们可爱温馨的"心灵小屋"，介绍通过各种团体课和个体辅导开展的心理健康教育。针对沙盘游戏，她毫无保留地让大家分享了自己的经验心得，现场指导大家如何操作沙盘游戏，如何通过沙盘游戏帮助孩子们宣泄内心的情绪、克服学习困难、改善人际交往、缓解攻击性行为。

盛春玲老师：《心泉在卫岗》

卫岗小学的盛春玲老师让大家分享了《心泉在卫岗》。她通过丰富的图片介绍了卫岗小学成立"心泉心理团队"开展的一系列丰富多彩的活动。通过心理辅导室、心灵相约 QQ 群、心灵故事、心理社团活动有效提高学生的心理健康水平。

管以东老师：《2013 包河"心闻"与 2014 工作要点》

二十九中管以东老师报告的主题是《2013 包河"心闻"与 2014 工作要点》。管老师首先通过 100 张 PPT 图片，列举了 2013 年包河中小学开展的 92 条心理健康教育新闻，提出了常规的心理健康教育教学工作的"九个一"：一个信箱，一堂心理课（各个年级），一次心理拓展活动，一张心理小报，一次宣传展览，一次学习交流汇报，一场心理电影，一个 QQ 温馨提示，一个值班。他还就学生心理成长的阶段性提出了很多教育主题，如：入学适应，如何交友，男女生交往，自我悦纳，自信心培养，情绪管理，与父母、老师的沟通，生命教育与生涯规划，如何应对压力，毕业心灵放飞。

最后，教研室李琼主任进行了总结性讲话。她带领大家一起重温了教育部 2012 年颁布的《中小学心理健康教育指导纲要》，要求大家认真学习、加深理解，并以此指导学校的心理健康教育教学工作。李主任从心理课堂教学、心理活动、家长讲座、心理辅导室建设等七个方面要求全区中小学心理健康专兼职老师做好工作，齐心协力打造全省心理健康教育第一强区。

2014-01-07

中国心理教师群第四届年会暨安徽社会心理学会中小学心理健康教育委员会第二届年会

　　7月26日早晨，雨过天晴的合肥格外靓丽，103位心理教师从全国各地云集到合肥九狮苑宾馆，《韵动合肥》拉开本次年会的序幕。

　　安徽社会心理学会会长范和生教授发表了热情洋溢的欢迎辞，并强调，今年安徽社会心理学会联合中国心理教师群，把全国的心理同行请进家门，让人倍感激动和欣慰，他祝愿安徽社会心理学会中小学心理健康委员会越办越好，奉献社会，推动中小学心理健康水平整体提升，同时希望安徽的同仁们虚心向来自全国的各位专家学者学习，祝愿本次大会圆满成功！

　　中国心理教师群群主罗家永老师带领大家回顾了中国心理教师的发展历程。

　　安徽社会心理学会中小学心理健康教育委员会副主任管以东老师就心理课堂教学、525健康节、进社区宣传、毕业生心理减压、走向社会公益事业等，汇报了中小学心理健康教育委员会的工作。

　　黄石卫教授宣布了聘任李韦遴等同志担任委员会职务的通知，同时颁发聘书。

　　安徽师范大学姚本先教授做了题为《心理教师的专业化成长和自身心理健康的维护》的讲座。姚老师从理论的高度对广大中小学心理健康教育工作者提出要求，希望大家坚定信念，提高影响力，促进自身专业化成长。

　　下午，由国松主持，她隆重推出了全国心理拓展第一人——罗家永老师。罗老师开始了精彩的团体辅导拓展："异掌同声"。全场一百多人一起鼓掌，很震撼；范骏、王标还上台表演了《两只老虎》游戏；紧接着的是快速进化、主动成长的游戏《孙悟空》。从石头到神仙的进化，让我们感受的不仅是热闹还有成长的重要性。

　　在分组游戏中，大家群策群力起队名、喊口号、做造型，6个大组异彩纷呈。立体的造型《融融组》，轻松活泼的《快乐》组，深情厚谊的《在一起》组，当然还有我们的《大鹏展翅》组，队员彼此有组织有协调有提醒。方法老师的老谋深算，夏云霞的热情洋溢，李坤鹏老师的娓娓道来，每一组都有特色，每一组都有亮点。

　　《智取核弹》，惊险刺激，玩得心跳。不管是集体的力量、团队的协作，还是脑筋急转弯、逆向思维，峰回路转又是一片天。

　　《穿针引线》，没有想到全场100多人一起动起来，牵引力的效果果然不一般，车水马龙，牵一发动全身，不仅是壮观，更是一种团队的协作和配合。

　　最后在集体按摩操中大家欢声笑语结束今天的全部活动，仿佛依然余味未尽。

流光溢彩第二天，年会由乙姗姗和王倩两位老师主持。

黄石卫老师就学习困难研究做了发言。对于我们广大心理健康教育工作者来说，学习困难是一个迫切需要解决的问题。黄老师从六个方面进行阐述：一、什么是学习障碍；二、学习不良的原因及咨询案例；三、学习失能的原因及咨询案例；四、学业不良儿童认知与性格分析；五、学业不良矫治原则和成功咨询案例；六、学习失能准确诊断和成功咨询案例。有理论也有丰富的案例，对于很多研究学困生的老师来说具有很好的指导价值。

谢杰老师给我真切感受就是睿智。之前，我们曾就咨询师的成长话题向他请教过。他认为，在今天这个专业化程度越来越高的社会，每个人必须找到自己专业化的定位，学习困难也好，亲子沟通也好，抑郁症也好，必须有专业化来解决。

　　李昌林老师是一个活泼的阳光大男孩，走遍大江南北，他带给我们的是一节《中小学生命教育的探索体验》课。李老师的热情洋溢很快感染了现场所有的来宾。他提出教育首先关注的是生命。不管是失去双脚的艰难前行者，还是跳出优美的华尔兹舞步的舞者，其生命都应关注。老师也许不一定能身体力行，但是一定要带领你的学生感知这个世界的精彩。昌林老师思维活跃，带领大家一起领略了很多精彩的故事：《花婆婆》《爷爷一定能做到》等，他还手工裁剪一个"LOVE"，表示用一颗爱心来演绎人生的精彩！

　　我在总结时说，全国的心理老师汇聚一堂，互相认识你我，就是打开一扇扇心灵的窗户，我们会发现人生不同的风景。昌林老师也许是江南的一枚红宝石，而黄昕老师则是川中的一颗翡翠。黄老师的过人之处在于心理咨询，对于人心理的探索。

　　星光灿烂第三天。安徽大学、安徽师范大学、合肥师范学院心理学专家前来喝彩，全国心理同仁欢聚一堂，《新安晚报》《安徽青年报》以及"新浪安徽"记者前来现场采访报道。

　　这天，是主题分享环节。整个上午是"安徽心理人"的专场。

　　安庆方法老师做了《做一名幸福的心理老师》，主题发言内容翔实。他说，一个学校的书记钟情听心理课，如此专业精神让我们敬佩。淮南德育科长李韦遴《心理健康教育对中小学教师育人行为干预》的主题发言，通过丰富的流行语一下子把大家的兴趣调动起来。他从师德困扰、教师的压力，积极的心理应对。李科长的话热情洋溢、新颖有趣，大家兴致盎然，不时热烈鼓掌。乙姗姗老师给大家分享了自己的心灵微刊，让现场老师们很受启示。点点滴滴的积累，精致细微，让我佩服！董永梅老师的《雨中人绘画与心理健康教育》的主题发言确实有趣。伴随着清脆的雨滴声，仿佛一下子把我也带回到了童年的美好记忆。雨中人绘画，画的是淅淅沥沥的小雨，有凉亭中休憩的父母双亲，有炊烟缭绕的家，有雨中奔跑玩乐的孩子，有门前的小河，还有田地里劳作的我和妻子！阜阳城郊中学的白群峰老师给大家分享的是《心理学让教育如诗》。我感受到了白老师如诗的情怀，和学生一起野营，为每一个学生过生日，值得我们学习，向白老师致敬！

中场，罗老师带领大家再次领略心灵手语操的魅力。罗老师的动作手语操充满欢乐、趣味，令人精神振奋；《中国人》尽显磅礴气势与民族精神；《两只黄鹂鸟》充满欢快与乐趣；《幸福人生路》大家一起体验其中的快乐，每个人仿佛一下子回到了童年的美好时光。

感谢、感动，一切仿佛就在昨天，仿佛过了很久！2014 年 7 月 26 日至 28 日，在时空的这一段，我们在合肥，我们在一起！

短短的三天让我们见识了如此丰富的世界，让我们收藏了如此精彩的人生，参加中国心理教师群聚会，不虚此行！

感谢每一位奉献自己才华引领我们成长的导师。

感谢为本次活动的组织默默奉献的组委会兄弟姐妹！感谢盛春玲老师收支财务，细致入微！感谢红霞和刘涛热情接待来宾，让所有来宾觉得温馨贴心、宾至如归！感谢这么多年来彼此支持的李妮、姗姗、乐东、王倩，兄弟姐妹！

2014-07-28

合肥市未成年人校外心理辅导志愿者暖春行动走进二十九中

"阳春布德泽，万物生光辉。"3 月 23 日上午，合肥市未成年人校外心理辅导志愿者团队一行 11 人，在队长李妮老师的带领下，走进合肥第二十九中学，开展毕业生及家长的团体心理辅导活动。

9 点整，志愿者老师们准时到达学校三楼会议室，张成校长热情接待大家，并代表学校对心理志愿者老师们的到来表示热烈的欢迎。他带领大家一起参观了学校的蓝天心灵氧吧，介绍了学校近年来开展的心理健康教育教学工作。作为全市的心理健康教研员，李妮老师对二十九中近年来开展的心理健康教育工作给予了充分的肯定。她对本次志愿者活动进行了重点安排，要求各位老师主动与毕业生家长交流，有针对性地提高心理辅导的实效性。

9 点 30 分，在全校升旗仪式上，李妮老师代表合肥市未成年人校外心理辅导中心做了"放飞心灵，笑迎中考"主题讲话。她首先向大家传达了合肥市未成年人校外辅导中心面向全市中小学家长开放的信息，接着与师生们分享了一个《寿司之神》的心理故事，指导毕业生如何专注、热情、追求卓越地投入到学习生活，希望同学们振奋精神，端正态度，保持良好的心态迎接中考。二十九中班主任代表王迪老师做了《我们在一起》的主题讲话。他希望同学们相信自己，努力拼搏，给自己的初中生活交上一份满意的答卷。七、八年级学生代表赵广辉和胡雪莉鼓励学哥、学姐珍惜时间，把握现在，积极行动，不懈努力，用勤奋的汗水让青春在拼搏中闪光。

　　10 点整，在一楼阶梯教室，管以东老师为全校毕业班学生近百名家长开展了一次"陪伴、欣赏、从容迎接中考"的主题讲座。管老师针对当前毕业生家长存在的焦虑、无措、得过且过等心态，指导大家要发挥父母的模范和榜样作用，并提出了"父母好好学习，孩子才会天天向上"的观点，要求家长少唠叨，多行动，陪伴关爱孩子的成长，不断欣赏孩子取得的点滴进步，有效地与孩子沟通交流，建立健康的亲子关系，帮助孩子确定合理的目标，积极从容迎接中考的到来。

10 点 40 分，在学校的二楼多功能厅里，11 位志愿者老师现场为毕业生家长答疑解惑。有的家长提出孩子在学习上丧失信心的困惑，来自合肥十中的任步云老师支招：要与孩子多沟通、要多给孩子鼓励，并寻找专业老师辅导学习方法；有的家长提出孩子内向不愿意请教老师，来自四十六中的张淑杰老师给家长支招，家长可以积极与老师沟通，与孩子一起面对学习中遇到的难题；有的家长提出了不知道如何帮助孩子制订复习计划，来自一六八中学的肖玉浩老师指出：帮助孩子制定具体的目标，营造良好的氛围，让孩子分步实现目标。在心理志愿者老师们耐心的帮助下，家长们原本紧锁的眉头舒展开了，露出了舒心的笑容。在春日融融的无限美景中，合肥市未成年人心理辅导中心的志愿者老师们，用他们的一颗颗爱心，让接受心理辅导的每一位毕业生家长收获了新的希望。

2015-03-23

全国 200 名心理老师齐聚合肥传递心理正能量

7 月 26 日上午，全国中小学团体心理辅导主题论坛暨安徽社会心理学会中小学心理健康教育委员会第三届年会在合肥九狮苑宾馆正式开幕。来自全国各地 14 个省 48 个地市 200 名中小学心理健康教育工作者齐聚合肥。本次论坛的主题为"团体性能力辅导"。大会邀请了北师大、南师大、安师大、合肥师范学院的教授针对团体心理辅导开展理论指导，同时从贵阳、南京、温州、青岛、厦门、合肥、淮南等邀请一线心理名师从社会适应、情绪管理、人际交往、青春期、珍爱生命、危机干预、生涯规划等 10 个领域手把手指导广大心理老师开展中小学团体心理辅导。

　　以潘月俊、袁章奎、李韦遴、林甲针、李妮、李静、罗家永、管以东为代表的全国心理老师还组织成立了"中国蓝天团体心理联盟"，来自新疆、内蒙、甘肃、湖南、湖北、贵州等各地区的代表积极参加，大家齐心协力搭建一个共同成长的平台，推动中小学心理健康教育事业在各地区的发展。本次论坛活动不仅有名家授课，还有心理游戏分享、心理催眠和心理拓展。26 日下午，全体参会老师在一起开展了"明天会更好"主题心理拓展，一群志同道合的心理人凝心聚力、团结一心，唱起"相亲相爱一家人"，表达自己对心理健康教育事业的热爱。来自兰州的秦力老师觉得，这次论坛活动不仅是学习，最重要的是心灵的沟通和享受一起成长的幸福。内蒙古赤峰市心理老师胡艳颖觉得自己不远千里来到大湖名城合肥，不虚此行，在这里感受到了家的温暖和正能量。湖北天门的张碧涛等一行 7 位老师表示，参加合肥的这次全国心理论坛收获的是感动和精神的鼓励，回去一定要拓展自己的心理健康教育事业。

2015-07-27

全国中小学团体心理辅导主题论坛在合肥圆满落幕

　　7 月 28 日下午，在《相亲相爱一家人》音乐中，200 名来自全国各地的中小学心理老师彼此握手、拥抱，中小学团体心理辅导主题论坛在合肥九狮苑宾馆圆满落幕。

　　来自新疆、内蒙古、广西、云南等全国 14 个省 48 个地市的 200 名中小学心理老师乘兴而来，满载而归。三天的时间里，大家共同聆听了安徽师范大学姚本先教授的《心理教师的发展之路》和南京师范大学季秀珍教授的《团体心理辅导的实务与操作》

主题讲演。来自北京师范大学、合肥师范学院周宵、陈庆华、何元庆等专家学者，针对青少年成长中心理问题，进行了团体心理辅导的理论指导。全国一线心理名师贵阳一中袁章奎、南京潘月俊、温州林甲针、青岛李静、湖北张碧涛以及安徽的心理名师李韦遴、李妮、王艳、邹睿、唐书、沈云侠、管以东等，针对社会适应、人际交往、情绪管理、生涯规划、自我认识等主题，手把手教广大心理老师如何上好心理课。本次论坛不仅有专家讲座、心理拓展游戏和课堂互动问答，还有生动活泼的心灵手语操。组委会还专门开展"走近大湖名城"岸上草原心理拓展活动。几天的培训学习生活上大家感受颇深。泗县的毛雪梅老师说：合肥这次远行，犹如一场及时雨，给干涸的心灵以滋润，带给我们太多的感动，太多的思考，太多的美好。内蒙古的李爱学老师说：带着一颗激动的心、期盼的心、渴望的心我来到美丽的合肥市参加这次中小学团体心理辅导的大会，三天下来，我收获的不仅是知识，更多的是让我坚定了努力的目标和方向。陕西汉中的娄素娟老师说：每位老师带给我的不是一节课，而是一个更广阔的天地，那个空间里不再是现实中的无奈和无助，而是清晰的路线，具体的景点，生动的形象，我们是建设者，是有梦想的建设者！我相信自己会把这个心灵空间建设得更加科学、有序、生动、有爱！淮北铁佛中心学校的夫妻张飞和李敏一起参加了本次论坛，夫妻共同的感受是：在学习中不仅收获的是知识，还有家庭、事业！

本次全国中小学团体心理辅导主题论坛有力地促进各地心理健康教育事业的发展，让广大投身心理健康教育工作的老师们明晰了自己的努力方向和目标，主动把心理专业知识渗透到教书育人的光荣使命中。

感谢北京教育出版社和我的导师姚本先教授的大力支持！感谢中国心理教师群，感谢阳光心健、徽韵心理、上海心灵伙伴、京师博仁、万达环球！感谢所有远道而来的老师！感谢盛春玲、李妮、乙姗姗、徐凯、刘鑫、沈云侠、王国松、陈乐东、孙燕、刘颜平等所有伙伴们辛勤的工作！

2015-07-29

蓝天公益心理讲座 分享肖玉浩老师讲进化心理学

　　9 月 26 日下午 14 点，来自全市各中小学 22 名老师汇聚"蓝天公益心理联盟"安徽站市府广场天徽大厦 C 座 24 楼，大家共同聆听一六八中学心理老师肖玉浩老师的"进化心理学"。来自合肥五中、三十一中、三十五中、四十六中、六十四中、师范附小、卫岗、北城中学、肥东二中等中小学心理老师参与了关于婚姻家庭心理特征的讨论，中秋到来之际，收获一块经营家庭幸福的心灵月饼？

　　人类诞生至今，心理何以如此，五千年的中华文明，进化让我们更好地生存和繁衍，当今人类的心理中，仍然带有漫长的历史所留下的痕迹。进化心理学家运用达尔文的进化论人性理解，其中心论点认为：心灵是一种进化的、适应的器官，而不是一块白板，心灵由进化形成的各种先天倾向组成。今天的每一个活着的人都是进化的产物，他们作为"活化石"，能帮助我们了解祖先的过去。

　　对于一块月饼，心理学家的说法有：

　　冯特：我就想研究一下，它都由哪些元素组成的。（构造主义）

　　华生：我就想知道它的制作过程是怎样的。（行为主义）

　　弗洛伊德：我想知道它里面是什么馅的。（潜意识理论）

　　巴甫洛夫：一见到月饼，我就不由自主地流口水。（经典条件反射）

　　斯金纳：谁想吃这块月饼，必须先帮我完成一件事。（操作性条件反射）

　　詹姆斯：月饼的最大功能是能够让人解馋。（机能主义）

　　罗杰斯：在吃这块月饼之前，我必须考虑到各位的感受，所以，我决定将它分开，一人一块。（人本主义）

　　马斯洛：吃了这块月饼就可以满足我品尝美味的需求。（需要层次理论）

　　皮亚杰：我得研究研究，那些原料是通过什么方式结合在一起的。（结构主义）

　　米德：这些月饼我们不能简简单单地将它视为一种食物，它在互动的过程中已经被人们赋予了新的内涵。（符号互动论）

　　格根：无论它包含多少种意义，这些意义都是由社会建构的。（社会建构论）

　　格尔茨：只有在中国才能吃到月饼这种食品，它代表了中国的一种文化。（文化心理学）

　　塞利格曼：透过"月饼"这种特殊的食品，我们可以看得出中国人美好的、积极的情感。（积极心理学）

　　萨宾：来来来，我们一边吃月饼，一边说说自己跟月饼有关的故事。（叙事心理学）

2015-09-27

全国心理课堂大赛精彩分享会

　　和喜欢的人做喜欢的事，让人们因为我们的存在而幸福。作为老师和学生、父母和子女、下属和领导，都要有正念之心。从湖南回来就迫不及待地整理精彩资料，急切想和大家一起分享每一位老师的智慧，希望这些精彩的课让合肥更多的老师感受到精彩和幸福的人生。在辅导站长李妮老师的大力支持下，蓝天心理公益论坛走进八中，周末正式开讲。

　　11月15日上午9点，来自全市三县33位心理老师汇聚在美丽的八中。卫岗小学盛春玲老师介绍了参加全国心理课堂大赛的盛况，并就小学生心理健康观摩课让大家做了分享。她认真讲解了天津的苏媚老师执教的《集中注意我最棒》和辽宁李伟老师执教的《独一无二的我》。盛老师指出心理课是通过一个个活动的设计，让学生明白我要怎么做，要把具体要求落实到孩子的行动上，要把言论转化成孩子的言行。每一节心理课的设计都应具有前后的连贯性和过程的活动性，而且要与主题紧密联系在一起，服务于主题，真正起到点明主题和升华主题的作用。所有活动的设计以及情境的创设，都要符合小学生的身心特点，检验的标准之一就是：好玩不好玩。

　　管以东老师首先让大家分享了夏岩老师的《青少年压力应对》。他从五个有趣的事例中阐述了正念内观和非正念内观对我们每个人的影响，他分析了广大老师对教育工作本身的懈怠心理：劳动已经不再是一种可以"享有"的权利，而我们更多体验到的是一种"被劳动绑架"的感觉。无论是整个社会还是我们自己，都在寻找一剂良方，以便更好地放松自我，获得真正属于自己的幸福。

管老师分享了贵州陶尚凤老师的《青春期异性交往》、王艳翠老师的《我的岛屿计划》、陕西安秀萍老师的《偶像正能量加油站》、天津市新华中学张翠翠老师的《森林狂想曲》以及厦门龚洁老师的《我的心灵水晶球》。五位老师的课从不同的角度为中学心理课堂注入生机和活力。管老师带领全体老师一起体验这些老师的课堂精华，冥想、分享以及视频观看，让广大老师精神世界获得灵魂的洗礼。

心理课重感受不重认知，重引导不重说教，重口头交流不重视书面表达，重目标不重手段，重真话不重无错的话，重氛围不重理性探讨，重应变不重设定，重自我升华不重视教师总结。心理课堂要真、实、情，让学生在参与中改变。

2015-11-15

听王倩老师分享《短程聚焦团体辅导的魅力》

周末，好友王倩让我们分享到北京学习的欧文亚隆《团体心理治疗》。

团体辅导的内容：

1. 花两分钟，介绍自己姓名，来自哪里，喜欢吃什么。
2. 两两一组，交流分享。
3. 说一说你的伙伴，说说让你喜悦的部分。
4. 站起来，随意与彼此交谈。
5. 在这个房间里，你还想认识谁。在刚才的过程中，让你最享受的部分是什么。

团体辅导的 11 个疗效因子：希望重塑、普遍性、传递信息、利他主义、原先家庭的矫正性重现、提高社交技巧、行为模仿、人际学习、团体凝聚力、宣泄、存在意识因子。

团体心理咨询与治疗（Group counseling and psychotherapy）是一种由一名或两名治疗师为一组来访者（7~8 人为最佳）提供心理帮助与指导的咨询与治疗形式，是以团体为核心，重视小组动力，在小组的发展中，从深层的人文关怀和人性帮助的角度来把团体治疗的功能充分发挥出来的有效模式。与个体心理咨询与治疗相比，团体心理咨询与治疗的优势在于——重现人际冲突，浓缩真实的社会互动。利用"此时此地（Here and now）"，强化积极、有效的人际互动，知晓并努力改变不良的人际互动模式，将自己在团体咨询与治疗中获得的成功经验移植到现实生活中去，学会如何与别人建立关系，进而解决在现实中遇到的问题。

欧文亚隆的团体心理咨询与治疗模式能带给我们什么？

1. 团体的情感支持被接受。人是社会性的，每个人都渴望自己被他人认可、接纳。团体治疗的基本功能就是让每一位参与者感受到自己被团体其他成员接纳，从而内心产生归属感。当一个人遇到某种困难或遭受某个挫折时，往往以为只有自己一人有此遭遇，因而加重心理负担。通过团体治疗过程中的互动，发现他人也有相似的经历、相同的感受，从而获得解脱和释然，重新树立信心和希望。

2. 团体的相互交流信息和生活经验，模仿适应行为。团体成员不仅可以交换认知的经验，还可以直接观察和模仿别人的行为举止，试探现实的界限与反应。团体治疗的可贵在于，成员间可直接表达自己的想法，并可通过在团队中的当下表现，得到团体成员的反馈，从而获得"现实"的反应与界限。

3. 正性体验团体凝聚力。对于缺乏群体归属感或对人际交往持负性态度的人，在团体治疗中可体验到团体凝聚力，产生归属感、自我价值感，领悟"互利原则"。团体治疗的功效之一，就是帮助个人领悟助人与自助的道理。帮助别人，为他人着想，利人利己，学习社会化技巧，获得和谐的生活状态。

4. 认识团体的性质与系统，观察群体行为。了解团体成员和带领者关系，体会团体"系统"性质。即体会团体是由各个个体（团体成员）组成的整体，而一个良性整体需要个体协作以获得平衡。经由团体影响自己的社会行为。

5. "原生家庭经验"的矫正性重现。所谓"原生家庭经验"指个人小时候的家庭关系的体验，是个人最早的体验群体。团体心理治疗可以重现"原生家庭经验"并进行校正。

6. 矫正性情感体验团体心理治疗的特殊机制。就是让所有成员有"矫正性情感体验"。单靠认知上的领悟不能改善问题，还必须加以情感上的矫正，让团体成员再次面对心理创伤或需要处理的问题，在治疗者和团体的保护下进行矫正性处理，以便抛弃和纠正不良情感。

2015-12-24

初中生积极语言能力培养的实践研究开题

元月 11 日下午两点，合肥市教研室陈明杰副主任和包河区教研室李琼主任莅临二十九中指导开题工作。介绍课题的研究目的意义、方法和方案、过程及预期，分享已经开展的调查研究以及相关的资料准备。李琼主任指出，课题的名称要更改，并要加强行动研究，要对积极语言、积极教育、积极品质等进行深入研究。陈明杰副主任指出，要对积极语言概念进行界定，强调课题开题工作的三步骤：为什么做，怎么做，预期的目标。

为什么进行这项课题的研究？通过积极语言 HAPPY 模式研究，让更多的人关注积极语言对初中生成长的正向影响，促进教学积极的正面引导，在课堂和班级活动中充分应用积极语言帮助学生积极健康成长。过程性的研究重在将积极语言能力启用于课堂上、日常活动中，并在校园营造积极语言氛围。要做哪些研究：课堂上积极语言应用研究，班集体中积极语言的应用研究，文体社团活动中积极语言的应用研究，积极语言个案研究，教师积极语言能力培养的个案研究，预期目标：编写积极语言影响中外名人伟人成长故事集，撰写两篇论文：《培养积极语言能力提高学生幸福感》《家长在积极语言能力培养的作用》。

2016-01-11

安徽省"中小学毕业生团体心理辅导"论坛在合肥成功举办

春风如期而至，春雨绵绵。2016 年 4 月 2 日，130 名来自安徽省各地热情的心理健康教育事业爱好者齐聚在大湖名城合肥，利用清明小长假在九狮苑宾馆开展全省中小学毕业生心理健康教育工作经验交流主题论坛。"中小学毕业生团体心理辅导"主题论坛，是为了帮助广大中小学毕业生悦纳自我、端正态度、明确目标、增强信心、坚定信念、克服懈怠、放飞梦想，从容应对成长关键期；进一步提高广大中小学班主任和心理教师健康教育水平，解决毕业生成长中遇到的实际问题。本次论坛由安徽社会心理学会主办。

"真情对对对碰"趣味横生

上午8点30分，活动正式开始，主持人徐凯老师用"抓手指"游戏让大家热情高涨。一个个轮流传递话筒，作个性化自我介绍。老师们纷纷表达了自己对心理健康教育工作的执着、热爱，一个个情有独钟的幸福情怀话语让人温暖、感动。

省内名家助阵论坛

安徽省社会心理学会副会长任雪萍教授指出，中小学心理健康教育工作要做到防患于未然，毕业生团体心理辅导主题论坛当下召开，真正体现未雨绸缪。中小学心理健康教育委员会副主任、全国心理名师、淮南德育科科长李韦遴指出，心理健康教育工作要从基础做起，抓实抓牢，不论毕业班班主任还是心理老师都要关注学生成长关键期的心理困惑，给予针对性的指导教育。安徽省心理咨询学会会长李群教授做了《毕业生团体心理辅导实战与理论指导》主题讲座，合肥的李妮、刘燕，淮南的蔡伟、王艳、李力，亳州的王继锋，阜阳的白群峰，六安的黄孝玉，池州的苏学英、马锋，淮北的任博杰等全省各地市心理教研一线专家老师亲临指导，交流毕业生心理辅导教育工作的理念。

《班级积极心理团体辅导设计》新书问世

由全国18各省36个地市，56位心理教师共同编撰的《班级积极心理团体辅导设计》新书问世。全国各地一线心理工作者将积极探索积极团体辅导的丰富经验汇编成一个个案例，为广大心理工作者及班主任打开一扇扇做好学生团体心理辅导工作的窗。在新书发布环节，本书主编、安徽省社会心理学会中小学心理健康教育委员会副主任管以东就"中小学心理健康课程体系"进行了探析。他谈到，广大心理老师和班主任要从"认识自我""社会适应""人际交往""团体合作""情绪管理""学习心理""信心毅力""青春期""考前心理"与"生涯规划"十个方面上好心理健康课，开好心理健康教育主题班会，为青少年的健康成长保驾护航。

中小学毕业生主题论坛众说纷纭

开办论坛期间，大家聆听了五位教授、专家的主题发言。安徽省心理咨询学会会长李群教授围绕"毕业生心理辅导理论与实践指导"主题做了专题讲座。她指出，中小学毕业生应协调统一平常心与进取心，以形成最佳心理状态，轻松应考；要通过合理的宣泄、积极语言暗示与情景冥想，提高他们的心理素质。

亳州心理教研员王继峰老师做了"元认知干预与毕业生备考"主题发言。他根据自己多年的毕业生心理辅导经验结合元认知心理理论阐述了如何有效地走入高中毕业生心里，帮助初三学生迎接中考。王老师还带领全体参会老师体验心理放松技术的魅力，让人受益匪浅。

合肥市心理教研员李妮老师做了"毕业生家长心理辅导探索"主题发言，她针对毕业生家长对孩子学习环境要求苛刻，对孩子日常照料过细、关注过度、辅助过度，追求完美成长，给孩子过多物质享受等被动的享乐体验六个方面特点，阐述了如何进一步做好家长心理辅导工作，提出，毕业生家长要与孩子时刻保持一致，给孩子以信任，与孩子共同进步。

合肥二十九中心理专职老师管以东做了"中、高考毕业生团体心理辅导的实战经验"主题发言。管老师指出，毕业生心理辅导首先要了解毕业生的心理特征，调查才有发言权。辅导前要营造一个温馨的氛围，对待辅导对象要有一颗真诚的心，辅导过程中要充分调动家长、老师、班主任、校领导、学生自己等多方面因素，激发毕业生的心灵动力。他根据从30多人的小团体辅导到700人的大团体辅导的经验，指出，要唤醒毕业生原动力，加强辅导现场的互动交流，让学生敢于表达自己内心世界的真实想法。从暖场热身到贴心交流，从明确目标到设计方法，从积极心态引导到从容面对大考，从自我激励到集体携手共创美好未来，要运用层层递进的辅导技巧开展毕业生团体心理辅导。

淮南田家庵教研室的李力老师做了《小学毕业生的团体心理辅导探索》主题发言。他说团体心理辅导的技术和方法被广泛应用在社会生活的各个方面，也一致被认为是考前心理辅导的有效形式。李力老师指出，要关注学生的主眼与辅眼，引导学生从当下离别的伤感心态集中到放飞梦想展翅高飞的激动喜悦中，认真走好脚下每一步。

在论坛自由研讨环节，黄孝玉、陶秀秀、任博杰、沈云侠四位老师基于自身工作实践，让大家分享了一线工作中如何运用团体心理辅导技术提升心育实效，引领参会老师自由交流、分享收获。

"中国蓝天心理战略合作学校联盟"成立

本着"合作、发展、创新"的理念，庐江二中、亳州一中、合肥二十九中、一六八、五中、八中、淮南师范附小、池州六中等全省近30所学校发起的"中国蓝天心理战略合作学校联盟"签约成立。会员单位可以共享联盟所有的教育教学资源，联盟委员会定期为会员单位提供培训支持。同时，联盟校也有义务每月开展一次心理健康教育活动，提供心理健康教育教学设计；两年承担一次区域心理健康教育观摩活动。"联盟"的成立必将推动心理健康教育工作在全省各地的开展，必将有力促进心理健康在区域内实现跨越式发展。

安徽省社会心理学会中小学心理健康教育委员会自2011年8月11日成立以来，在合肥二十九中、四十六中、五十中、六十三中、八中等多处开展了主题培训和志愿者活动，先后组织全市、全省乃至全国的中小学心理健康教育团体心理辅导主题论坛活动十多次，组织会员参加全国心理健康教育课堂大赛获得一等奖，引领全国各地老师来皖培训学习，团体心理辅导主题教育培训工作在全国发挥了引领和榜样作用。杭州的陈少慧老师已经三次参加合肥的培训活动，他认为，安徽社会心理学会中小学委员会培训工作针对性强，对于推进中小学班主任和心理老师的心理教育工作具有很强的实效性。参会老师纷纷表示通过学习提升了对学校心理工作的理解，也在团体中感受到了心理学的力量。和自己喜欢的人做自己喜欢做的事，我们心理工作者团体一直走在路上。中小学毕业生团体心理辅导工作要走的路还长，也许收获还未尽人意，但是安徽中小学心理健康教育同仁们将会再接再厉。

2016-04-07

盛夏的果实

——全国第二届中小学团体心理辅导主题论坛在庐州举办

一、隆重开幕

7月26日上午9点，"庐州八号"天柱厅座无虚席，掌声雷动，全国第二届中小学团体心理辅导论坛隆重召开。来自全国各地的中小学心理教师、心理爱好者300余人参加了此次大会。

大会由全国心理名师李韦遴老师主持。在庄严的国歌声中，全体参会老师起立，面向大屏幕上的国旗行注目礼。随后，安徽省社会心理学会会长范和生教授致辞，范教授表达了对大会与会人员的热烈欢迎，对本次大会给予美好期待。

紧接着，中国蓝天团体心理联盟专家团成立仪式开始。发起人管以东老师深情地回顾了蓝天团体心理联盟的成长历程：从最初50余人的小团体发展到今天320人的规模，管老师为全国各地中小学教师们能积极参加到心理健康工作中而骄傲！余宗晋、陈虹、鞠瑞利、温学琦、李远、李昌林、罗家永、刘鹏志、林甲针、李韦遴、李妮、管以东、尤迎九、温睿、方法、王继锋、白群峰……在激动人心的背景音乐中，来自全国心理界的 19 位专家学者、一线名师走上主席台，领取专家团证书，合影留念。

全国中小学心理健康教育先进集体颁奖、十大教学设计颁奖、赠书仪式、全体参会教师快乐留影……活动丰富多彩，秩序有条不紊！

教育部基础教育咨询专家陈虹教授做了《教师积极语言 HAPPY 模式与学生成长》主题讲座。他从合理信念、积极行为系统、新人平等、快乐情绪、人格健康五个方面，阐述了如何让中小学生幸福成长。陈教授的讲述深入浅出，参会老师们专注聆听，现场学习气氛浓厚而热烈。

本次大会为期三天。专家教授主题讲座，心理学者专题报告，心理名师即兴演讲，一线教师团体辅导，与会人员全体联欢，教学设计分享论坛……会议日程紧凑，会议安排丰富，不愧是一场心理盛宴！

二、生命讲座导航青春　团体辅导演绎精彩

7 月 26 日下午，心理辅导论坛开始了！

江苏省江阴二中心理名师李昌林老师做了《生命教育与青春健康》专题讲座。李老师通过大量的图片、视频、案例，讲述了生命与青春的教育，热情洋溢、娓娓道来，制作精美、容量极大的课件，让老师们深受震撼，对中小学青春期教育有了更深入的体察！

厦门罗家永老师《心理拓展游戏体验》。在整齐响亮、有节奏的掌声中，心理游戏"异掌同声"瞬间让安静的会场活跃起来，厦门心动力的罗家永老师为大家带来了崭新的团体心理大拓展游戏体验。小游戏之后，罗家永老师用大量的图片和文字介绍了他作为心理人的成长历程。随后，罗老师带领全体参会人员转换场地，来到对面大厅，开展系列团体拓展游戏体验活动：左走走右走走、孙悟空、寻找同类、海水分开、手语舞蹈中国人、找朋友……开心的游戏让大家嗨翻天，团体精神、积极心理、挫折应对、笑对人生……众多体验令老师们深思。最后，在"一句话分享"中，老师们积极互动，精彩发言，下午的课程到此结束。

三、分享成长之路　探索生涯规划

18 点 30 分心理"晚宴"开始了！

在欢快的旋律中，安庆的方法老师开展了"幸福拍手操"团体小游戏，全体老师起立，举起双手，在方法老师的口令声下，有节奏地拍手、敲腕，在轻松欢快的氛围里，放松了。紧接着，在《与心灵共成长》主题报告中，方老师从宏观角度对中小学心理教育进行了分析。

亳州一中的王继锋老师则是从心理咨询师从业角度提出了自己的一些见解，让与会老师从另一个角度思考自己的专业成长方向。

合肥八中的李妮老师在长期工作经验基础上，从学校角度，提出了生涯规划教育的体系。

丰富的心理"晚宴"后，学习劲头超强的部分老师涌进了厦门"心动力"的罗家永老师的房间，心理小游戏让大家玩得不亦乐乎。

这一夜，多少"心理"人无眠！

四、团体辅导多样创新　青春教育相伴成长

7月27日，新的一天开始了，新的学习历程也开始了！

上海七宝中学鞠瑞利《团体心理辅导的创新与实务》。温文尔雅的鞠瑞利老师，以一个个哲理小故事，开启了大家对自身专业成长的思考。

对于当下心理健康教育的团体辅导，鞠老师提出了自己的看法，那就是创新形式，拓展深度。在阐述了八大类团体辅导游戏形式之后，他提出，利用哲理故事进行团体心理辅导，也是个不错的选择。蝙蝠、猫头鹰、螃蟹学艺的故事，苹果树的故事，一生只画圆点的日本画家的故事……深刻的哲理，发人深思。

鞠老师提示在座老师思考三个问题：我擅长什么？我喜欢什么？世界需要我做什么？

关于趣味心理测试辅导，鞠老师给大家介绍了几个生动有趣的心理经典小案例：大卫的幻觉，左右脑冲突，旋转的舞女，恶棍还是少女，哪句话是你最能共鸣的……

房树人绘画技术、沙盘技术，鞠老师在心理健康工作中游刃有余地使用。

当下，新鲜的演讲视频展，脑筋急转弯小试题、创新推理故事……这些都可以成为团体辅导形式与内容创新的材料。鞠老师在与老师们的互动中特别提醒大家，平时要注意收集各类有趣的素材。所有这些，都为参会老师们今后的心理工作提供了有益的借鉴。

厦门金尚中学李远老师《青春期性教育》。亲切稳重的李远老师，做《青春期性教育的实施》专题讲座。她指出，当下青春期教育存在三大问题、青春期性教育的至关重要。李老师从生理发育与保健、性态度、性心理、性道德、性安全、性法律、青春期恋爱与性七个方面，结合现实案例，详细讲解了性教育的内容。从艳照门事件引入青春期性教育，国外性教育内容，小学中高年级性教育课程，初中性咨询案例，初中阶段性教育主题……李老师娓娓道来。

四个小时的讲座，满满的课程，满满的收获！

五、团体辅导促进人际沟通　提升动能幸福随行

山东实验中学温学琦《提升动能幸福随行》。下午，老师们首先听了一场别样的

讲座：形式别样——整个讲座激情四溢，两小时的讲座全凭个人的语言感染力；内容别样——深入浅出，提升动能，幸福随行。来自山东实验中学的温学琦老师的主题讲座《提升动能，幸福随行》将参会老师们带入了一个正能量满满的气场，妙语连珠，丰富的身体语言，有趣的手指操，不时迸发的掌声……无不彰显了温老师强大的个人魅力！

温州林甲针《心理辅导技术与人际沟通》。下午第二场，由温州苍南教科所的林甲针老师主讲，他以现场绘画"雨中的我"开启了主题讲座《心理辅导技术与人际沟通》。十巧手指操让现场老师们放松了双手和心情。林老师的讲座很接地气，夫妻关系小故事，情绪凹槽理论，同理心……一个个贴近生活的事例让大家明白了深刻的道理。

下午第三场，李昌林老师让大家得到半小时的绘本分享，《花婆婆》《和爸爸一起读书》……一个个温暖的绘本故事，在美好的音乐旋律里，在李老师温暖的声音中，感染了全场的老师。

六、主题演讲精彩纷呈　HAPPY 晚会模式启动

尤迎九老师带领大家一起玩《体验式团体心理辅导》，温睿老师与您相约一起分享《心理健康教育模式的探索》，邱振良谈心灵慢慢强大起来的 N 个理由，刘运来让大家分享自己独特的心灵探索，胡建军老师让大家分享自己的心灵之路，唐恩厚给大家谈纠结激动的潜伏心灵密码。

快乐晚会开始啦！

大家把自己家乡的特产，花生、甜品、牦牛肉、板鸭、酥油饼等拿出来，摆上桌；我们准备好啤酒、可乐、雪碧、蛋糕还有很多的水果，大家一起分享。但中群老师跳起了贵州民族舞蹈，刘浩老师练起了五禽戏，胡锦程小朋友弹起吉他，昌林大哥和我们一起跳起了手语操《我真的很不错》。五湖四海，欢乐的海洋！

七、从心开始　自主增能

台湾余宗晋老师《自主增能课程概论》。7 月 28 日上午，伴随着余宗晋老师亲切的话语，开启了我们今天的心理盛宴！余老师从困境、省思、策略、实施、瓶颈、突破等方面和我们分享了《自主增能课程概论》。

余老师抛出一个个教学、生活中的实际问题，唤起了在场无数老师的共鸣；让我们深切感受到困难、问题并不是某一个人的；让我们明白，在困境中，没有条件就创造条件，逐步扩大辅导的效果；让全职或兼职心理教师看到了希望和努力的方向！

困境、反思、重新落实……余老师用一个个实例和具体的操作，引导我们不断地反思，重新定义当下的问题和课程内涵，倾听自我内心真正的想法，从学生、教师、

行政等方面帮助孩子思考探索，发展能力，创造自我，实现梦想！

最后，余老师很贴心地和我们谈了加强学校辅导的建议：抓根本，握资源，考虑问题系统化，落实具体化。

在轻松愉快的氛围中，我们聆听着余老师四个小时的讲演，满满的收获和感动。"不怕慢，只怕停"，只要我们在前行的道路上不断坚持着、努力着、探索着，一定可以走得更远、更好！

八、生命的盛宴，积极心理与人生

温州中学刘鹏志老师《生命教育操作实务》。下午第一场，《生命教育操作实务》由温州刘鹏志老师主讲。"生命年轮"的绘画，让老师们再次回顾自己的生命成长历程，再次认识了自己，重拾信念，继续前行！然后结合一个个的短片，和老师们分享了抑郁、死亡、哀伤等生命课程，简单明了、发人深省，让在场的老师受益匪浅！

阜阳城郊中学白群峰《积极心理学与班级管理》。第二场是阜阳白群峰老师主讲的《积极心理学与班级管理》。给班级取幸福诗意的名字，给学生开"生日会"，让学生记录"幸福日志"……刚听起来有点不可思议，惊讶于白老师和学生打得如此火热，但转念之间，便为白老师对学生的尊重、大爱折服！幸福是一种选择，白老师用他的选择和成功的实践，为我们树立了榜样！积极思维，积极做事，相信每一个学生都是一个生命传奇，引导学生相信自己，做一个不一样的自己……白老师讲演为老师们在管理班级中提供了新的思路和方向。

合肥二十九中管以东《新生入学适应教育》。随着一曲轻快的音乐响起，全场老师在管以东老师的带领下，愉快而幸福地挥舞着双手，走进了管老师激情洋溢的分享中……以"希望""温暖"为理念，以"规则"为约束，从生活、学习、人际、自我意识适应几个方面开展新生入学适应性团体辅导。在管老师的带领下，老师们"微笑握手"，幸福地体验着、感悟着……从理念、指导语、操作……一步步诠释着团体辅导的意与行！

接下来是十大精品心理健康课堂教学设计的分享时光。梁老师、邱老师、刘老师等老师让大家分享他们异常精彩的课堂设计。每一位老师激情洋溢，自信满满地为大家诠释理念，阐述流程，点点滴滴都是精华呀，让听讲的老师们真真切切地明白怎么操作，真的是学有所获，学有所用！

时间过得太快，三天的心理盛宴圆满结束了。三天思想和心灵的碰触与交流，让我们收获了知识，收获了友谊，收获了感动……感恩所有参会老师和工作者！

盛夏的果实

全国第二届中小学团体心理辅导主题论坛

7月26日—28日 合肥庐州八号酒店　　中国团体心理辅导QQ群 129868992

日 期	时 间	内 容
7月26日	8:30-10:00 10:00-11:30	1、"真情对对碰"自我介绍(所有参会老师形象展示） 2、年度心理健康教育先进集体颁奖 3、安徽师范大学心理学教授姚本先：心理健康教育未来之路 学校心育委执行理事长　　陈虹教授 主题报告：教师积极语言happy模式与学生健康成长
	13:30-15:00 15:00-17:30	1、江阴二中　李昌林老师：生命教育与青春健康 2、厦门心动力　罗家永老师：团体心理大拓展游戏体验
	18:30-19:30 19:30—22:00	1、淮南德育科　李韦遵老师：心理老师的专业化成长之路 2、温州中学　刘鹏志老师：生命教育操作实务
7月27日	8:00-10:00 10:00-12:00	1、上海七宝中学　鞠瑞利老师：团体辅导形式和内容创新 2、厦门金尚中学　李远老师：青春期性教育的实施
	13:30-15:30 15:30-17:30	1、山东实验中学　温学琦老师：提升动能，幸福随行 2、苍南教科所　林甲针老师：心理辅导技术与人际沟通
	18:30-22:00	1、"心的方向"主题演讲 主题一：我与心理学的不解之缘（5-10分钟，脱稿，可PPT） 主题二：心理健康教育未来之路（10-20分钟，脱稿，PPT） 2、联欢：家乡特产分享，节目表演，自我成长风采展示
7月28日	8:00-12:00	台湾苗栗县立苑里高中 余宗晋老师：自主增能课程概论
	13:00-14:00 14:00-15:00 15:00-17:00	1、合肥八中　李妮老师：高中生涯规划探索 2、合肥二十九中　管以东老师：新生入学适应团体辅导 3、十大精品心理健康课堂教学设计分享论坛

七、班主任心理教育工作

班主任与家长有效积极沟通

3月7日，班主任例会主题分享：《班主任与家长有效积极沟通》。徐中山老师谈改变"报忧不报喜"的沟通方式，杜宗恒老师提出积极开展家访、积极应对家长的合理要求。管以东老师提出，与家长沟通的出发点要从责备变为关爱，让每个孩子都能在班级中找到自己的价值，抬起头来做人。每个班主任都要清晰了解学生的亮点。班主任与家长积极有效沟通，让良好家风为孩子健康成长奠基。张成校长让大家分享金辉同学内心积极成长的过程，指出班主任与家长的亲密关系对孩子健康成长的重要性。王迪老师让大家分享周末危机干预会议的做法和成效，提出，针对行为问题学生我们要做到冷静，取非评价态度，接纳认可，避免矛盾激化、情绪对抗。教育学生学会求助、自我接纳并做到自立自强。

2016-03-07

以关心促收心　迎接新学期

新学期即将到来之际，合肥二十九中积极准备，利用多项举措关心学生，促进学生尽早收心进入开学准备状态。

　　学校通过网络 QQ 群和微信群发送开学提示和问候，让家长督促孩子完成寒假作业，指导家长积极营造良好的家庭氛围，促进学生以积极的心态迎接开学。家长可以通过微信群接受政教处发放的微信"开学收心五大心法"：家庭模拟开学节奏、多聊学校话题、宣泄不良情绪、制订家庭计划、进入缓冲阶段。

　　召开新学期班主任开学工作经验分享会。年级组组长徐中山老师和陈锋老师针对开学工作心理适应问题，提出学生收心关键是老师的收心。召开新年分享会，制订新学期目标计划，关注学生的心理需要。关爱留守儿童等特殊学生，调查摸底独居的孩子，与父母和监护人取得联系。保卫科凌圣高科长就新学期的安全教育做了发言，他提出，要从交通、食品以及心理等方面综合指导。

　　开展《开学第一课》主题讨论会。会上，班主任贾秀英老师让大家分享了自己的主题班会课。首先，发挥家长的引导作用，让学生谈论自己的寒假见闻，告别寒假，然后安排学生代表表达自己对新学期的期待，针对自身情况制订个人计划和班级计划。

　　学校还将通过开学典礼、第一次升旗仪式，通过家庭、学校等全方位的力量为学生进入新学期营造良好的氛围。未雨绸缪，二十九中以关心促收心积极迎接新的学期。

2016-02-17

温暖、感动　2015 班主任工作总结会

　　元月 13 日，期末班主任总结会如期召开。从开学典礼到家长论坛，从社会团招募到主持人大赛，从最美教室评选到书香班级竞选，从升旗仪式到主题例会，从家长会到元旦联欢，一幕幕精彩的令人感动的场景浮现于我们的脑海中。管以东主任向大家反馈了本学期"家委会"对各班的意见、对班主任的评价。根据本学期的轮流值日检查、活动参与和获奖情况综合评出文明班级。他提出，要发挥"家委会"作用，抓好寒假教育契机。他还针对期末考试，要求班主任写好评语，激励学生，让家长和学生有信心、有动力。三位年级组长汇报了本年级组工作。武涛老师总结指出，七年级的良好行为习惯源于良好班级氛围的营造；徐中山老师面对八年级分化的挑战，做到了目标明确，展现了班主任的精神状态。陈锋老师代表年级组感谢小伙伴的支持，特别表扬了聂和彬和李园园两位老师爱生的精神，要求大家齐心协力，让每一个学生和家长有希望、有尊严。占明忠副校长对于大家一年的努力和有成效工作给予充分肯定，希望大家努力做好各项工作，以饱满的激情迎接新的一年。管以东主任带领大家分享了学生在感动人物评选中给予班主任老师的精彩评语，这是献给老师们最好的新年礼物。

2016-01-13

改变，不是一个人行动，而是一群人行动

占明忠副校长和武涛主任让大家分享了在东北师大和南京师大的学习经历，使大家受益匪浅。

首先是认识团队的力量：

一、要做一个有信仰的团队。"没有信仰的团队是缺少目标的散兵游勇"。没有一个明确统一的信仰，后面的步骤便全部成了空想。

二、珍惜团队荣誉。不论你有多么成功，请首先将你所有的收获与荣耀归功于你的团队。如此，你会收获更多；反之，可能就成了孤家寡人。

三、相信团队的力量，给自己所属的团队以信任。信任是相互的，而不是单方面的。当团队伸出友谊之手主动帮助你渡过难关，但是，关键的时候你却不信任团队，怀疑团队的实力，那么，最终团队也不会完成任务。团队的核心凝聚力也不会得到一次次的提升。俗话说，天助自助者。首先要学会自己帮助自己，充满自信和热情，相信自己行。做，才能知道行与不行；不做，只有一种答案，那就是不行。

四、在团队中要各显其能，优势互补，分工合作，而不是各自为政，相互孤立。当团队要超越一个目标时，我们需要的不是狮子一样的英雄，而是像狼一样的团队。

其次问自己：

1. 自己是不是一个能认识原则的人；
2. 自己是不是一个有原则的人；
3. 自己是不是一个坚守原则的人；
4. 自己是不是一个能处理好原则的人。

结论：如果某一天在原则面前，你已经不愿为了捍卫原则而"得罪他人"，或为此感到心里纠结，请放过自己。因为不放过自己的话：前者会造成管理效率低下，影响单位政策的执行力，对单位不好，终究会伤害到自己；后者会造成心理压力，久而久之会有心理疾病的危险，从而严重影响个人的工作生活状态，对个人发展百害而无一利。所以要学会认识自己，更要学会放过自己。

专家型教师的角色定位：

1. 学生智慧的生成者——把握教学目标的能力；
2. 学生学习的引导者——引导学生学习的能力；
3. 人际关系的调节者——进行心理沟通的能力；
4. 心理发展的促进者——理解心理发展的能力；
5. 心理健康的维护者——应对心理问题的能力。

2015-12-24

闭锁与内向是孩子成长路上的绊脚石

我们曾经都是孩子，我们每天和孩子相处。每一个孩子都有着自身被认可和发现的渴望，一句赞美赏识，一个温暖、鼓励的目光，往往会给他（她）的成长带来无穷的力量。

本期主题例会，主要探讨学生的内向与闭锁心理。王迪老师提出自己的观点：关爱与认可，让每一个学生感觉在班级里自己有用、有价值，能帮助学生获得内心的强大。叶文林老师针对家长不问青红皂白对孩子谩骂和否定的行为提出批评性意见，要求家长及时纠正，学会如何安慰和关爱。陈锋老师提，有的居然把打孩子说成是让孩子锻炼身体。有的家长把生活的压力转移到学生身上，提醒大家，班级管理需要发现更需要鼓励，不要盯着学生的缺点，遇事要冷处理。

2015-12-14

家长会不是一阵风

　　本周例会的主题是讨论家长会后我们的反思。陈丹老师提出需要帮助家长分析绝对分数和相对分数，抓好起始年级的行为习惯养成。徐中山强调，家长会后，我们要继续做好与家长的沟通和交流，不要让家长会成为一阵风。聂和彬老师与大家分享了华师大席居哲教授的心理学讲座，提出，学生在校出现问题往往是家庭生态系统出了问题的表征。他认为教育的三大任务是：择优而教，学困生进步，让所有孩子健康幸福；差生和中等生搭档；未来教育发展趋势是个性教育，共性由平台来完成。杜宗恒老师也对如何开好初三学生的家长会提出自己的见解，要给不同的学生家长制订不同的目标。占明忠副校长用一个农民家长参加家长会的事例指导大家：家长需要引导明晰自己的责任，教育孩子最重要的是心理上陪伴，给孩子一个合适的目标，一起守护着花开。

2015-11-30

谈如何开好家长会

　　11 月 23 日上午，合肥二十九中班主任例会讨论的主题是如何开好家长会。娄蓉老师提出，要充分利用家长会以增强彼此的沟通，要把家长会开成教育成果展示会和家工与班主任交心会。展示学生的成果，不仅仅是成绩，还要展示学生的在校劳动、品德、体育、艺术等综合成果，展示我们科任老师优秀的老师团队的精神风采，增强家长对老师的信任、对学校的信心。通过课堂展现学生、诵读、歌唱、书法、绘画、作业等方面的特长。能否展示家长的风采，取决于你对家长的了解程度。让家长走上课堂现身说法，胜于言传。贾秀英老师指出，要安排好家长会上的很多具体的细节，比如黑板上的温馨提示语、一封给爸妈的信。要把家长会开成交心会，让老师和家长的心靠得更近，让家长和孩子的心、让老师和孩子的心靠得更近。心靠近了，一切问题会迎刃而解。管以东老师提出，家长会应停止埋怨，为彼此肯定、积极暗示，找方法、看亮点，给学生和家长打气。

2015-11-24

期中考试后面对面

期中考试后面对面班主任例会，谈信心与归属感，我们一起直面问题，我们一起给自己、同行、家长和学生点赞。

一个人的成长就是尊严感和归属感的慢慢成长、被认可和被肯定的过程。作为班主任和老师首先要有强烈的自我归属感和认同感，只有这样，家长和学生才会对你有认同感。一个班主任只有对自己有信心，家长和学生才会对自己有信心，你都看不起自己，谁会看得起你。其次，要为同行的科任老师、家长、学生树立信心，敢为同行科任老师点赞，还要看得起学生和家长，看得见他们的可取之处，给别人以信心。期中考试后面对面：

王道付老师提出，考试后，对成绩好的讲提高，对成绩差的讲方法。要联合科任老师和家长齐心协力面对问题，班主任要利用家长会的平台亮出科任教师，亮出学生的成长。孙晓华老师提出，班主任和家长要克服逆反情绪，家长会上要让更多的学生和家长发言，并给予他们具体指导。董婷婷老师指出，对不同的学生要用不同的指导方法，对进步的学生指导他们保持冷静思考，对努力而没取得进步的学生指导他们学习的方法，对不努力的学生应看到他们背后的心理原因。管以东老师提出：首先，要安抚学生情绪，不要听之任之，对期中考试后的受挫心理，教师要分类指导。其次。要加以重视不要推卸责任。班主任要联合大家重视学生的成长，各负其责。再次，家长会上我们要谈进步和成长，让家长感受到尊严和归属感。不抛弃不放弃，坚持到底就是胜利。我们要输得起。人生是一场马拉松长跑，一公里处出现了问题，要什么紧？态度决定一切，问题并不可怕，可怕是对待问题的态度。我们要关注当下，直面问题，谋划对策。

全校升旗仪式上，七（1）班王浩同学说出了"胜败乃兵家之常事"。他说，考试失败未尝不是好事，塞翁失马焉知非福，期中考试不是人生全部，不是一个句号，而是一个新的开始，胜不骄败不馁，携手一起努力！

2015－11－16

班主任是权威、信任和希望

　　李莲老师在本次例会上的发言观点鲜明，充满着爱和温暖。她指出，很多家长在教育孩子的过程中有想法无方法，有爱心无耐心。她强调，作为班主任一定要给孩子信任和安全感，他们为什么很多话不愿意对你说，就是因为对你不信任；他们之所以会做出违反纪律的事情，可能因为缺少你对他的重视。她举了一个孩子被家长捆绑的例子，告诉大家，一个缺少关爱的孩子，长大后就无法懂得关爱周围的人和社会，所以父母的爱可能无法后天学习。李老师深情表达，师生一场是缘分，老师要给他们带来希望。

2015-11-03

我们为什么而学习？

　　陈锋老师旗帜鲜明地指出，学习是为了有更好、更优雅的生活，为了见识世面，为了让自己更有尊严。肯学习的人是丰富的有着精彩精神世界的人，学习的人能够视野宽阔，能知不足，为人处世谦逊，意志坚强。学习的人在很多人的精神世界里旅游、汲取能量；学习的人善于自我控制，哪些可为，知哪些不可为。一味地追求享乐，最终会成为欲望的奴隶；一味地学习，是苦行僧的生活。如能在学习与生活中寻求一种平衡，那么学习也会是享受。生活处处是学问。汲取人间正能量，让生活每一天都看到希望和精彩，精彩是现在，不是遥不可及的将来。学生代表李洁玉发表了"话说学习"主题讲话，强调勤奋好学、持之以恒，用知识武装头脑，让真理成为自己的主宰。爱因斯坦说：千万不要把学习当成一个任务，而应该看成一个令人羡慕的机会。

2015-10-12

信心、分担、做好一件事

陈丹老师在第一次家长会上告诉家长；我们有最棒的老师团队，我们能给你的孩子带来希望、精彩。徐中山老师指出，让学生从一件小事做起，班级卫生，洒扫庭除，内外整洁，然后宁静学习。杜宗恒老师与大家分享自主管理，主张让每一个学生都有担当，把全班每个学生的积极性调动起来。不管怎样，都要爱学生，你爱她们，他们才能听你的课。班主任不要凡事自己做主，而是分摊给班干部，让学生们都动起来。管理的真谛就是有效、分担，从做好一件事情开始。

2015-09-21

点赞班主任可以把女生的生理例假记录在册

在新一周的班主任例会上，聂老师提出，班级管理要建章立制，要不断创新，要把班主任解放出来，让学生自主管理。最值得大家敬佩的是，他能关注到女生的生理周期，让很多想偷懒不参加运动的学生很难找到借口。针对学生直呼老师姓名现象，校长指出，这是对老师情商的一种挑战，切忌为了一己私愤粗暴对待学生，应关注学生内心深处的实际需要。副校长指出，学生敬畏之心的培养需要老师的智慧，不仅要有爱有情，学生还要了解孩子心理症结，关注、关心学生。新班主任娄蓉老师充分开拓家长资源，让优秀家长走上课堂；副班主任葛亮老师让迟到学生写反思，值得点赞。

班级管理工作实行交流会诊、周例会制度。

个人的智慧是草尖上露珠，集体的智慧才是长河流水。9月7日上午，二十九中班主任工作周例会制度正式实施。让班主任担任主讲嘉宾，每周由三位班主任主讲，让大家分享自己这一阶段工作体会。就开学初的班级管理工作，七年级武涛老师提出，要让学生自主管理，发挥班干部的主动性、积极性，班主任扮演好"甩手掌柜"角色。孙晓华老师提出，班主任要保护学生的隐私。董婷婷老师提出，让学生轮流值日，让教室充满生机和活力。针对各班开学以来存在的学生思想动态和班级情况，大家展开了"七嘴八舌"的讨论。班主任们就学生作业拖拉、学生课堂不专心等问题进行讨论。交流"会诊"、并给出建设性建议。

秋季开学伊始，学校正式落实班级轮流值日制度。周一的升旗仪式上，让学生负责主持升旗讲话。让学生参与全校的卫生、纪律、学习等方面的检查。这些做法充分调动了学生自主管理的主动性，激发了全员参与学校管理的热情。

2015-09-14

八、心育感悟实录

二十九中阳光心理社团推介会师生展示详案

童声歌唱30秒拉开帷幕：从小盼着快长大，长大离开家，告别爸爸和妈妈独自闯天涯……（音乐1）

同学A：百恼汇（PPT 喜、怒、哀、乐各种表情）（音乐2）

日子在匆匆中溜走，年岁在匆匆中增长，青春正匆匆地向我们走来……成长是一种令人喜悦与振奋的事，它不仅代表着生命的融通与提升，同时也是人生另一种诠释与蜕变。于是，花季走来，雨季走来，我们心中的烦恼也随之而来。这烦恼也许来自家庭、来自社会、来自生活，也许来自学习，也许来自与同学的交往，也许来自与父母的相处，也许来自家庭的不幸和贫困，也许因为我来自遥远的农村……有了烦恼，忧郁、感伤就会笼罩在我们的心头，生活也会失去光彩。但是烦恼来了不要怕，与老师说说，与朋友谈谈，与父母聊聊，就会让烦恼尽快地化解。那么从现在开始，把你遇到的烦恼坦诚地向朋友讲一讲吧，让我们一起来清理烦恼，排除烦恼，带着多彩的梦走向美好的未来。

同学B：阳光心理魔法书道具：魔法书（PPT 大海、航船）（音乐3）

现在摆在我面前的是一本阳光心理魔法书，请跟随着我一起打开它，享受阳光雨露的滋润。

一沙一世界，一花一天堂。作为芸芸众生中的我们，总有看不开、放不下的时候，那么可以允许自己小小的忧伤，你可以哭泣，你也可以找人倾诉，但是记住时间不会因为某个人而改变，所以你不可以难过太久，生活在继续，你也需要去寻找重新快乐起来的理由。如果你还在难过，你还在悲伤，你在生气，你在愤怒，你还在孤单、委屈和郁闷中，哪怕遇到了恐惧，请您写下来放进阳光信箱，告诉你的亲人、老师、同学、朋友。学会求助，本就是一种智慧！打开心窗，让生活洒满阳光！

同学C：心愿墙（PPT 红日初升小树动画）（音乐4）

大家好！在我的身边，是由我们包河区二十九中1600名同学共同制作的一面心形墙。一张小小的心愿卡，上面写满了同学们对明天、对未来的一个个心愿。心愿是树，在我们的心灵深处悄悄成长；心愿是灯，在黑暗中指引我们前进的方向；心愿是火，温暖你温暖我，给我们无穷的力量！

因为心中有爱，眼中有情，志存高远，我们可以披星戴月、风雨兼程，让天地更宽，世界更大，成就一片大好年华！

有梦想的人，谁都了不起！同学们，老师们！那么，就让我们怀揣着自己对明天的美好心愿，一同前行，一同努力吧！

同学 D：接力爱（PPT 双手呵护红心）（音乐5）

两岁的小悦悦走了，在她还不懂得什么叫人世冷暖的年纪。两次被车碾压，18 个路人无人相救，面对一条鲜活的生命，竟是如此的漠视，让人心寒不已。愿天堂上不再有车来车往，也不会再有人性的冷漠与麻木。

拒绝冷漠，传递温暖。让我们拥有一颗乐于助人的心，一双搀扶他人的双手，让这路上再没有摔倒的弱者，没有冷漠奔走的路人。让我们一起呼唤爱的力量，牵起你我的双手，让真情涌动起来，让生活洒满阳光。

教师：（PPT 延伸的路）4 位学生并列和教师站在一起

假如我能使一颗心免于破碎，
我便没有白活一场。
假如我能消除一个人的痛苦，
或者平息一个人的悲伤，
或者帮助一只昏迷的知更鸟重新回到它的巢中，
我便没有虚度此生。
为了母亲的微笑，为了大地的丰收，
阳光心理社团的每一位同学都在唱响着"同在蓝天下，共同成长进步"。

在阳光心理社团这个充满阳光的世界里，民工子女健康成长着，他们融入城市的发展。他们将一路上收获光亮，他们将让这个世界更加阳光。

合：我们一直在努力……我们永远在路上……

2011-12-14

写给中国心理健康教师龙年的祝福

龙年，我们腾飞吧——和所有从事心理健康事业的同仁共勉同庆
各位同仁老师：
在这辞旧迎新之际，在这满怀着憧憬和希望的时刻，向所有辛勤耕耘在心理健康

教育战线上的老师们致敬问候！

提前恭贺新年快乐！

有一种爱，他深情地凝望，穿越时空；

有一种情，她执着追求，大爱无言。

可以在高山之巅呼唤，可以在天涯海角呐喊。

你尽管不动声色，笑傲江湖；

你尽可百舸争流，叱咤神州。

唯有我！

唯有我们可以深情地呼唤你！

唯有我们可以大声地歌颂你！

我的事业！

心理健康教育！

我们的事业！一生不变的追求！

她如同冬日的暖阳照耀着波光粼粼的你；

偎依在她如此博大宽广的怀抱里；

让人兴奋不已、憧憬不已。

沐浴着她的圣洁清澈的光辉，

怎能不让人无限感激、满心欢喜。

是她激起我生命的浪花奔向宽阔的海洋；

是她激荡我心头的烈火投身沸腾的事业；

在她的港湾里我看到了生命是如此的灿烂；

在她的怀抱里我们感受到生活是如此的多彩；

是她深情的目光伴随着我脚步更加坚定；

是她期待的眼神让我勇攀事业的高峰；

虎踞龙盘今胜昔，天翻地覆慨而慷。

龙年的心理健康教育事业，你一定更精彩！

龙年的中国心理健康教育，你必将更加绚烂！

让我们拿出龙马精神；

让我们龙腾虎跃、龙飞凤舞；

一起用我们的青春、汗水，用我们的智慧和才华，

共同描绘心理健康教育明天更加夺目璀璨的画卷，

谱写心的事业更加美妙动人的乐章。

腾飞吧，巨龙！

腾飞吧，中国心理健康教育！

腾飞吧，中国！

龙年！我们一起为心的事业加油！

2011-12-31

教育需要冲动的情怀

　　偶然在网上看到一位好友转发的文章《请别奢望我会把所有的时间都给了学校给了学生》，我的内心深处震惊了一下。是的，我们很多时候忙碌着奔波着处理杂事，丢失了很多浪漫的情怀，以至把教书育人本来很高尚的事业当成一种差事应付。

　　教育需要冲动的情怀，而这种情怀就像久别的老友一样，和孩子们之间有一种依恋。上课铃响后，老师们迫不及待地走上课堂，精心设计自己的课堂，和孩子们一起感受文学的浪漫，感受数学的严谨，感受物理的深奥，感受历史的悠久，感受浩瀚宇宙的无限，感受风土人情的世间美好。

　　是的，每次都急不可待想赶紧走上课堂，赶紧地看到他们期待的目光。

　　也许是调皮捣蛋的，也许是散漫无忌的，也许是漠然置之的，也许是……

　　但是我相信只要你有冲动的教育情怀，没有任何一块拒绝融化的冰！

　　尽情地投入进来吧，让课堂生动！尽情地投入进来吧，让生活生动！因为每一天每一时每一刻都是精彩的演绎！

　　孩子眼中的世界因为你的世界而变得宽广无垠，孩子眼中的世界会因为你的世界而精彩纷呈，孩子未来的前景会因为你而锦绣如画。

　　尽情挥洒属于我们自己的两种最宝贵的液体，汗水和泪水！

　　汗水中有我们奋斗的足迹，有我们激情燃烧的岁月！

　　泪水中有感动、有感激，如同一颗颗珍珠和钻石洒满我们人生旅程的每一处！让我们所到之处光芒四射！

2013-12-16

给输不起的家长几点忠告

　　越来越多的家长反映，我都不让孩子做任何事情，在家里我就让他一门心思搞学习，怎么就是搞不好，我对孩子要求越多，孩子越反感。

是的，世风日下，孩子学习是为父母学，孩子成了父母实现自我的筹码！

输不起的不是孩子，而是我们父母自己！

很多父母说当年我们读书时，想上，由于家庭条件的原因不能上学，而今天变成了我们求孩子上学。

由此想到前几天在报纸上看到这样一段话：教育是生态农业，不是现代化工业。对教育，我们要宽、柔、养、育，而不是倾力打造。

教育首先是育心。良好的心态就是对未知世界探索的热情，对亲人老师的尊敬和对友人的关心爱护。家长也要有好奇心面对未知的世界，和孩子一起探索！我们对待周围世界的态度就是对孩子最好的模范榜样教育。

教育要有良好的关系。你能成为孩子的好朋友吗？你要放下身段，与他一起欣喜发现，你要放下身段以他为中心，你要关注他的心理需要，你和他一起玩一起疯，一起做游戏。往往我们总是只关注孩子的学习，往往和孩子形成对立关系，总是以监管的家长身份与孩子交流，孩子就会对你敬而远之。

教育不仅要柔，教育更要软。软就是退一步海阔天空，你也有未知的世界，即使你知道的也可以与孩子一起再学习，不要试图家务活你全干，不要在孩子面前老是扮演强人，孩子也是我们很好的帮助者。他们可以在帮助我们，减轻我们的负担的同时，树立自信。

教育就是要找到自己。家长其实就是一路陪伴，一路发现，一路搭建舞台给孩子唱戏，最终孩子在无数个体验中找到自己。我们要有足够的耐心，我们要有信心相信自己的孩子，我们更要有豁达的心，让孩子经历无限精彩。让孩子潇洒尽情遨游，展翅高飞！

2013-12-16

管老师戒除网瘾励志演讲稿

"拒绝网吧健康成长"主题演讲稿

亲爱的同学们！今天管老师和大家一起来讨论一个话题，关于网吧、网瘾、健康成长的话题。

在人类发展的历史长河中，没有哪一项科学技术能像网络一样渗透到我们生活的每一个角落，我们可以在网络中查找丰富的资料，学习广博的知识，得到快捷的信息。

网络是一个聚宝盆，也是一个垃圾桶，色情、暴力等内容也充斥网络空间。新闻屡屡可见中学生上网成瘾荒废学业、因接受不良信息而导致暴力色情犯罪等事件，甚至有中学生因疲劳上网而猝死网吧。现在，网络成瘾已成为中学生健康成长的绊脚石。

在我们同学之中有一群"夜猫"。他们打招呼经常会问：今天包夜了吗？明天包夜去不？在他们的生活中，上网是他们的唯一爱好。

面对网络这一"没有政府，没有警察，没有军队，没有等级，没有贵贱，没有歧视"的"世外桃源"，大家在网上海阔凭鱼跃，天高任鸟飞，逍遥自在，风光无限。在网上想说什么，就说什么，不顾任何后果，不少中学生将网络当作发泄自己不满的窗口，肆意谩骂，什么不文明的话都敢说。从一开始有的同学因为好奇，到网吧里看个究竟，有的同学因为其他同学的怂恿，到后来踏进网吧的大门。一次，两次，五次，十次，一发不可收拾，到后来上网成瘾，一有空就混进网吧。有的同学因为考试没有考好到网吧里放松发泄，还有一些同学吹嘘攀比以此为荣，甚至成群结队玩网络游戏，大家在一起打打杀杀或互相帮助、互相炫耀，从此滑入泥潭，从此不学无术，失去了斗志。网吧吞噬我们的身体健康，摧毁我们的精神意志，让我们对前途失去信心和勇气。

2004 年 3 月，一个浓雾迷漫的清晨，两个重庆中学生，晃晃悠悠地走出网吧，他们已经连续玩了两个通宵的游戏，过度的疲劳让他们趴在铁轨上，倒头便睡着，3 个小时后，一列火车飞驰而过，两个鲜活的生命瞬间夭折。河南的一位少年，连续 3 天 3 夜上网打游戏，导致双目失明。有一个迷恋网络的中学生，因被家长阻止上网，竟打骂父母，并扬言要自杀。天津一名 13 岁的花季少年张潇艺在网吧连续上网 36 个小时后，幻觉让他模仿游戏中的英雄从 24 层高楼顶部跳楼自杀身亡。张潇艺在生前至少一年的时间内一直是《魔兽争霸》的消费者。《魔兽争霸》是世界知名的游戏软件开发公司——美国暴雪娱乐有限公司开发，并由神州奥美网络有限公司引进，在中国境内销售的电子游戏。这款系列游戏因为含有血腥、暴力内容被美国软件评级委员会评定为"T"级，这就是说这种游戏是未成年人不能使用的。而经销商在中国境内销售、经营《魔兽争霸》产品，没有以适当的方式揭示其产品的内容信息，没有如实披露其对未成年人的有害性，消费者无法充分了解该软件的潜在危害。而商家为了达到赚钱的目的，放纵、支持未成年人玩，最后的结果可想而知。网络上有低级趣味的网络游戏，还有色情和暴力等不健康的内容，而这些又往往成为青少年沾染网瘾的重要因素。学生因此沉迷网络，导致身心受伤和违法犯罪的例子可谓不胜枚举。北京 17 岁的少年吴治（化名）沉迷于电脑游戏，无法自拔，第一次在网吧接触了电脑游戏后就不可收拾，从自己省钱发展到主动要钱，最后就是偷钱，就在他想打游戏，奶奶没有答应给钱时，残忍地将奶奶杀害。16 岁的少年胡某在网吧里玩一种用刀捅人的暴力游戏时，由于技术欠佳，受到另一人的冷嘲热讽。在网络上"杀"红了眼的胡某当即火冒三丈，抽出大半尺长的防身刀具，捅向受害人的胸口，导致受害人当场死亡。网瘾会让人沉醉于虚拟世界当中，迷失了自我。一个网瘾少年，因上网受到母亲的责骂，竟将含辛茹苦养育自己十几年的母亲活活打死。当警察找到他的时候，他还在若无其事地上网打游戏。警察问他为什么敢打死自己的母亲时，他的回答让我们吃惊。他说："我把她当成了游戏中的对手。"而他却不知道，他的母亲永远也不会像游戏中的对手那样再站起来了。

一颗颗纯洁的心就这样被吞噬，一个个年轻的生命就这样被扼杀。同学们，这些信息难道还不能让你们警醒吗？血的事实，让越来越多的人认识到，网吧也是一柄双刃剑，一半是火焰，一半是海水；它可以把我们带上天堂，也可以将我们拖入地狱。如果说网络是知识的海洋，是人类进步的阶梯，那么对我们青少年来说，网吧就像是海洋中的暗礁，阶梯上的断痕，随时随地都可能将你拖入网络游戏，令你沉迷其中，逃学旷课，有书不读、有学不上，最终荒废青春，迷失人生。

大家看一看吧！良莠不齐、龙蛇混杂的网吧人群，嘈杂喧闹、烟雾缭绕的上网环境，鱼目混珠、真假莫辨的网络信息，还有利欲熏心、唯利是图的黑网吧老板，所有这些，都决定了网吧不是我们中小学生学习知识的象牙塔，而更像是一座张着血盆大口的鬼门关。

试问：当你痴迷于火热的网络游戏的时候，你可曾想到焦急的父母正在等待你回家的消息？当你陶醉于刀光剑影的时候，你可曾想到辛勤的老师为你耕耘的身影？当你与新识的网友高谈阔论的时候，你可曾想到同学间真挚的话语才是真正的友情？同学们，快从虚幻的世界中解脱出来吧，一样最宝贵的东西——时间，正从你点击鼠标、轻敲键盘的手指间悄悄溜走，无法挽回。同学们，一个人的青春能有几回？莫待白了少年头，空悲切。

亲爱的同学们！人不能没有良心啊！妈妈的身体不好还在坚持工作补贴家用，爸爸的身体有病还在加班加点干活，你知道吗？为了不让你学习分心，爸爸妈妈身上的疾病和痛苦从来没有在你面前流露过！他们辛辛苦苦为了你挣钱拼命养家！同学们你们有没有在你爸爸最累的时候说一声爸爸你辛苦了，你们有没有在你妈妈最难的时候，说一声妈妈我爱你！你却忘记了父母的艰辛，反而抱怨父母，你怎么不是老板不是当官的，为什么我的爸爸没有别人的爸爸强？大家有没有想过我们很多的爸爸妈妈从老家来到这个城市工作，每天起早贪黑，付出比别人几倍的努力，还有的父母为了挣更多的钱，到外地工作，每天还要遭受白眼，每天在社会上生存要忍受多大的压力，挣钱的压力、工作的压力，但是爸爸妈妈在你们的面前都表现出快乐和自豪。他们埋怨过、退缩过吗？而你呢？你在大手大脚地花钱，买零食，上网吧，打游戏，把他们辛辛苦苦挣来的血汗钱随意挥霍，和同伴们一起玩乐，你忘记了父母的艰辛，你忘记了自己成长的道路上，父母为你付出的一切，你爱慕虚荣、贪图享受。

同学们，我相信你们自己可能也清楚网络给你们造成的危害，就如很多同学跟我说过这样的话：老师，我不是不想做好，而是我做不到。我知道，每一位同学在来学校之前是下了决心一定要好好学习的，而真正来了之后就并不是你想要做到的那样了，这是为什么，你知道吗？让我来告诉你们吧，那就是自制力不强。

中国一句古话叫作"自制者强，放纵者衰"。所谓自制就是一个人无论在什么情况下都能善于控制自己的情绪，约束自己的言行。一个有自制力的人，不但能抗拒外界的各种诱惑和干扰，而且能克服自身的疲劳、懒惰等，奋力进取。

中国传统文化特别提倡一个"忍"字，心尖上插把刀便成"忍"，说明很多情况下"忍"实在不容易，需要极强的自制力。但因为"忍得一时之气，免得百日之忧"，所以要"忍"，否则，"小不忍则乱大谋"。一个人如能"忍他人所不能忍"，则往往能成就一番事业。很多杰出人物，为了伟大的理想，为了长远的目标，忍辱负重，含辛茹苦，最终有所成就。越王勾践卧薪尝胆十年磨一剑，三千铁甲可吞吴。韩信忍受胯下之辱，都是为了自己心中的理想，为了实现自己的目标。那些为些许小事就怒从心起，恶向胆边生的人，是很难成就一番事业的。那些放纵自己的欲望，不加节制的人，永无出头之日。

古罗马喜剧作家普罗图斯说过："能主宰自己灵魂的人，将永远被称为征服者的征服者。"一个人成熟的标志懂得自我反思，敢于承认错误。如果今天我们在座的同学，你有勇气敢于承认自己的错误，从今天开始你能做到再也不到网吧了，请你勇敢地站出来，走到我们同学们的前面，请老师谅解，表明你以后再也不上网吧了。

（学生上台表态）

《周易》中说："天行健，君子以自强不息。"贝多芬说："我要扼住命运的咽喉！"古往今来，成就大事之人，都是自立自强的人，一个人只有不依赖别人，能够自立才能走向自强；一个人只有自强不息，才能做到坚韧不拔，不畏困难与挫折，才能做到志存高远。

在加拿大有一处森林苗圃的墙壁上贴着这样一句话："种下一棵大树的最好时机是25年前……第二个好时机就是今天。"哈佛大学图书馆墙上也有这样一句话："无论何时开始，都为时不晚。"今天就让我们种下自律这颗树种，开始我们为时不晚的文明之旅吧，我相信，我们每个人的心灵都是一片沃土，今天种下这颗自律的种子，别忘记持之以恒地呵护它，每一天，它都在生长，为每个人带来枝叶繁茂的大树！

同学们！你们知道吗？一个优秀的人最大的特点就是懂得反思，知错必改，居安思危。一个人活着除了生存以外，最重要的就是承担一份责任。天下兴亡，匹夫有责。一个人如果只为了自己，可以苟且偷生，但是想一想父母，亲人，兄弟姐妹，每一个爱自己的人，为了他们，我们要用我们的成绩来回报他们的爱，来证明给他们，我们不是懦夫，我们值得他们骄傲。从今天开始，亲爱的同学们，为了你们人生中所有的爱，在你心中暗暗地告诉你自己，让我低头，我不愿意，让我屈服，我更不愿意，让我不如别人，简直就是妄想，让暴风雨来得更猛烈些吧！我相信，通过学习，通过努力和勤奋，我相信我的成绩一定会提高，我的学习一定会进步，我努力拼搏，将来一定可以光宗耀祖。请同学们深深地吸一口气，让力量从我们的脚底慢慢地升起。吸一口志气，吸一口勇气，在我们的心中告诉自己，我要唤醒我心中沉睡的巨人，我要成为一个优秀的学生，我可以做到，让力量慢慢地升起，慢慢地升起，当我从十数到一的时候，如果你愿意改变，如果你有勇气，请你站起来，双手举过头顶，为自己鼓掌，为自己喝彩，震撼天地，让天地作证，震撼爸爸、妈妈、老师和我们的学校，让老师和爸爸妈妈作证，你不认输，让你身边所有爱你的人，让他们为你而骄傲！如果你不是懦夫，当我从十数到一的时候，拿出你所有的力量，双手举过头顶，为自己喝彩呐喊，站起来，让掌声响起来，加油！有没有信心？反复加油，掌声响起来！

我们的生命不属于我们自己，它属于我们的父母，兄弟姐妹，和这个世界上所有爱我们的人，为了爱我们的人，为了我们爱的人，我们要努力拼搏加油！请同学们大声地跟我一起喊出：我要努力，我要拼搏，我要加油！我要为妈妈争光！

亲爱的同学们，我们风华正茂，有理想，有抱负；我们胸怀大志，有热情，有勇气。让我们携起手来，从我做起，从现在做起，远离网吧，回归校园，文明上网，健康成长，用我们每一个人的努力，共创一片净土蓝天！让我们从一棵小树长成参天大树，长成一片靓丽的风景，为我们的家人遮风挡雨，让我们周围的亲人和朋友因为我们而骄傲自豪！人生为何而来？自尊、自律、自信、自强！同学们，加油！

2013-11-11

《青春期撞上更年期》心理情景剧全解读

开幕：（李智为、王萍）忧愁就像一只忠心耿耿的小狗，总会一直跟着你；忧愁就像是你的影子，你到哪，它就会跟到哪儿。

每个人都有烦恼，都有忧愁，尤其是现在的我们，烦恼更是数不胜数。比如说，作业都非常多，每天都要写到九点多，甚至十点，每天早晨还要早起，睡眠不足，都熬出了两个"熊猫眼"；还有，每个中小学生几乎每天都要听爸爸妈妈啰啰唆唆，爸爸妈妈们管东管西的，搞得我们就像是牢笼里的鸟儿，非常渴望自由；还有的人为不能与人友好相处而烦恼，自己总是孤独的一个人……

随着年龄的增长，烦恼自然也会越来越多，唉！烦死了！

第一幕：贾秀英 王丹丹

"丹丹，你太让我失望了！我含辛茹苦地把你拉扯大，难道这就是你对我的回报？"

又来了！又来了！又来了！

又是窃贼一般地推开房门，又是侦查员一般地接近我，又是特工一般地偷看我在手机上给同学发邮件，然后暴徒一般地夺走我的手机。

为什么不敲门就进入我的房间？为什么不尊重我的隐私？仅仅因为我是你的女儿？

她手里晃着缴获来的手机："敲门？要敲门的话，我能知道你在学习的时候玩手机？你要我尊重你，你也得有让我尊重的理由啊！"

我扑哧一声笑了："我发我的邮件，这碍着谁了？至于这么小题大做吗？"

妈妈显然把我的笑当作挑衅了，于是气急败坏地说了开头那句话。在这种气氛下，平和的对话已不可能。但我还是决定把我想跟妈妈说的话写在这里，希望有一天妈妈会看到，也希望让更多的父母看到。我相信，类似的冲突也经常会发生在跟我同龄的90后子女们身上，在我妈妈的身后，站着整整一代"70后"父母。

学会与父母沟通（施建成、闫婷婷）

小时候，我们对父母依附、崇拜。进入青春期后，我们有了自己的思想，开始独立行事，渴望从家长那里拿到"解放证书"，渴望父母像对待大人那样对待我们，甚至挑战父母的权威。

也许是我们长大了，不再需要父母太多的唠叨；也许是父母忙得不可开交，忘了和我们谈心；也许是工作、学习、娱乐占据了我们的绝大部分时间，所以对于"沟通"一词，我们已经陌生了。

在家中，父母与我们之间容易产生矛盾，对此不能否认，不能漠视，但也不能夸大。积极的做法是父母与孩子间架起沟通的桥梁。沟通是双方的事。我们要走近父母，亲近父母，努力跨越代沟，与父母携手同行。望子成龙，望女成凤，是天下父母共同的心愿。我们与父母的冲突，往往基于父母对我们高期待、严要求。这种在我们看来有些苛刻的"严"，反映出父母对于我们的爱。我们要理解，体谅父母的一片苦心。只要你用心与父母沟通，他们一定会信任你。

学会与父母沟通吧！它可以让你快乐，充实！

和父母心平气和沟通（吴阳、陈思佳）

首先，我觉得一定要平心静气地和父母沟通，最好是能把父母看成自己的朋友，发生了争执，要先想想自己在这件事情上有没有做得不太好的地方或是不对的地方，如果是自己的问题要反省自己，改正错误；如果是父母的问题，也不要和他们争吵，双方坐下来，好好谈谈。这样，我相信父母也应该会接受你的看法。最重要的是不要烦躁，因为烦躁是无法解决问题的。

其次，你要找个时间与父母谈心。在说话时，有的长辈会认为你是小孩，对你的话语或建议不屑一顾，这时，千万不要和他们争吵，因为他们是长辈，我们应该尊敬他们。之后你可以采取书信的方式告诉他们，因为当面争论会很尴尬。

最后，在与父母谈心时，你要学会了解父母的想法，要用真实的心去理解他们。只要你们坦诚，你们之间没有不可逾越的鸿沟。

第二幕　悦纳自己　王迪

人生就像一条行驶在大海上的航船，没有一帆风顺！没有潮起潮落，怎能感受大海的浩瀚，没有波涛的翻滚，怎能欣赏浪花的美丽。也许我们无法左右天气，却可以改变自己的心情，即使没有阳光的灿烂，也可以欣赏风雨后的彩虹。

做不了大树，让我们做一棵小草；做不了大鹏，让我们做一只快乐的小鸟；做不了鲜花，让我们做一片绿叶。也许我们渺小，却比参天大树更加鲜翠；也许我们弱小，却比耀眼的太阳更加生机勃勃；也许我们平凡，却是这茫茫花海中唯一的绿色；也许我们只是夜晚的一盏灯光，虽然微弱，却比所有的星光更加柔和。同学们，让我们做自己且欣赏自己，我们每一个人都是独一无二的！

身高、长得胖、青春痘烦恼（廖胜杰）

有许多同学会因为自己的身高、样貌和外形而烦恼，我认为大可不必。

有的人认为自己长得太矮了，从而产生自卑，这样容易形成闭锁心理。我认为，浓缩的都是精华，矮人身体灵活，显得小巧。真正的强大并不在于外表，而是在于内心。只有内心强大了，人才是真正的强大。

有的人认为自己长了青春痘，长得不好看，而产生了自卑，不自信。那么我就想对你说了，人长了青春痘有什么关系啊？长了青春痘这就说明你年轻，难道自己年轻自己也不开心吗？真正获得老师、同学喜爱的人不是靠着外表，而是因为这个人拥有美好的心灵。

有的人又认为自己长得太胖了，那么，我告诉你，胖又怎么了，胖说明你强壮，你健康，说明你吃得好，睡得香，过得快乐。胖又怎么了，胖就应该低人一等吗？胖一点的人还可爱呢！

如何面对学习压力（操世宇）

光阴似流水，许多事情就如繁花凋谢一样，可唯有一朵花，没有凋谢，那就是烦恼，它给予了我学习的动力，让我更懂得"学习中，快乐和劳累是并存的"。想要有收获，就得付出，既然有压力，那我们就要找出相应的"排压"的办法，那我们要怎样面对学习的压力呢？（1）发泄法：你可以在没有人的地方大叫、唱歌或在操场上跑步、踢球，来减轻你的压力，发泄可以让你沉闷的心情得到释放，让你的压力得到有效的缓解。但切记，在发泄时不能对着他人大声喊叫，不然会使他人误会。（2）倾诉法：你可以把你在学习过程中遇到的烦心事或造成你学习有压力的原因向他人倾诉，这样做可以让你得到他人的安慰和帮助，使你的学习压力变小。但在选择倾诉对象时，最好选择自己的好朋友、老师或者是家长，尽量选择自己身边的人，不要向没有见过面的网友倾诉。同学们，每个人人生的旅途上都会有坎坷，只要你咬咬牙、深呼吸，一切都会过去，花儿还会为你绽放，太阳还会为你升起，不要被一点点小挫折给压倒了，相信自己，学习将不会成为你的烦恼，世界将会因为你变得更好。

积极乐观面对人生（周梦迪）

每个人都有自己的优点和缺点，但有的人过得开心极了，有的人却过得很不理想。原因只有一个，那就是心态，有的人十分积极乐观，有的人就低沉悲观。这个世界是美好的，但重要的是，你自己怎样看待这个世界，我们每个人都应该抱着一种乐观的心态去看待每一个人、每一个物和每一件事。

世界上没有人是完美的，每个人都有自己的缺点和优点，而我们就应该学习别人的长处来弥补自身的短处。每一个人都应该为自己而活，那么就一定要乐观。

给自己一句，I am a king of the world！（夏红霞，陈青青）

滴水穿石，不是因其力量，而是因其锲而不舍，相信自己。许多同学都说自己不够好，怀疑自己的能力，抱着自卑的消极态度去面对生活，从而造就了一个胆小的自己。要走出"自卑"这个心理牢笼，要学会客观看待自己、悦纳自己，培养积极乐观的人生态度，树立自尊人格。

著名科学家爱迪生说："自信是成功的第一秘诀"。是的，拥有自信，不断努力，就能获得成功。拿我自己来说吧！我是一个极其热爱舞台的女孩，第一次登场时，面对台下的众多评委老师，都不敢直视，甚至紧张地说不出话来，让人印象极差，最终与成功失之交臂。后来，我学会用自信去面对一切，成功地取得骄人的成绩。现在的我，习惯抬头挺胸面对生活，也给予了周围的人充满自信的感觉。

如果你不能成为大道，那就当一条小路；如果你不能成为太阳，那就成为一颗星星；如果你不能决定成败，那便选择做一个更好的自己。给予自己一个微笑，给自己一句"我真棒！"当你感到自卑的时候，便去读一读：我喜欢自己，我相信自己。我是造物者创造的。造物者绝不会创造坏东西。造物者创造的都是杰出的，所以我也很杰出。我爱人生，爱人类。我有潜能，能把事情做得很好。我是幸福的。我心中充满了感谢。我自尊自信。我相信自己是上帝的孩子。

人生一世，白云悠游，飘走的是多少沧桑与辛酸；岁月苦短，泪水风干，沉淀的又是多少往事与回忆。人生真的很难，会遇到许多的坎坷与打击，但是你一定要学会自信，给自己一句：I am a king of the world！

新年心愿（董婷婷）

大家好！在我的身边，是由我们二十九中 1380 名师生共同制作的一面心形墙。一张小小的心愿卡，上面写满了老师和同学们对明天、对未来的一个个心愿。孩子们希望自己将来成为法官、律师、军人；希望成为旅行家、歌手；希望能有自己公司，赚很多很多的钱；希望当下自己学习进步，成绩提高；希望家人身体健康，开心幸福；希望与同学相处和睦；希望老师工作顺心；希望父母不要太劳累；爷爷奶奶长命百岁。

对于我来说，新年最大的心愿就是我们家小宝健健康康、快快乐乐成长，希望我班的孩子们快乐成长，我们学校蒸蒸日上，我的家人都幸幸福福、美美满满，希望父母和和美美地安享晚年。当然新的一年——马年到了，我要努力工作，发扬龙马精神，策马扬鞭、万马奔腾、一马当先。

总结语：真诚、尊重、交流、关爱、合作、梦想（管以东）

一滴水只有融入大海，它才不会干涸，一颗种子只有享受阳光和雨露的滋润，它才能破土而出，抽芽吐绿。从一棵树到一片林，从一个人到一群人，不要问我们从哪里来，我们拥有一个共同的名字——合肥二十九中人。迎着 2014 年的曙光，同伴们，亲爱的同学们，你们准备好了吗？王丹丹：让我们真诚相待。贾秀英：让我们彼此尊重。廖胜杰：让我们学会交流。王迪：让我们关爱他人。董婷婷：让我们携手合作。

操世宇：让我们拥抱梦想。

2014-01-07

孩子！让你周围的人因为你的存在而骄傲

　　这是我写给一位最近经常离家到网吧玩游戏孩子的一段话。今年已经 14 岁了，14 岁，孩子你知道这是什么年龄吗？14 岁代表着你是真正的少年，不再是儿童。你知不知道长大意味着什么？长大了难道整天还让父母天天不放心你，长大了难道天天还让老师打电话给你父母为你操心吗？你说你就是想玩，你说你到网吧去消遣，觉得有意思，你说你喜欢和那几位经常不上学的孩子在一起玩。作为一名初中生，你可知道哪些可为？哪些不可为？如果你改变不了自己，如果你还要跟那些流浪儿童整天在一起鬼混，我们也拿你没有办法，但是我可以明确地告诉你，你已经不属于我们学生这个群体，你已经不属于我们二十九中了。因为一名真正的初中生知道什么事可为、什么事不可为。如果你觉得整天在外不上学开心快乐，你就早点和父母说；如果你觉得你独立了，你可以走上社会了，你可以挣钱养活自己了，通过正当的手段，我也欣赏你，甚至敬佩你。可是你不能再这样整天在外鬼混，让你的家人和同学因为你而感到羞耻。

如果你能改变你自己，请你自觉主动写下保证书，请你对你的言行负责，老师不可能天天跟着你、叮嘱你、教训你、指引你，今天找你谈心，明天找你谈心。如果你不再改变自己，大家都会对你失去信心，都会放弃你的！请你记住我今天送你的这句话：让你周围的人因为你的存在而骄傲！

2014-01-14

好老师要有热血、创新，对学生永不放弃

——《罗恩老师的奇迹教育》读后感

不敢想象：一个斤斤计较的老师会教育出什么样的学生？一个冷酷无情的教师会做出怎样的榜样？一个没有爱心与包容的老师怎样让学生奉献社会？一个缺乏正义感的教师如何教出顶天立地的社会栋梁？读《罗恩老师的奇迹教育》后让我汗颜，真正的好教师需要热血、创新和对学生的永不放弃！

第一次在优酷视频上看到罗恩老师在上海上课的视频，夸张的肢体语言，激情澎湃的上课场景，让我目瞪口呆，原来课堂可以这样。我立即在淘宝网上购买了这本《罗恩老师的奇迹教育》，一口气看完时已经凌晨1点，在我们很多同行面前自我贬低为"臭老九、教书匠"的职业，而罗恩老师却是演绎得如此生动、形象甚至狂野，这是对教育事业本身的激情。追溯到我们的先贤圣人——孔子，他何尝不是一腔热血。为了教育周游列国，陶行知捧着一颗心来不带半根草去；魏书生心醉三尺讲台桃李芬芳；朱永新为着新教育实验奔走相告挥洒热血。正是这一片热血感染了学生对知识的热情，正是这片热血让课堂活动热火朝天。

罗恩老师的课堂有趣还在于他的不断创新，他敢于打破常规，创新教育教学方法，让孩子们爱上学习。罗恩老师每次上课之前都思考运用各种方法调动学生学习的热情和听讲的积极性。比如他独创Rap教学，把数学知识与运动和音乐相结合的方法带进课堂，让孩子们快乐地学习。孩子们感受到了原来枯燥的数学还可以唱，还可以跳，自然愿意听，有了兴趣，学习效率自然提高。我想创新还是来源于对教育本身的热爱，喜欢才会用心创造性去做。如同很多老师课前一个故事、一首歌，课堂小游戏、小竞猜，英语老师为了让孩子学习"火腿、汉堡包……"，自己掏钱购买食品现说现吃培养孩子的兴趣，其实我们周围像罗恩这样的老师也有不少。

罗恩老师最可贵的一点就是对每一位孩子都永不放弃。罗恩老师说当你想象你课堂上的这群孩子几十年后都是医生、律师、工程师、商业精英、政界领袖的时候，你的口气就不会是这样的生硬，你就不敢说出让人丧气的话。是的！作为一名教师，最重要的一点就是让学生永远拥抱梦想，对自己的未来充满希望。教师不能让自己的眼

睛仅仅盯着学生的分数，那样做将扼杀很多学生的天赋。我们需要创造更大、更宽广的平台，让我们的眼界更高点、更远一点，我们培养的是未来世界的主人，眼前任何一个学生都不可小觑，任何一名犯错误的学生都不能等闲视之，只有这样的胸怀，只有这样对每一位孩子都永不放弃，才能成就每一位孩子美好的未来，成就人类灵魂工程师的神圣与光荣。

2014-06-25

8 岁男孩不幸遭遇的反思

当从网络上得知这个不幸的消息，作为一名家长，一位老师，我想大家都感到痛心，一条生命就这样在时空中消逝。没有想到广播电台的小王上午就要采访，让我发表下自己的见解。

能说谁之过？这个世界的不公正？父母的失职？还是老师和学校的责任？

可能兼而有之。留守儿童早已成了这个社会关注的焦点，但依然问题丛生。社会的发展，让那么多的年轻人为了养家糊口，背井离乡打工挣钱，孩子无助地飘荡在社会的每一个角落。孩子们在这样的年华，如未经世事的小草小花正需要阳光雨露的滋润，需要的是父母的关爱呵护，需要的是受伤的时候妈妈温暖的怀抱，失败的时候爸爸宽广的臂膀。而这些晓辉都没有得到，只能独自承受一切。

有人说家是避风港，家是疗养院；家是动力源泉，家是加油站。而晓辉却感受不到这些，都是孤独，甚至无助。

如果晓辉在第一次遇到敲诈行为的时候，爸爸妈妈在身边，他可以向他们倾诉，父母会指导他如何应对，可能不会再出现这样的悲剧。

假设晓辉的老师让他足够信任，就会主动求助，找到解决的办法。这一切都没有发生。

晓辉处处受人白眼，家庭的变故、母亲的离去让他感觉被遗弃，父亲长期不在身边，让他失去靠山，虽然晓辉有不错的成绩，也还是感到自卑。

反思作为父母，我们要给孩子什么？是梦想，是一片光辉的前途，是决战困难的勇气和决心，是勇往直前的毅力，是做人做事的态度和方法，是模范和榜样的引领，同时也要提供一片天地，让孩子自由地翱翔，感受到这个世界的万千精彩，不断探索发现。

反思作为老师首先要给孩子足够的信任和关爱。在孩子需要你的时候，你能挺身而出；在孩子无助的时候，你提供宽阔的臂膀。你要带领孩子一起探索这个世界，那条是一崎岖不平的路，也是一条精彩无限的路。你是一个肩膀，你是一棵大树，你是一片阳光和一滴雨露，在孩子成长的路上，你要提供风雨兼程的陪伴和支持，你要奉献无限的信任与关爱！

2014-07-14

记住我们崇高的名字——老师

　　古人有云"听君一席话，胜读十年书"。所谓"读万卷书不如行万里路，行万里路不如阅人无数"，校本培训上，占明忠副校长精选了魏书生和李镇西两位教育大家的视频，指导广大老师如何当老师，我收获很大，唤醒了我和很多老师的从业尊严。

　　李镇西老师说生命要与使命同行，魏书生老师要我们成就最幸福的自己。其实每位老师都要成为最好的自己，细想下我们何尝不是在茫茫人海中不断成就最好的自己。对于"最好的自己"，我的理解就是做自己喜欢的、擅长的事。从思想上说当老师要有童心、爱心和责任心，从知识文化上说当老师就要成为专家、思想家和心理学家，当老师要不停实践、不停阅读、不停思考和不停写作。如果能够把遇到的教育教学困难以及令人头疼的学生和家长当作课题来研究，何尝不是另外一处风景。当老师就是要上好一节课，每天做好学生的思想工作，每天坚持思考一个教育和社会问题，每天坚持阅读，坚持教育反思写作。其实我在想，凡是拥有成就的人，就是在面对人生挑战和困难的时候，把它当作是乐趣。当你以一种乐观的态度去写教案、上课、批改作业，生命自然精彩起来。魏老师强调班级管理的民主与科学，他的"松、静、匀、乐"渗透到生活，工作的方方面面，人生仿佛有点禅悟，实践与总结总是"天高云淡"。

　　既然选择当老师，就要多研究。老师职业不仅是一个饭碗，人生短短几十年，烦也老师乐也老师。既然选择和一群孩子在一起，就要总结生活的乐趣和生命的意义，怎样让课堂变得精彩生动，让学生在人生中留下难忘的美好回忆。细想人生不就是为了难忘和激动，回首往事时的恬静与无憾吗？你所拥有的就是精彩，不要好高骛远，不要山高水长，真诚地、执着地面对生活的每一天，积极快乐地迎接每一天，边走边思考，每一个脚印坚实且多彩！

2014-08-20

读书到底为何用？

古语有云"书中自有黄金屋，书中自有颜如玉"，直到今天我们都还信奉着读书可以高官厚禄，读书可以有香车美女。读书为了中华崛起，读书为了光宗耀祖，读书为了有远大的前程，读书为了有更好的出路，改变自己，改变人生，改变世界。

首先明白为何读书，然后才能读书，读书才有动力。也有人说读书本身就是一种兴趣，收获丰富的人生，在增加人生阅历的同时，汲取动力的源泉。读书让人睿智，读书使人精明，读书使人看透红尘，读书让人反省人生。

很多孩子一直不愿意读书，可能有两个原因：一是我们这些做老师的总是让孩子们仅仅看课本书，太狭隘了；二是我们自己作为老师和父母都不爱读书，自己都不能品尝其中乐趣，如何让孩子知晓其中的美妙？

读书其实是为了我们自己，获得更好的机会，将来拥有更体面的职业，获得人生的尊严。人活着不就是为了尊严吗？最底层是自尊，最高层是自信和自强。

书籍是人类进步的阶梯，读书可以影响更多的人，帮助大家一起走向更加宽阔的世界，迎接更体面、更精彩的人生。

2014-08-31

写给人生的第一位导师

让孩子成为什么样的人？其实第一位导师应该是我们当父母的。不论说教式的，还是身体力行的，还是潜移默化的。父母——第一位导师，就非你们莫属！很多时候我们管得太多，期望太高，往往适得其反；完全放任孩子，缺乏必要的引导，又怕孩子误入歧途；有时候我们外松内紧，并有选择地着重扩建平台带领孩子体验，顺其自然，反而会收获累累硕果。

很多人在谈到人生收获的时候，会提到父母交给自己一种习惯，父母教会自己一种品德，很少有人自豪于父母给予自己多少的知识。填鸭式教育已经早就不合时宜了，如果孩子和父母的关系对立，家庭教育大战如同麦芒对针尖，其实已经失去了教育的根本意义。教是什么？我想到的是一种外在的推进。而育可能侧重于温婉，注重内在发展。不管是习惯的培养，还是生命意义本身的教育，都非常重要。

学生兴趣爱好的培养，重在父母自身的引导。父母爱好广泛，自然无形中让孩子对一切产生浓厚的兴趣，觉得做事情本身就有乐趣。同时，尊重孩子的自身选择会让孩子自发地坚持并做好事情。父母要给孩子们一个自主的空间、一个开阔的体验视野、一个健康的生活理念。一切皆有可能！

教师节来临之际，我想把礼赞献给所有的父母。我们肩负重任，我们的热情、我们的习惯、我们的人生态度、我们的生活方式、我们的待人接物方式、我们自己每天过着有意义的生活，就是对孩子最好的教育。

2014-09-04

孩子的很多毛病是家长惯出来的

在小学门口，经常看到很多家长在张望，爷爷奶奶居多，接到孩子的第一件事情就是把孩子的书包接过来，然后把准备好的牛奶、饼干等吃的东西送上，孩子在前面边吃边喝，欢天喜地吆喝后面的爷爷奶奶快点，老人家们还屁颠屁颠乐此不疲。

每天在家里把最好吃的、最好喝的全部给了孩子，孩子过着公主、王子样的生活，使唤家人就像使唤仆人一样，呼风唤雨，更别提洗菜、做饭、拖地、洗衣服了。

家长们认为读书最重要，其他的都靠边。孩子们认为读书是辛苦活，读书是为父母做的事，为爷爷奶奶做的活。孩子们在不如意的时候能用什么方法要挟父母和家人，当然是不上学或者不写作业。每天回家家长第一句话"写作业"，孩子玩前家长也是一句话"作业做完了吗？"仿佛写作业和学习高于一切。

于是孩子迟到了，怪罪家长早上没有喊；作业写错了，怪父母没有仔细检查；衣服、鞋子不好看，怪父母没有眼光。

然后孩子成绩稍微不好，我们就开始埋怨：你看全家人都围着你转，你还搞不好学习；你看你什么事都不干，一门心思学习，成绩也搞不上去；你看你整天吃喝不愁，成绩一般，怎么对得起家人？

然后我们开始埋怨，孩子动不动对家长大呼小叫；然后我们开始痛心孩子只想着自己吃好不顾父母生病；然后我们开始骂孩子没有孝心。

2014-09-12

为孩子成长助推加油的几点反思

　　周六有幸聆听了董进宇博士的报告，收获很大，反思几点：

　　1. 关于教育的警戒线：当我们晓之以理动之以情以身作则后，孩子依然我行我素，我们该怎么办？然后家长启动了打骂计划，伤及孩子的心灵。其实面对孩子无助受伤的眼神，任何家长都会心痛，不禁想起前几天占老兄对家长们说的话："有时候我们关爱孩子如同等待花开，需要等一等，多一点关注关心，也许还没有到花期，也许它不是一朵花，而是一棵树！"

　　2. 孩子不良的好奇心有时候是家长制造的：多看下电视也不要紧，玩游戏又何妨，我们不必紧张，适当时候就让他放松一下，适当引导，不要防微杜渐，过了这个玩期，等孩子自制力慢慢提高，一切也会自然失去兴致。

　　3. 关于沟通技巧：想改变一个人，进入一个人的内心比登天还难，当你以对抗的情绪和家人或者孩子对话的时候，其实孩子很难接受你，必然形成对抗的情绪，怎么能听你的呢？不妨试一试：你说的对；在你看来事情是这样的；你看我理解有没有道理？

　　4. 方法、智慧和感情：亲其人信其道，孩子很简单，你喜欢他，愿意带他一起玩，他自然亲近你，你是为了找他毛病，天天和他吹胡子瞪眼，他才不吃这一套。感情对于孩子来说应当首当其冲。如果做到不仅有爱还有接纳和欣赏，再加上教育方法和智慧内容就完美了。

　　5. 关于孩子的学习主动性或者说求知欲。孩子的自信源于成功的体验，成功是肯定，是超越，更是机会。成功一定要提前积极准备，一定要预见。家长要时刻关注孩子点点滴滴的成长，恰当的鼓励可以让孩子一路高歌。

　　6. 敬畏、羞耻之心：敬畏老师，敬畏长辈。我与孩子一起约定，当他违反规则，要知道羞耻。我中午悄悄等待儿子放学，看到奶奶毫不犹豫地背上了他的书包，我叫住了他，说你怎么又让奶奶背书包，他顿时感到不好意思，转成对奶奶的责怪，"你非要帮我背，下次不让你接我了！"我说："那要从你的成长之星上去掉一个勤劳星了！"儿子非常难过，在抹眼泪。

　　7. 父母是原件，孩子是复印件。复印件出了问题，肯定原件也有问题。父母亲情对孩子来说是最安全的依靠，为他积聚更多的能量，应对将来的风雨和坎坷。夫妻和睦，孩子从容；夫妻好学，孩子效仿；夫妻喜欢挑战，孩子一定爱冒险；夫妻见识人生风光，孩子人生精彩不断！

2014-09-16

父母爱好与孩子成长

中国有句俗话：龙生龙，凤生凤，老鼠生子会打洞。父母的爱好对孩子来说是一种促进，同时也是一种制约。

我们夫妻俩都热爱朗诵与演讲，总是积极参加各种各样的团体活动，孩子自然跟着"遭殃"，走到哪，带到哪！从以前我们单独参加演讲比赛、朗诵比赛，到后来夫妻同台参加这样那样的演讲、朗诵、主持，到现在带着孩子一起参加，其实并非想让孩子当什么主持人、演讲家，只是培养孩子的一种自信与从容，边玩边听并中得到启示，觉得平常，以后参加这样的活动也就心中有数。

好在孩子对自我的判断，除了来源于现实生活中的别人肯定，父母创造的氛围也非常重要。

这不普通话总决赛都要开始了，他还在门口的水池边抓螺蛳，饶有兴趣地一个一个装在塑料瓶中研究玩味。我催了两下，没有回应，就让他玩玩吧，等到临上场再来抓他，如果急着抓来，必然孩子不开心，比赛也受影响。当然事情要因事而论，如同那次游玩白马尖，孩子觉得最开心的事情是在山下玩小蝌蚪。孩子的心灵和大人差别很大，他们的兴趣点任何时候都跟我们有差别。

如果有机会我们还是要带领着他去感知更多的人生精彩。看着孩子如此痴迷画画，一画就是一个小时……喜欢踢足球，并非他踢得多好，重点是每天下午都要穿着足球服上学，然后放学后和足球队的大孩子们一起蹭着训练，那套衣服好几次没有干都硬要穿上，他觉得穿上就是一种标志，代表着一种力量。

孩子的世界其实就是玩的世界。在他的眼中，一切都是精彩好奇，大人千万不能因为个人喜好，瞎指挥让孩子误入歧途。很多父母的良苦用心其实最后都是事与愿违。

2014-09-20

带着孩子去体验人生的乐趣

我们经常感叹，生活太忙碌了，工作节奏太快了。我们经常发现很多好友的 QQ 签名上写着：正常作息，绝不熬夜。我们也发现自己身边的一个个年轻的朋友，朝气蓬勃的脸上时有倦容，也生出了丝丝白发。但是作为父母，还是要抽时间陪着他体验人生的乐趣。

人生的乐趣肯定包括旅游，名山大川，文化历史古迹，行走中，见识美景，见识博广。

人生的乐趣也许就是玩乐，生来世界就是体验精彩，各种运动，空中、水下，应有尽有。

人生的乐趣也许是消费和休闲。买自己喜欢的东西，吃一顿可口的饭菜，泡个温泉，怡然自得，得意人生。

人生的乐趣可能是一种惊险的体验。刺激冒险的攀岩，激动人心的漂流，还有冲浪和溜索。

人生的乐趣更是一种激动人心的心灵体验。看看伟人的人生，看看那些名人的人生，让别人的人生与我们同在一个节拍。

人生的乐趣在于自我超越。我觉得超越就是事情本身让你觉得激动。如同我们第一次站在讲台上，第一次参加比赛，第一次表演节目。

人生的精彩也是好好学习。当你欣慰地看到孩子认真做题，当你认真地反馈你对他欣赏并作出指导，他也就对作业充满乐趣。因为他眼中看到了父母的热情和欣赏。

世界很精彩，世界也很无奈！

很多家长只看到无奈，没有发现精彩。究其根本原因，自己生活不精彩，自己没有人生的乐趣，试想如此父母怎能奢望孩子内心丰富。体验人生不是把孩子当成自己的私有品，让孩子完成父母自己的梦想，而是要在足够的空间和舞台上发现孩子喜欢什么，然后带他去体验，有所收获的不仅只有孩子，也有家长。

2014-10-09

孩子离我们的距离有多远

世界上最远的距离不是天各一方,而是你在我的身边,我在玩手机。我想和孩子的距离就是我们对孩子了解的程度,你知道他最喜欢吃什么,你了解他最喜欢玩什么,你在他的面前是否让他感受到足够的安全和信心,你让他能充分地张扬自己,迎接这个世界的挑战。我觉得面对这个高速发展的社会,我们根本没有过多的时间去思考我们的不足和失败,而应该去争取更多的发展和超越的机会。

孩子的自信心是在一点点的正面积极的互动交流中树立起来的,我们家长也许管不了他们在学校中或者在社会上遭遇的失败和挫折,但是最起码可以在家里让孩子体验到父母对他的信任、期盼和欣赏。很多父母的期望跟孩子的实际确实距离很远,"你怎么这个题目都不会做","你怎么作业这么马虎",类似的抱怨声不断。我们随意给孩子贴个标签,说她懒惰,于是孩子真的一天天懒惰了;我们说孩子不积极,孩子真的越来越退缩了;我们说孩子你怎么老是改不了这个坏习惯,孩子真的改变不了。一个随意的标签就能挫伤孩子的积极性,让他觉得和你在一起无趣,只有批评和打击。很多爸妈说,我做的饭菜都是我认为最有营养的,孩子的反应却是怎么又是吃这些东西;有些父母说,爸爸妈妈给你买的是最贵的,孩子却只回一句"切"。我们就在想,这些是不是都是我们自己的想法,我们尊重孩子了吗?

时刻保持一颗童心,不管年龄有多大,心与心之间只要懂得爱,永远没有距离。相信孩子的每一句话,哪怕是谎言,我们信任他,他就会在你的鼓励和支持下,让谎言变为事实。如果你冤枉了他,不信任他,再美的天使也只会在你的打击和伤害下变成恶魔!

2014-10-13

珍惜需要你的美好时光

每天习惯接到孩子中午一个电话,晚上一个电话,汇报自己的想法,或者"爸爸你什么时间回家?"有时候其实不是孩子对父母的牵挂,反而是父母对孩子的一种依赖。假期孩子去亲戚家玩两天，没有打电话，我内心非常失落。

有时候真的很害怕有一天孩子长大，不再需要我的牵挂；有一天父母离我而去，永远不能守护在自己身旁，我该如何承受这样的痛和伤？爸爸妈妈是前世的我，孩子是后世的我，任何时候都是难以割舍。我们有时候也会嫌麻烦，父母整天的唠叨，孩子永远给你添麻烦，但是突然想到有一天他们不在我的身旁，我该怎么办？习惯了喋喋不休的爸爸和妈妈，习惯了孩子天天的电话，我想当我回忆起来的时候一定是最温暖的牵挂。

我也就自然想到作为老师，整天被孩子们纠缠，整天被孩子们吵闹，觉得工作上遇到了很多的难题，生活中遇到很多的麻烦，社会节奏如此快速，怎么不让人心焦气烦？

转念一想，这不就是我们存在的价值吗？只有积极地面对、从容承担，才会不留遗憾。工作、生活、人生，其实都是如此！珍惜吧，珍惜需要你的时光，生活变得如此的美好和不一样。

2014-10-14

让每一个生命自由舒张而不是张扬

最近儿子大大小小的错误犯了不少，我也跟着后面赔礼道歉。声严厉色地狠狠教训，剥夺他玩游戏的权利，还有就是带着他向别人赔礼道歉，他还能积极站在别人面前表态，我心中感觉有些难为情。俗话说，养不教父之过，不知道从什么时候开始，我们在培养孩子张扬个性的同时，也纵容他随意不尊重别人，我们创造了一个宽松的外围环境，竟然又滋生其肆无忌惮的"痞子"性格。

于是乎我在反思，对于孩子的教育，非常重要的一点就是生存之道，首先懂得尊重别人，学会与人相处，懂得基本的规矩与礼仪，还有让孩子产生敬畏心理。孩子们习惯了在家里放纵随意，到社会上依然我行我素，必然行不通。这个社会不仅仅有你，还有其他的朋友，我们必须和睦相处。当孩子伤害别人的时候，我严厉批评他，让他换位思考，他也在电话的另一端表示改正错误。适应这个社会是生存的第一步，首先人与人和睦共处，然后再谈发展，然后再谈利用社会资源发展自己，服务他人和社会。

感谢每一位关心孩子成长的人，感谢每一颗包容的心！

孩子能勇敢地站在全校师生面前表达一个少先队员的光荣和自豪，我骄傲！

同样，作为父母也绝不纵容孩子，要重视每次犯错的教育，让他懂得规矩和敬畏！

2014-10-20

河东狮吼管用吗?

这个质疑是对我自己说的。下午在滨湖轮滑时，我第一次如此大声喊叫，让陈艺洋认真练习。去年轮滑比赛孩子在无人辅导带伤上战场的情况下，获得全省第五名，全家人大为欢喜。今年孩子依旧参赛，不过还是要积极备战，趁着周六来到轮滑场，现在轮滑场都要收费了，交了40元，决定让孩子争分夺秒训练，没有想到，里面只有一个小孩在练习，而且根本就是初学水平，儿子练习了两圈觉得无聊，吵嚷着到外面有孩子的地方和大家一起玩耍，没想到过了好久也不来场地训练。我想钱都交了，你跑到外面去，不来认真训练，简直是气死我！我对着儿子大嚷："回来赶紧练习！"孩子过了半天才被我抓回，300米，500米，800米！看着儿子气喘吁吁的样子，心中觉得不过瘾，还要加大运动量。儿子说我不干了，你来练习吧！随即又跑到外面和小伙伴们一起玩耍了！有点气急败坏的我迅速反省：有时我们付出了时间，希望帮助孩子成功，心情越是急切，可能事与愿违，反而挫伤孩子的积极性。苦行僧的训练方式肯定是行不通的，必须在集体的氛围中才能让孩子更好地成长，而不是家长的一厢情愿，即使河东狮吼，也是无动于衷。

家长需要默默为孩子添翼高飞，更要懂得尊重孩子的意愿，不是一厢情愿！

2014-10-25

苏霍姆林斯基与我的教育情怀

对于这位著名的教育家本人顶礼膜拜，虽然天各一方，如同对李镇西老师一样，我也有着同样的教育情怀。16年前，初出茅庐的我刚刚踏上讲台，第一次读到《给教师的一百条建议》，字字记入心头，在家乡美丽的乡村中学践行着：建立班级的图书角，组建合唱队，开展田径运动会，带学生走进大自然，一个年轻的、旺盛的生命全部扑在那片质朴的土地上。那三年，我们春天一起骑车到大山去看杜鹃花，晚上夜宿山头；那三年，炎炎夏日带孩子们一起在池塘里游泳；那三年，我们把秋天家里收获的红薯和豆子带到学校，开始一场难忘的篝火联欢晚会；那三年，我们一起在漫天飞雪中，在操场上打雪仗。

作者与苏霍姆林斯基　卡娅合影

今天终于真实看到了苏霍姆林斯基的女儿苏霍姆林斯基卡娅和她率领的乌克兰教育代表团，看到了澳大利亚布里斯班市中学校长阿兰·柯格利先生，看到了我们中国的李镇西老师等中外东西方教育专家们，他们都传播践行着苏霍姆林斯基教育思想，共同分享着卓越的教育实践和先进的教育思想。《育人三部曲》（即《把整个心灵献给孩子》《公民的诞生》《给儿子的信》）《给教师的一百条建议》《教育的艺术》《致女儿的信》是苏霍姆林斯基送给大家的礼物，他是一位好老师，一位好校长，是一位好父亲、好丈夫，更是受到中外人士爱戴的教育家！

北京玉泉小学校长也分享着自己的"十大好玩课程"，教育就是灵魂的植入，让精神获得愉悦，获得心灵的成长，课程本身就是从身边的活动开始，我也在践行，我一直在追随！

2014-11-02

赏识和陪伴的力量

本来孩子答应在轮滑场只练习一个一千米，在赞美和欣赏的氛围中他又多练习了一千米。当我惊喜发现孩子在踏步和分腿动作方面有进步时，我给出了及时的赞扬，孩子说爸爸要不要再来两次。当我用手机拍摄他踩踏动作时，当我发出激动的赞美词的时候，孩子更有力量，特别是当很多观众在一侧驻足观望时，孩子铆足劲练习飞轮动作。

写作业、检查作业看似很枯燥的事情，如果家长加以细致分析并赞美孩子做得好的地方，孩子也会兴致盎然。

第一次让孩子自己用拼音写的请假条，内容也许很简单，但拼音是他自己一笔一画写成的，是孩子自己需要面对的一个责任和交代。

孩子也有发脾气的时候，没有满足他的要求，躺在地上打滚，歇斯底里不达目的不罢休。家长可以改变下环境，分散他的注意力，带孩子到另外一个地方去看看他喜欢的小花、小草、小动物，或者请他吃一碗他喜欢的羊肉粉丝，也就平静了。

过分满足孩子的要求，孩子养成"一切以自己为中心"的坏习惯，结果很难适应周围的世界；相反家长过分的冷淡，也会让孩子缺少亲近社会的行为，性格会变得孤僻冷漠。

看到孩子和别人一起抢篮球，看到他和小伙伴们一起踢足球，一起追逐打闹，我在一旁可以欣赏，也可以读书，带着孩子一起参加成年人的朗诵、演讲、主持活动，孩子有参与也有旁听。

进步了不要自我显摆，失败了自己也要输得起，奋起直追，改变心态，这才是孩子正确的处事态度。

世界可以围着你转，有时你也要围着世界转，适应改变，起起伏伏中，平淡从容地面对人生。

但是家长首先要了解自己的孩子，不仅是陪伴，更要懂得赏识！没有陪伴就根本不会了解，没有赏识就没有在一起的亲密和吸引力。

2014-11-03

规范、崇高、品行、欣赏

中午值班的时候猛然间抬头发现香樟树已经长到四楼，仔细算算，到二十九中已经 11 个年头，从飘摇不定到扎下根来，从犹豫不决到心灵归属，想到的不是得失，而是我为这些孩子们做了什么？我给他们带来了什么？他们真正需要的是什么？

我想首先一切从规范入手，这是每个人适应社会所必须学习的、掌握的。首先你不能影响别人的生活。从安静有序的课间和午间，到按照老师的要求规范完成作业，规范体现在规定时间做规定的事情。

其次是崇高。崇高精神要求心中不仅有家人，同时还要有劳苦大众，只有这样才能"苟利国家生死以，岂因祸福避趋之"，拥有大胸怀才有大作为。对于和我一样成长于农村的同学们，我觉得他们比城里的孩子需要更多的思想激励、更多的精神渲染。

第三就是品行。知书达理，言谈举止要做到温文尔雅，这历来就是我们追求的文明的生活方式。有人习惯了污言秽语，习惯了身边一切低俗环境，身在其中不免受到污染，习惯了大吵大闹，习惯了无序的、散漫的生活，最后把自己习惯成了鼠辈之流。让我们从最基本的一声招呼、一句谢谢、说一个"请"字做起吧。

第四就是欣赏。我常常想：学校的状态也是代表着我自己的状态，我有怎样的心境，学校也就有怎样的心境，要学会欣赏自己，欣赏身边的学生，欣赏我们的同事。

想想我的状态都这样了，学生如何超越，想想我都自我超越了，学生也会超越的。抱怨、失望和恶意的批评指责最终让自己和学生一无是处、随波逐流。

2014-11-03

人生竞技场

作为大人，有时候总觉得每天都像是一场战斗，总要全力以赴做好准备，否则内心就会有愧疚。对待孩子的教育同样如此，如果稍有疏忽，孩子也会偏离方向，要做也准备，及时关注，及时教育，及时帮助。人生旅程累，丰富就有成就感。

儿子小小年龄就被我们拖着带着，从上幼儿园开始，就让他积极参加他所擅长的一些活动。在不断地学习体验中，儿子慢慢地发现自己，也找到了方向。其实人生的竞技场并非那么艰难，关键是发现自己的擅长，并坚持做好，势必小成或大成。

如同中午儿子兴冲冲地说：爸爸我今天又在国旗下领奖了，得了一等奖。判若满满的骄傲！荣誉感是每个人所需要的正能量，每个人起初可能都在同一起跑线上，水平基本相同，不同的只是胆量和勇气，当然这种勇气和胆量也只有在不断的锤炼中才能拥有。

宝剑锋自磨砺出，磨砺的过程可以是乐观的、积极的、有趣的，孩子的心态很重要，引导者也非常关键。一群志同道合的人一起努力，在合作氛围中彼此鼓励，如同让孩子一个人练习轮滑，势必枯燥，但是当一群孩子一起练习，就变得生动有趣。

同样，作为一路陪伴的家长，势必也要有平常心态，一是要创建良好的氛围，让孩子轻松面对；二是要形成良好的沟通，让一切变得寻常、亲切。

所有的家长朋友都须关注孩子的成长点滴，因为不管是恶劣品行的滋生、良好个性的培养以及对生活的热情，都是在点滴中慢慢生长的。

2014-11-10

不得不说的一个"礼"字

最近"看门狗"一词火了，合肥出名了，在创建全国文明城市之际。

历来我们都说"泱泱大国，礼仪之邦"，其实不仅是大，更要彰显华夏文明的厚重，"礼"字当头。

作为大人，我们经常教育孩子"讲文明、懂礼貌"，然而我们自己做得怎样？不管是对领导笑脸相迎，还是对环卫工人以礼相待，我们的一张脸是否做到"礼"字当头？对我们敬重的人，我们都要做到彬彬有礼，甚至顶礼膜拜；对有能力的人，我们都要做以礼相待，礼尚往来。而对待一个毫不相干的路人，对待一个我们自认为普通的劳动者，对待我们自认为应该尊重我们自己的人，我们又能做到怎样？

中国人讲究礼尚往来，要相互尊重，不要自认为高人一等，不要，指手画脚，不要自认为高人一等，不要漠视他人感受，认为一切理所应当。

作为一名教育工作者，想到的是平等对待每一位孩子。不仅要教育孩子通情达理，见到老师问好，自己更要身体力行，尊重每一位孩子，积极应答学生的每一次问候，关心爱护孩子的成长。要抓住学生每一次犯错的教育机会，以礼相待，润物细无声，避免冷言恶语，要知道"良言一句三冬暖，恶语伤人六月寒"。

作为一父母，更要懂得以身作则。夫妻之间的举案齐眉，对待父母不说晨参暮礼，一定要敬重孝顺有加。良好的榜样就是最好的教育，我们待人热情，关心体贴他人，人际交往中讲究礼貌对待。给父母打电话或与老师见面都谦虚有礼，孩子必然恭恭敬敬，尊敬师长；反之粗言秽语，孩子必然效仿，与人交往变得随意无礼。

作为一名学生来说，礼貌待人的处世态度是将来走上社会的基础。有序排队，低声小语，注意聆听师长教诲，爱护环境，尊重周围的老师、同学、父母和身边的人，一声"谢谢、您好、麻烦您了、请多关照、再见"，能让他人肃然起敬，将来自己也能大有可为。

"礼"字就是一个微笑，一句问候，也许是你公交车上的一次让座，电梯里的一个退让，一个招呼，一个下意识的谦虚点头，然而却能折射一个社会的大问题，却是一个城市文明的标志。

2014-11-20

告诉孩子一个怎样的未来

未来的世界需要自己走，自己做人、做事，父母只能送你一程，一切需要自己证明，亲身践行。

首先世界不会围着你转。世界凭什么围着你转？除非你很尊重老师，老师才会爱护你，除非你很关心同学，同学才会在乎你。除非你有超凡的才华，你能帮助人、为周围的人做出贡献，否则谁要必须围着你转？

态度决定我们的未来。错了要改正，否则别人不会给你太多的机会。跌倒了要爬起来，不然就永远被人踩在脚下。失败的时候不要气馁，成功需要坚持到底。你成为什么？关键是你今天怎么做！没有背后辛苦的付出，怎么能够赢得鲜花和掌声！

积极与人交往，特别要与那些比你厉害的人交往，才能获得无限的能量，让自己时刻不要麻痹，坚持自我超越。如果你喜欢绘画，就与绘画高手交往，喜欢赛车，就与赛车高手交往，必须让自己与高手过招，才能有所成就。

学习永远是自己的事情。你的成绩好坏，取决于你自己的态度。你的认真程度、专心程度，还有你的自觉程度，都决定了你的成绩好坏。成绩好就有面子，有自尊。

尽早放手孩子，让孩子做力所能及的事，吃饭穿衣，打扫卫生，烧饭做菜。父母不能与孩子一辈子在一起，家庭这个避风港曾经护佑着孩子，最终需要孩子来扛大梁。最有效的途径就是让孩子快速成长，稳健接过接力棒如果掉棒或者接不住，或者接不稳，说明孩子自己成长不坚强。

2014-11-21

从小到大的电影教育

一个人的成长离不开周围的世界中媒体的引导，而大众媒体中电视和电影就是非常重要的途径。

童年的记忆中永远看不够的《西游记》《小兵张嘎》《地道战》《地雷战》《少林

寺》，小时候最羡慕的职业就是电影放映员，每天走村过户。放映电影时就在某一家特别大的场院里竖起两根毛竹竿，拉上荧幕布，不管是萧瑟的冬天还是蚊虫飞舞的夏天，十里八乡的村民蜂拥而至，席地而坐或是大老远扛着板凳来，还有的干脆爬到草垛上，在那个精神生活比较匮乏的年代，露天电影无疑是填补我们心灵的大餐。

以前喜欢看打鬼子的场面，看八路军把日本人打得血肉模糊，狂呼过瘾。那时的大英雄是李向阳、李连杰，后来开始出现港台片，《霍元甲》的迷踪拳让我们一代青少年神往不已，《上海滩》的许文强更是成为少女心中的白马王子、小屁孩的偶像，再后来就是《英雄本色》中的小马哥，一个个鲜明的英雄形象深深地印刻在我的脑海中。慢慢地，国外影视进入我们的视野，在我青春激荡的年龄，我看到了《卡萨布兰卡》，我知道原来那首荡气回肠的《昔日重来》是从这一部电影来的。1997 年上映的大片《泰坦尼克号》场面如此浩大，然而我们都是凑热闹心态，完全从众，如果不去看仿佛就落伍了。接着《英雄》《黄金甲》《大腕》都是在家看的。直到偶然的机会参加了一次左岸电影院活动，免费看电影《让子弹飞》，开始又一次体验到集体看电影的氛围。

直到有了孩子，都是陪着孩子一起看电影，越来越感受到了，看电影不仅是为了娱乐、那些有趣、震撼的场面和精美的 3D 动画，背后更多的是人性、亲情教育。

《忍者神龟》也是英雄主义的教育，号召我们每个人敢于挑战自我，担负起城市正义使者的使命。从《星际穿越》中，我看到的是一位父亲的从容与胆魄，他给孩子带去的是一个坚定的信念、一个从容的生活态度。即使在灾难面前，我们永远相信背后那双眼睛传达的支持与依靠。《马达加斯加企鹅》体现的是一种冒险的民族精神，不要低估任何一个看似弱小的能力，也许最后就是依靠他力挽狂澜。

2014-11-26

2015 未来之路寄语

未来到底是什么？是物欲横流；是选定目标便义无反顾；是随波逐流贪图享受；还是勇立潮头，任凭风吹雨打，我自岿然不动？

人生的字典中总是写满了奋斗与感动，人生的信条中总是充满了真诚与执着，人生的路途中就是笑看花开花落。

"人"字不难写，一撇一捺，挥洒的是奋斗的汗水和感动的泪水，简易中诠释生活的真谛，向左走还是向右转，人生需要平衡，双脚踩稳大地，冲向云天。

未来路在何方，从现在开始我们开始想象，学习、交流、组团，轰轰烈烈好好干一场。大数据时代让人彷徨，更给了你我更多的机会。

　　机会总是给有准备的人，你的选择决定着你的航向，目标偏离的结果不堪设想。左顾右盼、犹豫不决，最终会迷失方向。

　　谁也无法想象我们的未来会是怎样，谁也不能轻易践踏着我们的梦想，选择远方，对准方向，一路高歌，有胆识，有气度，还有坚强的力量！

2014-12-17

孩子你为什么会学坏？

　　孩子学坏无外乎两种情况：一种是缺少关爱或关注；一种是没有好的东西引导他。

　　如同我们的一日三餐，学习好比是饭，其他的生活就是菜，没有好的菜，饭是很难吃下去的。没有菜必然不想吃饭或者不如吃方便面或者薯条，虽然是垃圾食品但是很有味道。

　　很多家长和老师往往就学习而谈学习，缺少对孩子学习以外的生活的关注。你没有发展他的体育爱好，你没有促进他的艺术爱好，你没有带他一起去看看美好的世界，你没有和他参加过一次冒险和野炊，你又是让他学习。他的世界单调乏味，他就会对周围的世界冷漠。如此旺盛的青春活力没有运动、交流，孩子天天坐着冷板凳，不出问题才怪！

　　生活不光是学习，如同我们的大人生活不光是工作，我们健康的、丰富的、积极的生活习惯必然影响着孩子的成长。不要偏激地说，孩子的主要任务是学习，其他的都不重要。家长不可过于关注于学习，无限制地放大缺点或优点，这会让孩子失去了人生前进的方向，变得或自高自大，或自我评价过低。

　　学习、工作是一方面，交往、见世面是一方面，运动、玩耍是一方面，琴棋书画是一方面，不偏不倚，生活本身如此丰富，要全面关注，积极引导，陪伴鼓励，孩子自己哪知道去学坏？

2014-12-18

羊年寄语中国心理教师

羊年寄语中国心理教师

2014悄然而去，带走的是惆怅，是岁月，是沧桑！

委屈，愤怒，失意，打击，成功，名利，一切还原为零，别来无恙！

2015扬鞭而来，新的一年，就在前方，挥挥手忘记当初的模样，未来无法想象！

羊肠小道莫失方向，等待与坚守，总会让你不同凡响！

羊光灿烂！从容的心态与积极的出击，一切保准安然无恙！

羊帆远航！从不失去对前方的追逐与梦想！

羊眉吐气！挺直腰杆！风雪再大！

牧羊人指点江山如画！！！

2014-12-31

静待花开

每个孩子都是一颗花的种子，只不过每个人的花期不同。有的花，一开始就会很灿烂地绽放；有的花，需要漫长的等待。不要看着别人怒放了，自己的那颗还没动静就着急，相信每一朵花，都有自己的花期。细心地呵护自己的花，慢慢地看着他长大，陪着他沐浴阳光风雨，这何尝不是一种幸福。相信孩子，静等花开。

2015-01-03

做这个季节傲霜斗雪的红梅

　　生活的每一天似乎都在接受挑战，如同接受春夏秋冬四季的洗礼，如同欣赏风霜雪雨自然的风景。海水拍打岩石才有了浪花的壮观，勇立潮头才能体会波涛汹涌的惊心动魄。不管是雪域高原抑或四季花海，不论是小城故事还是大城传说，生活就是在修行，生活就是不断地积淀。积淀生存技巧，积淀生活方法，积淀为人之道，积淀做事之法，苦难中体验艰辛，成功时感受愉悦。

2015-01-29

城市的那一角有温暖和生机

　　高楼大厦的背后，富丽堂皇的身旁，白领和金领的人群中总会有这样一群人，他们蜗居在城市的边缘，在城中村或偏远的巷子旮旯里。他们艰辛、无奈、彷徨，饱受各种酸楚，如同野草一样生长，因为有温暖，因为有阳光在前方。

　　在合肥市"万千教师进万家"的行动中，我和其他学校的老师一样，进入到学生的家庭，不同的是这些家庭大都是租住的民房，全家人挤在不到20平米的房间里，有的收拾得井井有条，有的到处堆满了杂物，这是城市的一个特殊的群体，他们背井离乡来到这里，希望孩子有更好的条件学习，希望自己找到出路。

　　小昆和母亲相依为命，父亲嗜赌如命，最终母亲带着他来到这里打工上学，母子俩租住在五里庙城中村一间不到15平方米的房间里，妈妈最大的心愿是希望小昆好好读书，最大的忧虑是儿子大了，经常捧着手机不离手，而且经常和自己斗嘴，不听话了，多说两句有时候还赌气跑掉。我带着学校和包河区教体局的问候送上这本《懂方法的父母成就孩子的一生》和一千元的补助费，这位要强的大姐流下了眼泪，反省自己性子非常急躁，平时唠叨太多了，一定好好改正，让小昆有家的安全感。

小娜家租住在二环外平塘王村里，父母平时收购废弃家电，可是今年不太景气，生意萧条，已经一个多月都没有出去跑了，货卖不出去，现在又下雪了，更发愁了。欣慰的是自己13岁的女儿每天学习用功，平时还辅导上小学的弟弟，生活条件虽然艰苦，但是一家人其乐融融。班主任王老师要父母把有线电视开通，让孩子学习之余多开阔视野，小娜爸爸说等孩子放假就回老家涡阳过年。

小怡父母离异，跟着妈妈来到城市里打工，从小就不幸患上耳病，依靠助听器才能听得见，英语成绩受到严重影响。小怡说只要和妈妈在一起到哪里都温暖，自己也一定努力争气不让妈妈失望。这次期终考试刚到家，小怡有点沮丧，对妈妈说可能英语成绩会让妈妈失望的，妈妈轻松坦然地说："宝贝女儿！加油！妈妈相信你！"

小松从小跟爷爷奶奶在周谷堆附近的城中村中租住一间房子，母亲车祸去世，父亲再娶后就没有过问他，只是偶尔提供些生活费。爷爷奶奶每天早晨5点起床捡破烂，10平方米的房间内堆满了各种废弃的塑料瓶子和饮料罐子，爷爷虽然有食道癌，还是坚持出去捡垃圾。爷爷拿到资助的一千元时老泪纵横，说只要小松努力自觉，爷爷奶奶拼命捡破烂也要让他上高中、上大学。

他们和我们一样，生活在这个城市里，他们有梦想，他们有生机和力量！

2015-02-12

家长要关注四类孩子的收心教育

对于很多寒假玩疯了的孩子，睡懒觉、玩游戏、看电视、无节制的玩耍，家长一定要及时关注。古语有言：凡事预则立，不预则废。又有充分的准备才能从容面对新的开始，良好的开始是成功的一半。

一类是成绩不理想的学生。又要开学了，又要面对听不懂的课堂、看不懂的习题了。这时候，家长要多鼓励孩子，可以小步子慢慢突破，家长要陪伴孩子，一起面对困难。

二类学生是经常被老师批评的孩子。又要见到老师了，孩子心理可能有障碍。家长要懂得赏识孩子的点滴，家长要积极与老师联系，把孩子在家积极的表现告诉老师。

三类是适应能力差的学生。家长要提前与孩子一起进入开学倒计时，及时完成作业，让孩子慢慢进入到学习状态。

四类是追求完美的学生。或许是父母要求过高，或许是父母要求过多，都会给孩子造成心理压力，让孩子产生对抗情绪。

作为家长，首先要注重进行积极的心理暗示，不要把自己对工作消极的情绪，无形中传染给孩子；其次，家长要充分的准备，让孩子很好地完成作业，让孩子信心满满迎接新的学期；再次，家庭氛围要其乐融融，让孩子感受到爱和宽容；最后，多与老师交流，多与孩子的同学交流，更好地了解孩子的学习和心理状态。总之，在孩子的身后永远都要有父母欣赏的目光，要接纳孩子的一切，并与他一起成长。

2015-03-01

新常态下老年人的心理

之所以说新常态，因为我们已经把爱老敬老作为校园工作的传统。带着孩子们走进敬老院献爱心，感受到的是悲凉，不知道该如何安慰老年人，只知道祝福，只能和孩子们一起唱歌，通过表演节目逗他们开心。

我们在写对联或者说祝福话语的时候经常提到"五福临门"，而最后一个福就是"善终"。对老人最大的尊敬就是让他们都能善终，让他们有尊严地离开这个世界，他们的今天就是我们的明天。

中国古代有很多孝顺的名言，如"父母在不远游"。我想作为子女，最大的成就就是善待孝顺父母、养好自己的孩子。父母是根，孩子是枝叶，孝心之水浇在根部才能枝繁叶茂。我没有想到更多孝顺父母的方法，我想到的只是和父母在一起，每天回家睡在他们的身旁，不管家里遇到多大的事情，一家人都要在一起。伴随着我们的茁壮成长，父母一天天老去，我们一起来笑眯眯地看着他们、守护着他们，也许只是青菜、豆腐，没有奢华的生活，但陪伴就好！

老年孤独

有多久，你没和爸妈在一个饭桌上吃饭？
有多久，你没给爸妈打一个电话？
关爱他们的物质生活
更要关心他们的精神世界

"常回家看看"成为你的法定义务

2015-03-03

心理强大源于生活的成就

家长们经常认为孩子还小，很多事情不能做，很多事情危险，很多事情小孩做麻烦，不如自己来，最终把孩子训练得只会读书，其他一无是处，如果孩子读书不好，就会遭遇谩骂"整天什么事不让你干，书也读不好！"

看着今天的家长：爷爷奶奶给孙子孙女背书包、穿衣、系鞋带、端茶、送水、喂饭。爷爷奶奶觉得自己很有成就感，逢人就说你看我的功劳多大，殊不知这样做会抹杀孩子的成就感。

我们会发现，一个孩子如果没有多方面的发展，很难获得很大的成就感。因为孩子的所见所闻、所生活的领域狭隘的话，他对这个世界就会有很多的陌生感，就容易产生挫折和失落感。孩子成长的领域包括学习、生活、人际交往、社会活动，而家长就是要为孩子创造更多的机会，让孩子获得成就感。

让孩子自己切土豆，手被削个口子；孩子自己穿衣服，毛衣经常穿反了；孩子帮全家拍照，摔了个跟头；孩子自己一个人骑车到大摩广场，全身被雨淋湿了；我夜里出远门开车孩子时刻提醒注意安全，给我保驾护航。一个个的经历都让他有所收获，心理自然强大！

孩子毕竟是孩子，有时候他调皮捣蛋，抱着手机玩游戏不松手，守着电视不离开，在玩具店里撒泼，不想做作业，就喜欢吃方便面等垃圾食品，露出了儿童的、天真本性，这个时候我们需要给予他们选择的尊重，而不是斥责。我们可以经常有意无意告诉他这些东西的危害性，玩的时候给予他一个时间限制，比如再看十分钟或者二十分钟，比如再玩二十分钟还是半小时，比如几点我来接你回家。

很多家长过分安排孩子的一切，替孩子做主，但孩子也不会完全按规则行事，导致亲子关系紧张。专制的家长是反面教材，孩子在外面为人处世的也会独断专行，要么扮演着伤害别人的角色，要么成为周围的受气包。

任何人都是有情绪的，家长可以在孩子烦躁的时候转移他的注意力，减少负面影响。家长不要老让孩子用自己的短处和别人的长处比较，你过多让孩子体验到挫折，你在他情绪低落或紧张时，没有带他及时走出那片沼泽地，让他过多体验到无助和无能，负面情绪过多必然降低个人成就感。

伴随着孩子成长，慢慢有了一些责任感，在家庭生活小事或者家庭生活大事上，家长和孩子共同承担。如同过年时孩子收到的压岁钱，我告诉孩子家里没有钱了，向孩子借，他爽快地答应了，他就有了一种被需要感，他就有了一种成就感。

2015-03-09

绅士帕丁顿与家

帕丁顿任何时候都是如此彬彬有礼，尽显绅士风范，从有家到无家，从无家到有家，再从有到无到有。虽然伦敦的大家庭总是下雨却仍饱含温暖，一家人从排斥到接纳到离不开，在爱情和家庭"团圆"的感召之下，一家人得以铤而走险，最后被集体营救，所以任何时候只要有家什么都不怕！因为人类的功利心让地理学家蒙上不白之冤，同样让他的女儿埋下了一颗仇恨的种子，复仇之路上她越走越远，最终不归！伦敦街头的4位艺人始终是风雨中的靓丽景色，不管天气怎样，都要大声欢唱！

2015-03-11

心中有梦想，面朝大海，春暖花开

　　11 岁的男孩杜兆泽川说自己要成为一名像伟人一样的领袖，不断设定自己的梦想，用行动来证明自己，希望得到周围人的肯定。

　　我以这样一个故事视频拉开今天心理课堂的帷幕。亲爱的同学们！你能说出你心中的梦想吗？有的同学说考上大学，有的同学说成为一名军人，有的同学说成为一名工程师。一旁的同学不时发出嘲笑的声音，我立即严肃表态，每一位心中有梦想的人都值得我们大家尊重。

　　梦想是什么？有梦想的人和没有梦想的人的区别在哪里？有人说是没有动力，有人说是失去意志，我也说这好比汪洋大海中的一块没有目的地的漂浮物，最终随波逐流，飘进垃圾桶。梦想再大也不嫌大，梦想再小也不嫌小。不管你是划着小舟还是驾驶着舰艇，你是生活的主人，可以向着自己的方向，披荆斩棘、乘风破浪。

　　梦想在前方向我们招手，我们还需要行动力。只有向着自己的目标努力的人才能获得成就，才能获得别人的尊重，用实际行动来证明自己，让你成为一个值得别人尊重的人。

　　如何达到目标？如何一步步实现梦想？除了坚持不懈，我们需要给自己设定一个合适的目标。

　　如果你还在徘徊不前，还不知道自己究竟能做什么，如果你还没有梦想，先把眼前的事情做好，做生活的主人！

　　最后带领全班同学一起朗诵《面朝大海，春暖花开》：从明天起，做一个幸福的人/喂马，劈柴，周游世界/从明天起，关心粮食和蔬菜/我有一所房子，面朝大海，春暖花开/从明天起，和每一个亲人通信/告诉他们我的幸福/那幸福的闪电告诉我的/我将告诉每一个人/给每一条河每一座山取一个温暖的名字/陌生人，我也为你祝福/愿你有一个灿烂的前程/愿你有情人终成眷属/愿你在尘世获得幸福/我只愿面朝大海，春暖花开。

2015-03-12

学困生更能体现师者价值

老师们在一起，经常说的话题就是我们的生源怎样怎样。听到很多老师对自己成绩一般或者是很差的学生表现出的倒霉心态，让人堪忧。老师！我们的工作任务和目标到底是为了什么？难道就是为了成就一大批考上重点高中或者重点大学的所谓优秀学子，否则你就没有生活工作的价值和意义了吗？难道当初选择当老师的本身目的也是为了追名逐利。如同现在的搞体育艺术的重在训练几个尖子在全市全省拿个大奖，普济众生的活很少有人问津，急功近利的心态，究竟是谁之错？

不论是日本的《寿司之神》，还是德国的手工皮鞋家庭，他们对事业本身的顶礼膜拜让我们惭愧。教育是渡人渡己的事业，锦上添花固然值得羡慕，雪中送炭何尝不让人钦佩。遇到所谓的差生，他们更需要我们的关心爱护，遇到缺少家庭教育的孩子，更需要我们的温暖和爱心。教育本身就是帮助人找到尊严，教育是一件度人灵魂的崇高职业，千万不要把她做成技术活。教育就是修行。人生在世，遇到了就是缘分，遇到了就是机会，遇到了就要体现你的价值。你拒绝学困生的同时，其实距离师者本身愈行愈远，最终肯定不能得道成仙。

2015-03-25

孩子成长中的蝴蝶效应

我所说的蝴蝶效应是套用古龙先生武侠小说中的英雄追美女的心理，你在后面使劲追，她在前面比你跑得还快，如果你改变方向或者暂停下来，她反而掉转头来主动找你。其实很多时候我们对孩子的教育，过于开门见山表达想法，结果孩子根本就不买你账。你想让他学习，天天督促他，一开口孩子就知道你问学习，他根本就不理你；你一开口就让他读书，他肯定对读书不感兴趣。如果你的内心深处对孩子有抵触情绪，孩子其实一定能感受到你的拒绝，如果你是赏识心态，那就不一样了。享受和孩子在一起的美好时光，充满乐趣、好玩。改变策略吧！带孩子一起放松放松，户外活动，精彩的生活之余，学习反而变得轻松。一篇很长的演讲稿，孩子在游玩路上赏识的目光中很快掌握。偶尔晚上不阅读，孩子突然意识到爸爸你怎么了，快点来读书，我来给你打分。生活本身如同年轻时的恋爱，生活本身就是精彩的，不必去苦恋，吓跑恋人和孩子。孩子们跳绳回来的路上，神情貌似为失败沮丧，组织他们来个才艺大比拼，赶跑了坏心情，就能让一路欢声笑语充满乐趣。

2015-04-12

体育中考心理辅导演讲稿

同学们！站在这宽广的操场上，你也许已经记不清留下了多少个脚印，记不清在这红绿相间的塑胶跑道上来来回回跑了多少圈，挥洒了多少滴汗水，练习过多少个座位体前屈，双手摇绳跳过几万次，也许十多万次。不管在清晨的薄雾中还是在艳阳高照的中午，不管是放学过后还是在课堂上，总能在田径场上看到很多同学刻苦训练的身影。你们的坚持精神，你们持之以恒、勇往直前的态度，绿茵场跑道，还有这郁郁葱葱的香樟树看得清清楚楚。在座的老师们都看在眼里，你们的汗水不会白流，你们的泪水不会白洒。我想真诚地对大家说声：同学们，你们辛苦了！

下午，就在2015年4月13日的下午，我们就要奔赴体育中考战场，用一个下午，也许只是30分钟的赛场拼搏来汇报我们这么多天披星戴月的刻苦训练。

此时此刻，我不知道大家心中的感受，是紧张不安，还是恐惧担忧，担忧自己发挥失常，害怕自己考不出好成绩，但是我想问一下在座的同学们，恐惧有用吗？害怕有用吗？

所以今天我首先送给大家两个字——淡定。

淡定不是放松，不是懈怠，而是一种从容。淡定是有备而来，从现在开始准备进入"休眠"状态，中午吃好，但不要吃饱，上车后就要全体休息。淡定是一种蓄势待发的准备状态。小考考水平，大考考心态；镇定是大考当前，我们哼着小曲彼此幽默开涮；镇定是保持微笑有礼貌地对裁判老师打个招呼，热情地喊一声"老师好！您辛苦了！"这样在不经意中就消失对考场的生疏感、紧张感，获得心理上的安全；镇定是内心深处对自己说没什么大不了，用我们合肥话讲："好大事"！

其次，我要和大家分享的两个字是"专注"。

瓦伦达是美国闻名的走钢丝杂技演员，人在离地几十米的高空走钢索，没任何安全保护措施，险象可想而知，但瓦伦达毫不畏惧，每战必胜。有人问他成功的诀窍，他说："我走钢索时，从不想到目的地，只想走钢索这一件事，专心致志走好每一步，不管得失。"后来心理学把这种专注于做自己的事，不为其他杂念所动的心理现象称为"瓦伦达心态"。考生要想获得成功，就应有瓦伦达心态。跳绳时心中只有跳绳，跑步时心中只有跑步，座位体前屈就想座位体前屈，不要思前想后，考完就不要再想，以免影响自己当下的发挥和下一场的成绩。

第三就是"积极的自我暗示"。我认为我行我才可能行，如果我认为我不行，我肯定不行，考场上我们要想着一些开心的乐观的事情，有的同学总是担心自己跳绳时出差错，老是担心就会分心，一分心也许真的出差错；有的同学害怕中长跑自己肚子疼头疼，一开始跑就有消极的心理暗示，跑着跑着感觉自己好像越来越不舒服了，受不了了。所以一开始他们就被自己打败了，被自己吓败了。好心情是自己创造的，千万别跟自己过不去。大家一定要给自己积极的暗示，今天的天气真好！阳光灿烂春光明媚，我想请大家跟我一起说："我很好！我能行！""我真的很不错！"

第四是相互鼓励。延参法师面对雅安地震中同胞说出这样一句话："不管命运给我们多少磨难，我们都要坚强地面对，相互温暖。"站在操场上，我们348多人，348多个心灵，走出校园，走在一中的赛场上我们头顶只有一个名字——二十九中人，我们要相互鼓励彼此温暖，给彼此一个微笑的支持，一句打气的话语，我们在一起，我们一起昂首挺胸迈过中考战场。不是充满硝烟，而是一片阳光，二十九中的一片靓丽风景，有你有我的微笑，有你有我的从容，有你有我的友谊，有你有我的自信，有你有我的热血和拼搏，有你有我的精彩！

2015-04-13

戏剧表演是艺术展示也是最好的心理辅导

从心理学角度，戏剧表演是转化角度思考人生，从生活本身很好宣泄个人的情感，陶冶情操。

一天享受"人小鬼大"们表演，自豪南小人有模有样京剧表演。说到就要做到的六安路小学《口香糖历险记》，上派民生小学《梅花魂》。儿时伙伴可好？家长亲自栽的榕树可曾长高？我的父母安葬在哪？兄弟姐妹可听到我的呼唤！城关小学一封家书写给留守儿童，父母身在远方，牵挂孩子和爸妈！梦园小学讲"三袋麦子"的故事给大人启迪坐吃山空。开拓资源，滴水之恩，涌泉相报！

戏剧表演展示合肥学子热情、爱家,同学少年风华正茂,书生意气挥斥方遒,世上无难事,只怕有心人!无论发生什么,我们都要在一起!每一个善良的孩子都有一个自己的大白!一中《哦!船长,我的船长!》,师范附小的《铁杵磨针》,梦园的《地震中的父子》,屯小的《大脚丫跳芭蕾》,三十五中的《冰雪奇缘》,十中的《大白来入梦》,还有八中的《马兰花开》,看到莘莘学子以邓稼先选题作文,我们格外激动,"同志"两个字,回归到那个朴素纯真的年代,是我们的心声,我们的追求!

合肥二十九中毕业生团体心理辅导原创台词

时间:2015 年 5 月 21 日 10 点

一、引导语:亲爱的同学们,亲爱的 2015 年的毕业班的同学们!你们好!

二模考试结束,大家辛苦了!大家每天早晨七点前到校,晚上七点才离开学校,每天都埋头于书山题海之中,也许还经常"开夜车"到深夜,大家也许很久没有看自己喜欢的电影、电视剧,很久都没有玩游戏了,好久没有去开心玩耍放松自己的心情了,你们的坚持精神,你们持之以恒、只争朝夕、勇往直前的态度,这绿茵场,这教学楼,还有这郁郁葱葱的香樟树看得清清楚楚,在座的老师们都看在眼里。我想真诚地对大家说声:同学们!你们辛苦了!

二、纸飞机抛开烦恼游戏

如果此刻你觉得很累、很苦、很紧张,如果你觉得有很多烦心的事、很多的心理负担,请写在这张纸上,以前面的同学的背部作为课桌,一条一条写出来。

在我们很小的时候都喜欢玩这样一个游戏——折纸飞机,今天就让我们一起折一个纸飞机,抛开烦恼和忧愁。

三、兔子舞游戏

今天我们全体老师要和大家共同度过这 45 分钟,就是希望大家可以放松一下,开心一下,暂时忘记中考!现在,我们一起运动一下,HAPPY 一下,大家说好不好?

(王建领做兔子舞)

当我看到全校 10 个班级在操场上跳起了兔子舞,在同一节奏下舞动着同一舞步,配合得如此默契,我觉得大家就是一家人,我们都是二十九中一家人。在茫茫的人海中,完全陌生的我们三年前一起走进二十九中的大门,这是何等的缘分。接下来,我想请大家一起回顾我们一起走过的 3 年的美好时光。

全班同学一起手拉手围成一圈坐下,放松自己心情,老师不要求睁眼不要睁眼,在整个活动过程中不要说话。

四、三年时光催眠毕业

亲爱的同学们!合肥有一个美丽的地方叫南淝河,古往今来,她孕育着一代又一代的合肥人,这是合肥的母亲河,她曲曲弯弯通向八百里浩淼的巢湖。淝河上驾着一座孔雀桥,她见证着合肥的成长,也见证着我们的成长,我们和南淝河一起长大。时光飞逝,岁月如流,弹指一挥间,三年的初中生活转瞬即逝。推开记忆之窗,我们还记得吗?三年前的那个金色的秋天,我们带着纯真的笑容跨进了二十九中的大门。三年的同窗生活，我们同心并肩，一起经历风风雨雨。还记得我们一起军训的模样吗？课堂上我们聚精会神，老师谆谆教导，运动场上我们拼搏呐喊，挥汗如雨，我们一起唱歌，一起打雪仗，一起玩耍、一起疯狂，三年里我们有过奋斗的艰辛，有过成功的喜悦，有过坎坷，有过失落，有过无拘无束的欢笑，也有过太多的痛苦和眼泪。三年里我们从懵懂走向成熟，从无知走向理智，从浅薄走向充实。三年同窗生活，我们度过了人生这段最纯洁、最美好的时光，在我们内心深处埋下了深深的、一生无法割舍的情谊。而今天我们就要说再见了，和我们朝夕相处 3 年的同学们说再见了，和这个我们爱过恨过的二十九中说再见了，和我们一起情同手足的兄弟姐妹们说再见了。

只有短短的 23 天我们就要分离了！告别我们的美丽的二十九中，在这最后二十几天的不寻常的日子里，让我们好好珍惜彼此，让我们真诚地为同伴送上最温馨的祝福。相信这些祝福可以感动自己，可以鼓励大家，会让我们坚持到底、永远不倒。让我们从容走上中考考场，发挥自己最佳状态。

接下来，就请大家捧上你的一颗真诚的心，我们一同来进行一个特别的活动——请在我背上留言。几句鼓励的话、几句温馨的祝福，也可以是他的最大优点。

五、留言祝福

让我们分享一下同学们送给我们的祝福和鼓励，如果你觉得你获得了心灵的动力，请你大胆地走上台来，把你的正能量传递给更多的同学，分享同学祝福、鼓励你的话。请你走上来，站在这个舞台上，告诉在场所有的同学，可以让你更从容更自信地走上中考战场。

（分享祝福，学生上台）

请大家好好珍藏着这张带着同学们祝福和鼓励的加油卡，放到你的贴身口袋里，在你失落的时候，在你信心不足的时候，拿出来鼓励自己。

六、校长讲话、年级组长和老师祝福

七、我给大家提升信心加油

站在南淝河这块美丽的土地上，我要告诉大家，从二十九中毕业的很多优秀学子在科大、北大、南航等全国重点高校就读，在政府、企业、法院、警察等各个部门发挥重要的作用，每一个二十九中学子应该倍感骄傲、自豪和荣光。我们都要长大，也许是未来的 10 年、20 年，我们都从一颗颗小树长成大树，长成参天大树，成为一片靓丽的风景，为我们家人遮风挡雨，让父母因我们而自豪，让老师因我们而自豪，让二十九中因我们而自豪，让滨湖因为我们而骄傲自豪！

今天，我们以青春的名义在这里集合，我们要从容地走上中考战场，将来要走出合肥，走出安徽，走向世界。今天我们站在二十九中的操场上，我们以青春的名义宣誓，我们用最大的声音告诉我们自己，告诉我们的老师，告诉我们父母，告诉二十九中，告诉……请大家单手握拳高高举起，跟我一起说：我们有信心！我们可以！我们坚持到底！我们一定行！

同学们！你们的激情让我感动。延参法师面对雅安地震中的同胞说出这样一句话："不管命运给我们多少磨难，我们都要坚强地面对，相互温暖。"每个人的心地都蕴含着自己命运的美好，不要在意生活的苦恼和曲折，心才是自己整个的世界，纯洁的心才能让人高贵。站在操场上，我们400多人，400多个心灵，走出校园，走在中考的战场上我们头顶只有一个名字——二十九中人。我们要相互鼓励、彼此温暖，给彼此一个微笑的支持，一句打气的话语，我们在一起，我们一起昂首挺胸迈过中考战场。不是充满硝烟，而是一片阳光。二十九中的一片靓丽风景，有你有我的微笑，有你有我的从容，有你有我的友谊，有你有我的自信，有你有我的精彩！让我们手挽手心连心，来吧！亲爱的同学们，让我们给我们的好兄弟一个豪情的拥抱，让我们给我们好姐妹一个热情的拥抱，如果你的老师在你的身边，请给他一个拥抱，让我们从彼此的身上获得动力，使我们从容。

八、让学生彼此拥抱，和老师拥抱。集体感恩母校，向老师鞠躬、和老师握手。鞠躬30秒，并集体说声：老师们辛苦了！我爱您，二十九中！

九、这不是结束，而是新的开始，我们人生的新的开始，沿途的风景更美！

2015－05－17

初三毕业生考前烦恼现状与思考

一、父母影响带来的烦恼

因父母态度、言行给孩子带来心理烦恼的占比例约21%，其中，父母期望值过高给孩子带来烦恼的比例为10.3%。家长不顾孩子的实际学习成绩，提出过高的期望，认为自己的孩子可以达到一个高度，而这个高度对于孩子目前的水平又是难以逾越的，必然导致孩子心理压力大，甚至产生放弃的心理。其次就是父母的整天唠叨给孩子带来的烦恼占比例3.8%。父母的心情可以理解，但凡事都有度，孩子到了最后一个月基本定型，需要的是陪伴和鼓励，每天该做什么其实老师早有安排，这个时候还在后面鞭策，不体贴孩子的辛苦与劳累，往往会使孩子心理走向反面。陪伴欣赏鼓励打气，少说多做，需要家长做的就是给孩子减压。担心父母失望的比例也有3.8%，因为父母非常关注，所有无形中造成孩子很大的心理压力，觉得父母付出多，应该用成绩来回报他们，否则自责愧疚。家长要替孩子卸下包袱，要向孩子说，你们尽力考好，只要发挥你应有的水平，父母不会责怪。

二、自我压力大带来的烦恼

自我感觉考试压力大、学习科目多带来的压力占比例55%；担心自己考不好的同学占17.1%，这是对未知的恐惧和担忧，还未到考试，就觉得可能考不好，沉浸在担忧的状态，而不是思考立即行动起来，利用有效的时间。对自己成绩不满意的占9.6%，自我感觉不好，老是考不好，甚至怀疑自己的智商和能力。老师要帮助学生科学地分析、接纳自己的现状，制订合理计划，继而改变现状。应接不暇的考试与复习带来的烦恼占16.8%。这需要班主任、年级老师科学合理地安排考试、复习，如果都使劲布置作业、安排考试，学生苦不堪言，最终很难有好的收成。这个时候讲课要精讲，注重实效性。老师要给学生减压，而不是一味加压。

三、睡眠不足、没有时间放松带来的烦恼

为睡眠而烦恼的占9.6%。家长和老师要指导学生，睡得好才能学得好，精力不济，是无法取得良好的学习效果的。一张一弛、文武之道。也有2.1%的学生指出没有时间放松玩耍。学得好的同学同样要放松自己，睡好觉、听音乐、聊天、运动，适当的休息放松是为了更好地学习。

四、毕业分别的离愁

离别伤感的占8.6%。最后的一个月中，离愁不可避免，淡淡的忧伤。要告诉学生这是青春的蜕变，是人生一个新的开始，我们要奔赴一个更加广阔的前程，我们需要最后在一起的鼓励、加油，珍惜在一起难得的美好时光，用满意的成绩、优良的表现向初中毕业献礼，留下一段真诚美好的回忆。

总之，毕业生的烦恼来源于青春期毕业季，来源于父母、老师和社会环境。我们都要站在孩子的角度，创建一个温暖、支持的环境氛围，与孩子在一起面对中考，从从容容参加中考。是拼搏的汗水，更是挑战的乐趣，也是人生的靓丽风景！

2015-05-25

敏感孩子教育之道

最近，和很多家长沟通的时候，经常听到的话就是我这孩子非常敏感，别人说的很多好他没有记住，但是只要说一个不好，他就放在心里，日夜不得安宁。其实孩子如此，大人也不乏其多。敏感心理就是觉察力有偏差、也太强，疑心重重，林黛玉就是典型。有的孩子往往因为敏感，在生活中疑神疑鬼，喜欢琢磨别人的一句话，喜欢挖掘别人的潜台词。其实，这种心理也叫受挫能力较差。为什么受伤的总是他（她）？就是因为过于敏感。

家长要创造一个轻松的家庭氛围，教师要教育学生学会用积极的心态分析别人的观点，指导学生遇到可疑言行，冷静思考，或开诚布公发表见解，弄清真相，解除误

会，解除不必要的猜疑。还有一种方法就是学会"大智若愚"，小细节不必斤斤计较，大局着想，否则小不忍乱大谋！

　　同样，对于老师来说，对这些孩子应该多鼓励，放大优点，弱化缺点、不足。如果能创造更多机会，让孩子获得成就感，敏感自然消失！

2015－05－27

针对考前浮躁心理对症下药

　　优等生的浮躁表现在认为都掌握了，不认真系统复习，结果考试成绩不理想。对优等生，着重向他们说明认真系统复习的重要性和必要性。对于中等生来说，愿望强烈，但是水平有限，急于求成，每次成绩欠佳，导致失望。对中等生，要着力指导他们制订合适的目标。后进生，有破罐破摔的心理。要教育他们，不管学到多少，都是为自己的成长做储备，要努力学习、尽力考，给自己一个交代，就是上职业技术学校也光荣。教师要传递的信息就是不管目标是重点高中还是普通高中或者中专，只要端正态度认真复习参考就光荣。

　　过于加压，会让考生心烦气躁，没有信心。考试前，老师、家长不应再给他们施加压力，应该多和他们谈心，帮他们看到光明的前景，缓解紧张情绪，使他们平静地投入学习。家长也不要过分"帮助孩子"。如果这段时间把孩子盯得紧紧的，会使孩子感觉没有自由空间，很窒息，容易产生逆反心理。也不要对孩子有过分期待，过分期待只会给孩子造成心理压力和情绪波动。考生一定要调整好心态，让自己保持稳定、向上的精神状态，应该多从积极的方面想事情，给自己增强信心。

　　首先，老师要进行具体方法指导：第一，复习要求慢、求静、求精；第二，相互检查复习；第三，要收集整理错题，借鉴历年考试的题目。明确地知道自己的弱点，才能更有效地利用时间，提高成绩。

　　其次，要使学习环境尽可能安静。学校里要创造一个彼此鼓励的氛围，家长要努力创造宽松欢乐的家庭氛围。

　　再次，按时作息，严禁加班加点。

2015－05－27

珍爱生命　让每天生活快乐

　　前段时间听到了清华大学彭凯平教授说的一个数据，每年因为个人情绪管理不善而自杀的人数远远大于交通事故的死亡人数，而交通事故也往往是因为个人情绪不稳定或者注意力不集中所导致。青少年低落消极情绪，很大程度上就是因为每天生活不快乐，他们常常生活在抱怨斥责中，生活在压制、没有业余兴趣活动和没有喘息的作业包裹中。在一个家庭中，如果大人不懂得快乐生活，孩子便没有快乐生活可言，如果一个老师不懂得快乐生活，在他的课堂上，学生情绪怎能不低落消极？所以足球老师说：珍爱生命，那么我们一起踢足球吧！美术老师说：珍爱生命，我们一起画画吧！音乐老师说：珍爱生命，我们一起歌唱吧！要把学习语文、数学、英语、历史、政治、生物等学科的学习都当作一件快乐的事情来做，而非仅仅为了考多少分数。科学的本性在于尊重人、发展人，因而，应该让学生在学习中体验快乐！家长们，老师们，我们都行动起来，把自己每天的生活、并让学生们每天的生活过得有意义，这是珍爱生命的根本！这样，当我们回忆往事的时候，才有一段难忘的美好回忆。

2015-10-19

关于心理健康教育工作有序全面开展的建议

　　岁末，有幸和李违遴处长、李妮老师、郎秋燕老师一同前往全市各校进行心理辅导室的认定工作，是检查，更是一次学习。作为一名学校的心理健康教育工作者要着手开展好几项工作才能让一切有序全面开展。

　　心理健康课堂教育教学工作落到实处。课堂是载体，心理健康教师个人的良好心理也是在不断的课堂教育教学中练出来的。课堂是让学生全面接受心理辅导和心灵启迪的主阵地。

　　心理健康教育活动有序开展。活动看似凌乱，其实是有序的。从开学的入学适应教育到期中考试前的心理辅导再到学期结束后的心理辅导，从新生适应到人际关系调整，从学习心理辅导到考试心理调整，从情绪管理到生涯规划，不同的学生有不同的教育，不同的时期也有不同教育。如3月雷锋月，爱心关爱他人；4月缅怀月，生命关怀；5月感恩月，5·25心理健康节，珍爱自我；6月毕业季放飞梦想，新的征程；9月是开学季，进行适应和新梦想的教育；10月中秋季，亲人的牵挂和联系；11月期中考试，心理调整；12月，进行迎新年的心愿的教育。

心理健康教师团队组建。有的学校本没有人员，借鸡下蛋，但是无法正常开展；有的学校一个人孤军奋战；有的学校有一批人齐心协力，团队出战。心理健康教育工作渗透在学校各项工作中的工作，需要大家的携手共进。心理健康教育工作、班主任工作和学生活动、教育教学本就紧密联系在一起。十中的导师制和家长联系制度都是很好的借鉴，是壮大心理健康教师团队的方式方法。合肥"一六八中学"全方位立体化覆盖，不管是教师团队还是学生社团，不管是心理课程进班还是开展主题心理教育活动，都代表了学校的发展品味和规格。网络化的心理健康教育平台，把每一个学生放在心上；20位心理兼职老师成立幸福人生工作坊；班级"心理委员"工作细致入微。大学校传递大爱，担当大责任。

学生心理教育团队的榜样和模范作用。"心理委员"整天活跃在学生当中，充分掌握、及时反馈学生的心理动态，对开展心理健康教育发挥了非常重要的作用。学生的社团活动不仅渗透了心理健康教育，同时也反馈学生心理。"一六八中学"开展心理知识普及活动，进行学生心理能力的培养，工作做得很扎实。

心理咨询工作的开展。心理咨询工作开展的前提是有心理咨询工作人员，专兼职队伍和班主任心理辅导全面铺开。三十五中范校长带头针对藏班学生进行心理关怀，进行所谓"贴着孩子的屁股给他们温度"的心理健康教育。他们的心理教育有情感、认同、有温度。针对藏班学生，每周开展心理拓展户外活动，开展心理访谈。他们把心理健康教育工作看作是一份责任、一种荣誉。他们认同、肯定每一位孩子的成长，是孩子心灵的守护者、发展者。

家长心理辅导工作的开展。家长是心理教育的重要力量，家长心理健康，学生心理一般不会坏。利用"家长学校"和家庭教育报告会，激发家长参与学校心理健康教育工作的积极性；发挥家长委员会的模范带头作用，引领和促进全班学生家长参与学生心理健康教育工作。开展家长课堂、家长义工、模范家庭评选等活动。

心理健康网络平台的搭建和宣传。建立家庭 QQ 群，班主任 QQ 群，以及各个微信群。现代化的网络可以超越时空全面进行心理健康教育知识、技能以及理念的传递。

心理健康教育硬件设施建设。我们见识了合肥七中"高大上"心理中心，4 间个体辅导室，6 套沙盘模型，20 套放松音乐椅，宽敞宣泄室的、3D 影院，设备先进齐全。

2016-01-06

父母的爱是子女成长的动力

周末上午，在未成年人辅导站接到一位学生妈妈的电话。她说，自女儿上了重点高中后，成绩直线下滑，特别迷恋手机，和妈妈的关系激化，偶尔还出现极端心理。当提到爸爸和女儿的情感的时候，妈妈在电话那一端哽咽了，家庭孩子教育的所有重担压在妈妈的身上。面对女儿学习滑坡的困境，妈妈不知道该用什么方式来解决，所有的安慰、鼓励和支持竟然被女儿曲解。太为难妈妈了！我要对妈妈的女儿、我的学生说，妈妈的水平虽然不高，但是在这个世界上，妈妈最爱你，妈妈一直在背后欣赏你、支持你，需要妈妈做什么，什么时间做一切都由你来决定。至于你偶尔的放纵，妈妈会原谅你，但人生的路终究靠自己走，我们都要对自己的行为负责。至于你爸爸的态度，你的妈妈也无奈，不管你怎么看待你的妈妈，你在妈妈心中是最重要的！你的妈妈说，她要努力地做一个完善妈妈，人生不可避免会遇到一个个困难和挫折，妈妈愿和你一起面对。

做父母的，首先要以身作则做出榜样，不断修正自己的思想和行为。我们面对困难的态度直接影响孩子面对困难的态度，我们无畏，他们也不怕。不要老是扮演受害者的角色，要做生活的主人。

2016-03-06

学校是老师的第二个家

每天循规蹈矩的生活，家和学校两点一线定格成一种永恒。回家是为了休息和家人团聚，享受一家人的亲情。每天上班到学校是为了工作、实现自己的人生价值。在外再忙再累还是要回家，还是觉得"金窝银窝"不如自己的"狗窝"安全舒心，学校是什么？工作单位！

回头来掐指一算，猛然间发现，每天在学校待的时间比在家待的时间还要长。我们在家里呵护温暖的亲情，在学校里何尝不需要呵护我们彼此的情谊。难道因为你在外面忙碌就可以回到家里颐指气使乱发脾气？同样，也并非你回到单位工作就必须绷着个脸，不需要相互真诚贴心交流，彼此关心照顾。

学校是我们生命中的第二个家，同事也是我们的亲人，学生就是我们的孩子，我们有一起建设好自己大家庭的责任，而非一个客栈、旅店，今晚住了明早就走人。学校的一花一草、一砖一瓦都需要我们去呵护。教育就是唤醒灵魂，教育就是让人感受到尊严。每一个学生的幼小心灵都需要我们呵护点燃。教育就是阳光照辉草木，让它们茁壮成长；教育就是一片云推动另一片云，让它们展现彩虹！

作为一名教育工作者，学校就是你的家，把灵魂放到家里，你无须回避，你就是这个家里的人。这个家的好与坏，这个家的贫或富，跟你息息相关，你有责任让这个家更美好。如果学校陷入困境，你不用努力，反而只顾指责，要你做什么？学校享誉海外，你没有功劳，你何谈骄傲？如果你是一块石头，钻进被窝也不会温暖，但是，你是一个人，有一颗温暖心的人。

把灵魂放进家里，这个家你有责任。你要担当，你要付出，你要有你的价值。

2016-03-18

师生谈心三原则：尊重、希望和成长

有人说，最糟糕的时间就是周日晚上，因为第二天又要上学上班。我则不然。想想可以见到同学同事，就很开心，心情很期待。作为一名老师，自身价值的体现，除了家庭就是校园。你的社会价值和自身的专业价值就是与学生在一起的教学相长。

人贵有自知之明，知道能做的不能做的，该做的不该做的。年轻时冒失、心焦气躁，偶尔还与学生发生争执，好在有爱教育爱学生的情怀，每每和那些已经毕业许多年，甚至结婚生子的学生们在一起，都感到美好、难忘。为什么孩子们愿意和我在一起，现在总结起来，无外乎三点。因为我和他们在一起时，我尊重他们，给他们带来希望，并给予他们一些成长的建议。

尊重是最根本的，学生不喜欢老师的第一原因，就是很多老师不懂得尊重学生，不理解孩子的心。每个生命都是平等的，每个生命都有无限的可能，每个生命的价值都在于获得赞美而非同情。有的老师在学生犯错误后，就立刻不问青红皂白地批评、指责甚至给予打击。感受到不受尊重的学生根本就无法和你沟通，你首先把自己和学生隔阂了，剩下的只有对抗了。

其次是希望。很多老师喜欢自己给孩子评价定型，我经常问他们：你凭什么？你能未卜先知吗？否定孩子的最终结果，就是孩子对你不认可、不信任，就是对自己没有希望、没有信心。如果在你的面前都没有希望了，孩子怎能跟你建立良好的关系？没有良好关系，何谈教育？给孩子以希望就是让孩子觉得自己未来的可能和美好的前景，希望就是不管怎样，我们未来一定是美好的、光明的。这样，即使前路坎坷，我们也能义无反顾向前。

再次就是成长。成长是根据学生的具体情况给予良好的量身定制的计划。我们该怎样实现？一步一个脚印去做，去实现一个个小小的目标，然后达到大目标。从近期到远期，不断调整、坚持，寻求合适的方法和策略。从客观现实到自身实际，从学习本身的策略到成长的经验，让不可能成为可能，让遥远成为眼前，让一切真的可能，因为我一直在成长，成长比成功更重要。

2016-04-06

梦想　超越　在一起

——池州十一中中考心理辅导方案

辅导背景：

中考还有 45 天，家长、老师更加关注学生的学习，接二连三的考试更是加快了学生的学习节奏。面对家长的关心，老师的要求，很多学生感觉到整个人都处于紧绷的状态，压力很大，但有很多学生至今没有明确目标。为激发部分懈怠的同学的学习动力，端正态度，珍惜时间冲刺中考；帮助学习压力过大同学适当减压，缓冲紧张情绪，挖掘学生潜能，不断自我超越；通过学生对老师的积极评价，促进老师改变厌教情绪，凝心聚力；通过团体心理活动增强学生学习的责任感和坚定的信心，促进学生和老师之间心灵沟通，指导他们自我调整关注珍惜当下，发奋学习感恩母校、感恩老师、感恩父母，青春无悔。

辅导目标：

面向全体毕业班学生，释放压力，调整心态，感恩励志，挖掘潜能，合力营造有利于毕业班学生健康、积极、和谐成长的环境与氛围。

辅导重点难点：

引导学生以积极心态迎接中考，关注当下，学会自我调整，释放心理压力，放松心情，珍惜时间，合理制订中考目标，发掘潜能，自我超越。

辅导时间： 4 月 29 日下午

辅导对象： 约 1000 人九年级师生、约 300 名 15 个班级的学生家长

活动地点： 操场

辅导准备： 室外专业音响 1 套，笔记本电脑 1 台，无线话筒 3 支，舞台桁架：背景 6 米×4 米喷绘 1 个，5 米宽 6 米长舞台红地毯，高约 0.5 米舞台（坚固），两侧都要有结实台阶，20 米长 2 米宽红地毯 1 条，1000 张 A4 白纸，1000 个心形写真贴（直径 20 厘米，一面能写字，一面可以贴在背上），1000 份歌词《骄傲的少年》，20 个记号笔，学生每个人带笔。

辅导主题：（喷绘背景 6 米×3 米）

大标题（梦想　超越　在一起）小标题（池州十一中中考心理辅导）

辅导过程：

（一）暖场

《平凡之路》音乐中，学生和老师陆续进场，教师提前给学生发放白纸。主持老师自我介绍，真诚问候，表达对同学勤奋学习同理心，拉近彼此距离。

辅导目的：拉近彼此心灵距离，让学生获得同理心。

辅导音乐：钢琴曲《童年》。

（二）情绪宣泄：纸飞机抛开烦恼游戏

辅导目的：宣泄心中的郁闷和压抑，并通过童趣的游戏让学生逐渐放松心情。

辅导形式：提前每人发放一张 A4 纸，让大家把内心的烦恼和忧愁写在白纸上，并进行交流，现场表达，并分组进行纸飞机放飞。

辅导音乐：《飞向更远方》。

（三）热身游戏：兔子舞

辅导目的：放松身心，缓和紧张情绪，"左左右右前后前前前"寓意人生的螺旋式前进。

辅导形式：先男女分组跳，然后全班围成一个大圈跳。

辅导音乐：《兔子舞》。

（四）三年美好时光

辅导目的：呼唤珍惜美好生活，将在初中校园最后的最好时光表现给自己身边的同学，想着同学老师的好。

辅导要求：全班同学一起坐下，放松自己心情，老师不说"睁眼"就不要睁眼，在整个活动过程中不许说话。

辅导音乐：《夜的钢琴曲》《我的钢琴很简单》。

（五）请在我背上留言（班主任现场发心形留言卡，贴在后背上）

辅导目的：给同伴鼓励、祝福、加油，让彼此心中充满温暖和动力。

辅导形式：在同伴的背后写上我们的祝福，引导语请老师写。

辅导要求：每人背后贴上一个心形的写真贴，检查个别学生恶作剧写不好的东西贴在别人的背上，引导学生端正态度。可以找老师写。然后进入分享环节。

辅导音乐：《祝你一路顺风》《因为你因为我》。

（六）老师和家长代表祝福（现场安排即兴发言）

辅导目的：让老师代表和家长代表表达对同学的祝福与鼓励，调动更多的心理动力。积极正面促进老师的自我肯定，全体协同一致奋战中考。

辅导形式：安排现场邀请部分班主任和家长走上讲台对学生进行鼓励加油，每人不超过 4 句话，老师和家长分开上场。

辅导音乐：《我的歌声里》伴奏。

（七）分享祝福，学生自我鼓励

辅导目的：在集体的鼓励下，学生勇敢上台表达自己决心，争取最好表现。通过自我表达和积极肯定，群情激昂，集体主义精神升华，促使学生为个人荣誉、班级、父母老师和美好未来拼到底！

辅导音乐：《寂静山林》。

（八）规划目标

辅导目的：明晰自己人生目标。

辅导要求：激发 30 名学生代表上台在主题喷绘旁写下自己的中考目标，张贴在主题宣传版上，让大家共同见证自己的梦想与追求，自我激励。

辅导音乐：《青春励志》。

（九）集体鼓励

辅导目的：激发全体同学的集体荣誉，珍惜分秒，从容迎考。

辅导要求：自己的中考目标、青春誓言，让美丽的校园和所有的老师、家长、同学见证我们的健康幸福成长和意气风发的青春。让学生彼此拥抱，和老师拥抱。集体感恩母校，鞠躬。各班集体加油自我鼓励，集体合唱歌曲。

辅导音乐：《骄傲少年》。

（十）欢乐送

辅导目的：让学生感受温暖的社会支持。

辅导要求：校长、老师、家长一起站在舞台两侧，与毕业生击掌欢送。

2016 年 "5·25" 心理健康周活动方案

一、活动主题：

遇见最好的自己（悦纳自我）

二、活动目的：

以教育部颁布的《中小学心理健康教育指导纲要》为指导，为了让学生懂得自我悦纳、关爱生命，紧密结合我校心理健康教育实际，开展一系列形式多样、富有实效的活动，形成人人关注心理健康教育的氛围，丰富心理健康教育的文化内涵，进一步推进我校心理健康教育。

三、活动对象：全体在校学生

四、活动组织：

负责部门：政教处、团委、心理健康辅导中心。

负责人：管以东、陈凯、王建、章严、叶文林、蒋树、刘宗珍、王迪、贾秀英。

五、活动时间：2015 年 5 月 23 日至 27 日

六、活动内容：

（一）心理健康主题教育

1. "我爱我"主题升旗仪式：5 月 23 日上午，八（5）班组织开展。

2. "悦纳与众不同的我"心理主题班会：各班级组织开展。

（二）心理健康小报展览

每个班级发放一张 A3 白纸，各班级制作一张以心理健康作为主题的画报，并于周四前交给心理老师，进行全校展览评选。

（三）心理征文

围绕当前初中生的心理困惑和烦恼，如：表达生活、学习中的欢笑或泪水，心理困惑或心灵感悟等，或表达对人生的思考，或一次心灵历程等，要求内容积极向上。字数不少于 500 字，主题自拟：①中学生心理健康的标准；②情绪主题；③人际交往；④生命教育；⑤学习心理；⑥青春期教育；⑦考试心理；⑧感恩主题；⑨时间管理；⑩自信主题。5 月 30 日前，每个班级将 3~5 篇电子稿件发送到管老师邮箱。

（四）心理情景剧展演

围绕当前初中生成长的自我认识、人际关系、信心、青春期的烦恼以及各种校园和家庭生活中出现的矛盾冲突进行展演。要求内容积极健康向上。每个展演时间不超过 8 分钟。展演时间为 6 月 1 日。

（五）心理拓展体验

对象：面向全校各班学生

地点：田径场

时间：13：00 开始（周一七年级，周二八年级，周三九年级）

内容：十人十一足比赛（5 男 5 女）、拔河比赛（5 男 5 女）、撕名牌（5 男 5 女）

要求：班主任必须到场组织。

合肥市第二十九中学

二〇一六年五月二十日

中、高考毕业生室内心理辅导

准备：三支麦克风，一个投影，一张 A4 白纸，一张彩色卡纸，一个歌词《骄傲少年》。

心理辅导根本目的：给学生一个心理预期和缓冲，让学生拥有一片广阔的宣泄空间，有更多选择的权利，明晰人生目标，端正生命态度，且行且珍惜，且行且抬头。

情绪辅导

1. 快毕业了！心情怎么样？

2. 说出心中的烦恼和忧愁。

没有时间玩；学习很辛苦；父母期望很高；假如考不好。说出烦恼就会让自己减压，同时也让大家一起减压。问答形式，互动交流，不拘泥形式。

3. 宣泄：很累的时候，大声喊出来；很烦的时候，大声叫出来。

认知辅导

1. 生命的价值和意义：为人民服务，梦想，爱和被爱，贡献社会。分析栋梁之材和中流砥柱。立下志向，我们集体阅读分享。

2. 生命的丰富多彩，不是所有的花都在同一个季节开放，你需要耐心等待，执着坚持，不同的我们才组成这个丰富的世界。

3. 关于苹果。你知道其中蕴含着怎样的精神，追求不完美，上帝钟爱，不管怎样都是苹果，悦纳每一个不完美的我们，热爱这个世界。

4. 假如中考砸了怎么办？未来就没有希望了吗？走好下一步，过去的已经成为过去。瓦伦达效应背后的心理把脉。失败与成功的最大区别，马云与范冰冰如是说。

5. 每一次的磨砺都是一次生命的考验。挫折困难变成垫脚石，集体诵读。

6. 钝感力的故事引发的思考：被老师批评得多的孩子却成就最大。你能说出为什么？

积极心态辅导

1. 一切都会过去，输得起才能赢得起。

2. 垫底辣妹的故事背后：一切皆有可能。

3. 你不知道你自己多重要。

互动情感辅导

1. 同学彼此留言：列举同学的优点，鼓励、支持的一句话，毕业祝福留言。

2. 父母和老师的支持：不管怎样，你都是我最杰出的作品，最大的骄傲。

生涯辅导

1. 五彩斑斓的未来人生描绘：你想过了吗？今天让我们一起写出我们人生梦想：一年后的我、四年后的我、十年后的我、三十年后的我、五十年后的我。

2. 澎湃你的未来之路。读名牌大学，成为一名兽医，成为华尔街的精英。

骄傲的少年

大声朗读，大声唱出：老师、同学、爸妈你们都会因为我而骄傲，未来你们等我好消息！

主题接地气

内容合理，对象合适。帮助学生解决成长中遇到的实际困惑难题，为孩子们真正打开一扇窗。不论是自我认识还是人际关系，不管是挫折应对还是情绪管理以及青春期遇到的各种成长中的烦恼。对学生进行心理辅导都要符合学生当前的心理需求。中小学生不同的阶段，他们心里想什么，他们在做什么，他们每天都在干什么，关心什么，喜欢什么？从他们的需求中提炼适合的课堂设计。

悦纳你我他

充满爱，接纳自己和学生，相信每一个学生的潜质，欣赏每一个学生的内在价值和亮点。老师要，对每节课充满信心，觉得是对于学生的帮助和支持。诚挚地表达对学生的爱，让学生感受到你的爱。总能从学生的表现中找到可圈可点的优点，欣赏鼓励。

传递正能量

学生在学习体验中一定能感受到温暖和力量，获得正面的积极的心理体验。快乐的情趣，增强彼此的友谊，促进合作团结，在自我和他我中觉醒，坚定信念，增强毅力。

师生共成长

一节心理课，不仅是学生的收获，同时也是老师的成长。教师必须预留更多的空间和时间，让学生自主参与讨论分享。众多同伴的影响，很大程度上比教师的影响力更大，更能促进学生的自我修正。课堂上，学生参与互动交流，观点鲜明，往往给老师一个更为广阔的天地，拓展我们的教学思路。

形式多样

将音乐、视频、情景剧、演唱、诗歌诵读、电影等多样化的技术应用到教育课堂中。例如用流行歌曲《青春修炼手册》《骄傲的少年》中的歌词进行积极心理引导；电影《奇幻森林》《垫底辣妹》《头脑特工队》，诗歌《走向远方》《假如生活欺骗了你》。教师要拓宽自身的视野和知识面，善于发现生活中的哪些新颖的潮流，让课堂充满丰富的色彩。

氛围浓厚

让进入课堂的同学觉得可以讲真话，觉得可以大胆表达自己的观点，觉得有我们彼此之间浓郁的相互关爱支持的氛围。老师敢于主动自我揭短，同学之间说出自己的出丑的事情，大家并没有嘲笑。大家觉得我们一起共同成长，欣赏彼此。不仅如此，还有热情的氛围、关爱的氛围、真诚的氛围、温暖的氛围。

以下是担任瑶海心理优质课大赛评委趣味课堂的几个情节

中考风雨声，心理知多少

中考来临，不仅是知识的博弈，更是智慧与心态的较量，谁能笑傲考场，发挥最佳状态？

二十九中心理老师管以东根据多年中、高考心理辅导的实战经验，指导广大毕业班老师、家长和考生正确调适自我心理，让考生发挥最佳状态，考出自己的最好成绩，做最好的自己。

端正人生的态度

人生的价值和意义到底是什么？读书，学习，在书山题海中，我们最终的人生目标是什么？读书学习的最终目的是找到自己、发现自己，让每一个生命个体有尊严，发挥出最大的生命价值。读书学习不是比成绩，而是为了了解这个神奇的世界，从而了解自己，发现自己，让自己更有尊严地生活，发挥出更大的社会价值，实现自我的人生价值，拥有更多选择的权利。所谓栋梁之材、中流砥柱，就是在不断地努力拼搏中厚积薄发，发挥更大的社会价值，创造更多的物质和精神财富贡献社会，达到人生的最高境界：自我实现。

输得起

人生是一场马拉松长跑，中考只是其中的一段里程。将来还有高考，甚至还有硕士考试、博士考试，还要应对各种工作、事业、家庭和纷繁的人际关系各种考核。每个人人生都是不完美的，如同被咬了一口的苹果，也许是上帝的钟爱，以此鞭策我们不断向前。这次某科考不好，那又怎么样？即使中考考不好那又怎么样？成功的人比失败的人多的是失败的次数，多的是输得起的心态。敢于对自己目前的失败说那又怎么样，不是放弃，而是永不放弃追逐。不是对失败的麻木，而是培养自己的钝感力，让自己越挫越勇。

和自己赛跑

每个生命都是独特的，都有自己的光芒。在前行的路上，我们不能老，羡慕别人取得的丰硕成果。我们需要明白自己现状，在此基础之上不断自我超越。不能因为别人比自己的学习成绩优异就否定自己，每天进步一点点，自我超越进步就是成功。不积跬步，无以至千里。青春需要坚实的脚步丈量，一点点小小的进步才会成就更好的自己。每个人都要做跟自己赛跑的人，理性分析自己的现状，制定合适的人生规划，跳一跳够得着，避免好高骛远，目标达成，信心一点点增强，自尊就会不断提升。

学与玩并重

学习效果好，不是整天搞学习，而是自我生活的科学调整，让生命发挥出最佳的状态。紧张学习之余，需要一场运动来缓解、转移学习本身的疲倦，一场考试过后，需要唱歌、玩游戏、看电影，以适当的放松来调整紧张的心理压力。很多的家长和老师要求考生这段时间拒绝一切运动、娱乐，一门心思考试，本身就违反科学用脑的规律。过分关心，往往适得其反地制造过分紧张的氛围，导致心态失常、考场上发挥失常。

积极应对，笑傲考场

你把中考当作什么？当作人生的一次磨砺，一次洗礼，一次赛跑，当作人生的一片风景线！这一科考砸了怎么办？将来上不了好的高中怎么办？如果当下失利，痛苦纠结，有用吗？一切成为过去，你需要的是把握好下一场的机会，而非沉迷于过往失败的痛苦和纠结。微笑着的人比愁眉苦脸的人赢得更多的机会，更加从容镇定。考试是对自己知识的检验。想象 6 月的花朵绽放光芒，每个考生都可以实现人生的腾飞，都可以进入更高更广的天空翱翔！考场不是战场，不是硝烟弥漫，而是一片靓丽的风景，有你有我的从容与微笑，有你有我的自信洒脱，有你有我青春年少的激情澎湃和指点江山的豪情满怀。

对话安徽社会心理学会副秘书长管以东
尊重教育规律　避免给孩子过早贴标签

（本报记者　程榕娟）

本报记者：从事心理健康教育这么多年，您觉得当前幼升小过程中还存在哪些不科学的现象？

管以东：个人觉得，第一是入学时间不够灵活，现在大家都固化以 8 月 31 日作为入学时间节点，强制性地以此为入学的分水岭，殊不知对于很多生长发育相对比较滞后的孩子不公平，因为他们的生理和心理水平还没有达到这个年龄，强制入学会给孩子带来挫折感。而有的孩子成长较好，完全可以提前入学，因为出生年月还没有到，就拖延一年，这本身不符合因材施教的教育规律。

第二是目前幼升小普遍存在很多考察测试，如数理知识、识字、综合素质等。过早的选拔性教育让有的孩子还没跨进小学的大门就感受到挫折感。对将要开始的小学生活产生讨厌心理，过早体验竞争，往往造成片面评价孩子，负面影响大。究其原因，还是择校现象严重,大家追求所谓的名校,信奉所谓"不输在起跑线上"。

本报记者:据您分析,在面对幼升小时,家长和幼儿分别是什么样的心理?

管以东:面临着幼升小,一部分家长比较理性,适当引导孩子了解小学生活,熟悉校园环境和老师,让孩子与小学生活建立良性链接。但大部分家长会产生焦虑情绪,担心孩子不适应小学的学习,生怕孩子一开始就成了后进生,开学前急着给孩子补习汉语拼音、数学等知识。孩子也容易被传染上焦虑情绪,对小学生活产生恐惧,甚至厌学,不能很好地过渡到小学生活。

本报记者:您有什么好的建议可以缓解他们焦虑的情绪?家长应该为孩子做哪些准备来更好地引导孩子?

管以东:所谓的焦虑情绪就是输不起的心态,觉得一定不能让孩子输在起跑线上,存在这种心态的家长一种可能是他们曾经成绩不理想,希望孩子不能重蹈覆辙;一种是自己非常优秀,追求完美,希望孩子像自己当年一样严格要求自己、成绩优异。幼升小最重要的是让孩子爱上小学,在孩子面前传递小学的美好生活的信息,不能动不动就说你是个小学生了,你应该怎样怎样,过分贴标签,并严格要求孩子,会让孩子产生厌倦抵抗心理。不妨暑假带孩子一起参观学校,和上学的兄弟姐妹分享小学的美好时光,告知即将任课的教师关于孩子的优点,放手让孩子体验到慢慢独立的成就感,体验到群体生活学习的趣味、相互竞争的刺激,让孩子适度参加各种活动,慢慢增强自我探索的体验和成就感,觉得小学环境好、教师好、生活趣味多。

本报记者:学前教育"小学化"一直是家长们纠结的心病,在您看来,幼儿园期间是否有必要教孩子数数、写字、学英语?这些会给孩子带来哪些不良影响?尤其是心理,您有什么更好的建议?

管以东:幼儿园可以适当开展数字游戏、讲趣味英文故事、教唱歌曲等,让幼儿觉得好玩,而非评价和测试知识。刻意地教幼儿这些知识,可能会让幼儿上小学产生对学过知识的厌倦,上课不认真听讲。根据著名心理学家埃里克森八阶段理论:幼儿表现出的主动探究行为受到鼓励,幼儿就会形成主动性,这为他将来成为一个有责任感、有创造力的人奠定了基础。如果成人讥笑幼儿的独创行为和想象力,幼儿就会逐渐失去自信心,使他们更倾向于生活在别人为他们安排好的狭窄圈子里,缺乏自己开创幸福生活的主动性。

所以,学前阶段的教育应侧重人际交往教育、游戏教育、规则教育,进行鼓励性的评价,培养幼儿的主动探究精神。幼儿园阶段的幼儿大脑发育尚未成熟,他们逻辑思维较差,如一些数字的运算对他们来说很难驾驭,学习时间长的话会产生疲倦,容易导致厌学。

家长可以适当开展一些数字水果游戏,与孩子一起欣赏英文卡通动画片,到大自然里去采葡萄、草莓,观察天上的星星,数一数多少个山峰,通过多种途径培养孩子的兴趣,让孩子乐学、愿意学,而非家长们逼着去坐冷板凳。

人物简介 管以东,心理健康教育硕士,现任合肥市第29中学德育处主任,安徽社会心理学会副秘书长、中小学心理健康教育委员会副主任、中国蓝天团体心理联盟团队创始人。合肥市理论宣讲专家，全国中小学心理健康教育卓越人才奖获得者。曾获全国第二届中小学心理健康课堂教学大赛一等奖。在合肥市、马鞍山市，以及福建省厦门市、湖南省长沙市、四川省成都市、江苏省常州市为约 20 万中小学生和教师、家长开展团体心理辅导。

2016-05-25

中高考毕业生团体心理辅导实践探索

管以东

（合肥市第二十九中学，安徽　合肥，340100）

摘　要： 根据多年中高考团体心理辅导实践，调查了解毕业生内心的心理特征，通过音乐、故事、情景互动设计系统有序层层推进的团体心理辅导内容，帮助毕业生端正中高考态度、增强信心、制订合理目标、积极乐观迎接大考。

关键词： 中高考；毕业生；团体心理辅导

一年一度的毕业季即将来临，高考、中考接踵而至。考试是对所学知识的检验，也是对考生心态的检验。如何帮扶广大毕业生度过成长关键期，让他们克服懈怠、坚定信念、积极乐观、从容镇定迎接大考？毕业班班主任和心理老师该如何着手开展当下这一具体工作？笔者根据多年的毕业生团体心理辅导经验，结合全国各地心理老师的见解进行一系列的辅导内容、方法实践探索。

一、毕业生烦恼现状调查分析

在调查中发现，高中毕业生烦恼的前七个问题是：害怕考不上好的大学，未来很迷茫，成绩不好，同学之间的矛盾，父母、老师和社会期望过高，功课任务重，睡眠少，唠叨不停的父母。而在调查初中毕业生时发现：（一共发放了 300 份问卷，回收 292 份有效问卷）烦恼集中体现在父母期望值过高占 14.1%，担心自己考不好占 17.1%，科目多作业多学习压力大占 16.8%，睡眠不足占 9.6%，离别伤感占 8.6%，迷茫没有目标占 7.2%。

家长、老师不根据孩子的实际学习成绩，提出过高的要求，认为自己的孩子可以达到这个高度，而这个高度对于孩子目前的水平而言又难以逾越，必然导致孩子心理压力大，甚至产生放弃的心理。自我压力大带来的烦恼，作业量多，学习任务重。担心自己考不好是对未知的恐惧和担忧，还未到考试，就觉得可能考不好，沉浸在担忧的状态，而不是思考如何立即行动起来利用有效的时间。自我感觉不好，甚至怀疑自己的智商和能力。要帮助学生科学地分析，接纳自己的现状，制订合理计划，从而改变现状。应接不暇的考试与复习带来的烦恼，一方面是老师的安排不够合理，需要班主任年级老师合理科学安排，如果都使劲布置作业安排考试，学生便苦不堪言，最终很难有好的收成。睡眠不足、没有时间放松带来的烦恼。睡好觉才能学习好，精力不济，无法取得良好的学习效果，张弛有度才是文武之道。学得好的同学同样要放松自己，睡好觉、听听音乐、聊聊天、做运动等，适当休息放松是为了更好地学习。离愁不可避免，要告诉学生，淡淡的忧伤，是青春的蜕变，是人生一个新的开始。要奔赴一个更加广阔的前程，我们需要最后在一起的鼓励、加油，珍惜在一起难得的美好时光。要用满意的成绩、优良的表现向初中毕业献礼，留下一段真诚美好的回忆。

二、毕业生团体心理辅导内容

针对中高考毕业生心理特征和烦恼调查，我们建构了系统化的团体辅导内容，主要是情绪辅导，认知辅导，积极心态辅导，学习方法、减压辅导。

（一）情绪辅导

针对中高考毕业生的情绪辅导，首先要求辅导老师拥有同理心，辅导前做好充分的准备，真诚朴实贴心地理解体谅孩子们目前的烦恼。不管是本校还是他校，辅导老师的内心要体现出一种大爱，认同每一个孩子身上表现出的不同的情绪，继而让孩子信任。[1]

其次，情绪辅导关键是给对象宣泄的空间。教师要引导毕业生们把自己的内心情绪宣泄出来，给每个孩子发一张纸，把自己的烦恼写出来，并给一个表达的空间，让孩子们仔细分析思考自己目前面临的困境。

再次，分享。大家彼此分享此时此刻的心情，让毕业生们自我发现，相互发现，原来大家和我竟有如此相似的心态。同伴之间相互分享就可以缓解或者解决各自的烦恼忧愁，让原本众多的烦恼和忧愁变得平常，不再大惊小怪。分享分担是我们解决烦恼忧愁的最好办法。

（二）认知辅导

研究发现，学生遇到的困难，并非问题本身，而是来自于对于问题本身的看法。

1. 关于考试失败论

一考定终身的偏颇观点严重影响着考生的心态，认为自己输不起。认为一次考试的失败可能会影响终身，或认为当下考试失败可能会影响中高考。瓦能达效应告诉我们，关心则乱。越是怕输，越是产生输不起的心态。人生本来就是一场马拉松长跑，中间一段路程靠后，并不代表着终点的失利。

另外一种认识是，考试成败都建立在现在自身的成绩基础之上。老师要指导学生，比赛竞技并非只和别人比，关键是和我自己比，只要进步，只要超越，哪怕不及格，你都是成功的，因为你超越了你自己。

2. 关于考试学习的价值观

当下很多的中高考毕业生在父母和老师的督促下学习，缺乏自身的能动性。父母和老师有时急功近利，把学生当成自己成败的筹码，父母唠叨不停也是中高考毕业生的烦恼源，督促过多反而降低了学生自身学习的主动性。可以借用龙应台的话激励孩子自身的原动力："我要求你读书用功，不是因为我要你跟别人比成就，而是因为，我希望你将来拥有更多选择的权利，选择有意义、有时间的工作，而不是被迫谋生。"也可以借用唐代大诗人李贺的"少年心事当拿云"、奥斯特洛夫斯基的"人最宝贵的东西是生命，生命对人来说只有一次，因此，人的一生应当这样度过：当一个人回首往事时，不因虚度年华而悔恨，也不因碌碌无为而羞愧"，以此来激励学生树立人生远大的目标和价值观。

（三）积极心态辅导

指导学生用积极乐观的心态面对挑战，在苦中作乐，坚持表现出我们的最佳状态。

1. 心理弹性

培养学生不怕输的心态，不管考得如何糟糕，仍不放弃，敢于对自己说"那又怎样"。这次考不好，那又怎么样？今天不行，那又怎么样？现在不代表着未来，对于困难和挫折不屈不挠。

2. 悦纳自己

很多人的痛苦就是不能正确地自己悦纳。大千世界，每个人都是独一无二的，每个人存在都有着自己的价值和尊严，每个人都没有理由不为自己与众不同而欢呼喝彩。你都不接受你自己，这个世界谁能容纳你？相信自己，心儿永远向往阳光。

3. 坚持到底

努力不一定成功，不努力肯定不能成功。针对学生担心自身的努力得不到收获的心态应如是说。可以引用很多名人伟人坚持到底的精神教育学生。比如范冰冰执着追求的人生态度，马云坚持到底的精神，爱迪生经历九百多次的失败仍坚持试验的毅力。这些事例都能教育我们应考毕业生们持之以恒。

（四）学习方法辅导

辅导中，指导学生学习方法非常重要，比如让学生知道，有效的学习是有目的的学习，是有学习计划的学习，是能够合作分享的学习，是能够得到及时反馈的学习，是有健康积极心态的学习，是有人生意义的学习。带领学生重温学习计划、课前预习、专心上课、及时复习、独立作业、系统小结。

（五）目标辅导

让学生给自己制订一个合适的目标。一般说来，可以在现有的基础之上稍微高出一点。让学生们把自己的目标张贴在学校的主题誓言墙面上，以此来见证着毕业生们立下的豪言壮语，激发他们努力达到既定目标和成绩的动力。

（六）减压辅导

面对中高考如此的压力，学生会产生心理不平衡的现象。辅导老师要指导学生张弛有度。选择自己喜欢的运动方式，劳逸结合，及时消除疲劳，缓解紧张学习的压力。足够的睡眠可以保证我们精力充沛，也能保障大家以平和心态迎接考试。[2]可以听听音乐唱唱歌，释放自己的压抑，消除紧张焦虑感。在团体心理辅导中，我们经常用合跳《小苹果》《兔子舞》，合唱《真心英雄》《我的未来不是梦》等缓解压力，转移注意力。

三、毕业生团体心理辅导形式

怎样让毕业生的团体心理辅导真正深入人心，引发学生自身的觉醒和强烈的情感体验，从而不断地鞭策学生自我不断修正？辅导过程中必须创设丰富多彩的形式。

（一）音乐辅导

不同的环节辅以不同的音乐。开场白中要求教师的导引深情贴心，音乐轻柔舒缓，如《心灵花园》。引导学生书写自己内心的烦恼和忧愁的时候，音乐中带有淡淡的忧伤和无奈，如《夜的钢琴曲》。引导学生上台表达自己的人生目标时，可采用激昂的《寂静山林》《命运交响曲》等。音乐具有很强的情感渲染性，乐曲的力度大小、抑扬顿挫，可比其他形式更为丰富、生动地表达我们的情感。

（二）典型故事辅导

用各种寓言故事、感动中国的人物故事以及世界名家伟人的故事作辅导，这些生动活泼的故事可以替代直接的说教。不论是"笛子和晾衣架"的寓言故事，还是渡边淳一笔下的那位钝感力强的院长；不管是崔万志还是刘伟、尼克等，都可以激励学生在困难挫折面前不低头不服输。

（三）互动情感辅导

让更多的老师、班主任和家长参与团体辅导，让学生当着大家的面表达对老师的爱戴、对父母的感恩，同样也让父母和班主任老师甚至校长表达对学生的爱和支持，在互动的情感体验中，引导大家珍惜我们在一起的美好时光，不仅有奋斗，最重要的是我们难忘的值得一生回味的美好情感。可以安排"请在背后留言"、"面对面爱的表达"等，丰富团体心理辅导的形式，让参与人员获得切身的情感体验。

（四）动静结合辅导

辅导的整个过程中有静心思考，也有热烈的活动内容。互动交流的时候需要热烈活跃的氛围，要求大家积极参与，而在分享的环节中要求我们创设安静、舒适的氛围。[3]

参考文献

[1]李玉荣.中高考学生考前心理辅导的实施[J].大连教育学院院报，2015，31（2）：51-54.

[2]郝瑛.减轻学生考前心理压力的几种方法[J].课堂学法指导，2015（19）：119.

[3]李凤杰，韩冰.团体心理训练在考前心理辅导中的实施[J].中小学心理健康教育，2016（3）：37-38.

九、心理教育活动荣誉

二十九中阳光心理社　文化艺术节上展风采

11 月 20 日上午，合肥八中体育场上彩旗飞扬，伴随着灿烂的冬天的阳光，合肥市中学生第二届社团文化艺术节拉开帷幕，全市 40 多个社团参加了本次展示，二十九中阳光心理社团精彩的展示赢得方东玲局长的赞赏。

在本次社团文化艺术节上，二十九中一共展示了 4 件"法宝"，以"阳光心态快乐人生"，呼唤全社会都行动起来，积极乐观迎接灿烂人生，他们的口号是"拒绝冷漠、传递温暖、阳光心理、快乐人生"。阳光心理社团展示的第一件法宝就是"阳光心理魔法书"。魔法书尺寸为 80cm×60cm。魔法书着力描述着当你遇到伤心、烦恼、愤怒、委屈、郁闷、尴尬等不良情绪的时候如何，打开心结；第二件"法宝"就是"百恼汇"。这里汇聚了所有二十九中学生的烦恼，有学习的、有家庭的、有社会的等等面，特别提醒广大的同学，烦恼是稀松平常的事情，烦恼来了不要怕，最重要的是要沟通交流、战胜自己使心情开朗；第三件"法宝"是"心愿墙"。1600 名二十九中学子的心愿汇聚于此，放飞我们的梦想和希望，让全市中学生了解我们，我们在同一世界，我们拥有同一梦想；第四件"法宝"是"接力爱"，让每一位经过我们展区的同学或是老师，把自己的名字写在心形的接力跑道上，让温暖和爱传遍全世界。不仅如此，我们还准备了精彩的"手拉手"主题涂鸦，巡回投影了阳光心理社团的风采。

开幕式结束后，展馆里便热闹起来。两位实验学校的同学首先进入了我们的展区，阳光小天使们热情接待并详细介绍，继而客人便络绎不绝，从门口的海报到"心灵之花"小报，从"百恼汇"到"许愿墙"、"魔法书"，赢得来宾驻足观望，久久不肯离去。阳光小使者们热情洋溢地向大家介绍我们社团的主题活动风采。每一件展示都朴实而富有新意，让大家赞不绝口。方东玲局长亲自来到阳光心理社团展区，和小使者们亲切聊天，阳光使者们汇报了社团开展活动的情况。方局长还考验了桑小茹同学，问她，当自己生气的时候，应该如何处理，桑小茹精彩的回答赢得方局长赞赏。方局长还专门在爱心接力心卡中签下了自己的名字，鼓励阳光社团加油努力。

两个小时的展示结束了，温暖和激动却留在每一位二十九中阳光小天使的心中。把自己的阳光心态告诉自己告诉别人，让世界充满爱，一起分享着世界的精彩和美丽。二十九中的阳光小天使们一起把全市社团文化节上带回的激情和温暖传递给更多的二十九中学子，让这个冬天变得温暖，让我们的世界永远洒满阳光。

2011-11-20

二十九中阳光心理社荣获
合肥市"优秀社团"荣誉称号

12 月 18 日下午，合肥市第二届中小学文化艺术节闭幕式暨颁奖典礼在合肥大剧院隆重举行。合肥二十九中阳光心理社荣获"优秀社团"荣誉称号。

二十九中阳光心理社一直秉承着"让生活洒满阳光，世界因我们更精彩"的理念，传播爱，传播温暖，向全市中学生宣传"沟通、交流、学会求助、助人自助、爱和责任"的阳光思想，用实际行动在校园内积极有效地开展心理健康宣传教育实践活动，并积极走出校园、走进社区、走进敬老院，播撒阳光，播撒温暖，得到了区教体局的大力支持和鼓励。他们一路前行，他们收获成长，赢得市教育局领导的赞许，他们将永不止步。

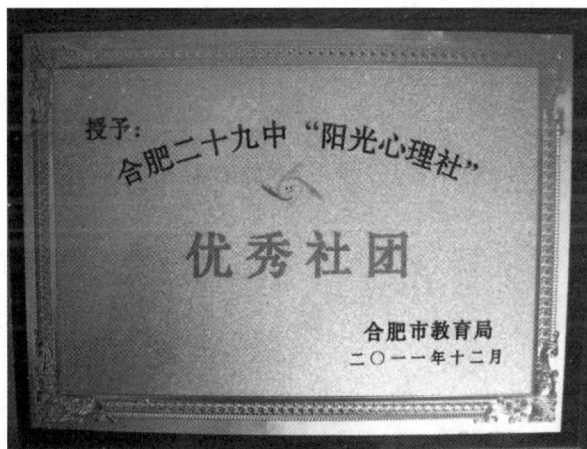

2011-12-19

管以东老师被聘为"中小学心理健康教育" 培训专家

　　9月13日下午，应合肥师范学院的邀请，合肥二十九中心理老师管以东专门为全省参与"2012 国培计划"的 50 名农村中小学骨干教师开展了一次"青少年心理问题和预防"的主题讲座。管老师已经多次应邀为合肥师范学院和安徽师范大学"国培班"授课。杨再勇老师现场还代表合肥师范学院专门为管老师颁发了"中小学心理健康教育"培训专家的聘书。

　　管老师从艾里克森人格发展的八阶段理论谈起，介绍了人生成长的阶段特征，并对青少年阶段的成长特征进行了深入的剖析。他通过自己翔实的调查数据，向广大老师展示了青少年的各种烦恼，细致地分析了青少年在学习、人际交往、青春期等方面存在的心理问题。从生理心理的发展到自我意识的觉醒，管老师提出了很多很有针对性的对策；提出，要以尊重、同情为心理健康指导原则，呵护每一位孩子健康成长。管老师还就教育工作者的神圣使命和文化责任，呼吁广大老师教书育人，为学生一生发展着想，发掘、发扬学生的优点，尊重孩子的成长，为学生的成长搭建更宽广的舞台，拓宽孩子的知识视野，为学生未来精彩幸福人生打下坚实的基础，成就大写的人。3 个小时的讲座，各位培训的老师认真听讲，积极参与，课间热烈地讨论，精彩之处不时爆发热烈的掌声。

作为合肥市心理健康教育工作的拓荒者，2009年管以东老师攻读安徽师范大学心理健康教育硕士，在学校为广大农民工子女开展心理讲座，向家长宣传心理健康知识。2011年，二十九中阳光心理社团荣获合肥市唯一的优秀心理社团荣誉称号。管老师钟情这"心的事业"，"让每一位孩子'有爱、有梦想、有责任、有信心'，走向自己幸福的人生"，管老师传播着、践行着。他积极参与省内外的各种心理学大会，并把专家的理论和最先进的思想带回合肥、带给学生，让更多的孩子有信心、有爱心、有责任心，从容面对自己未来的人生。

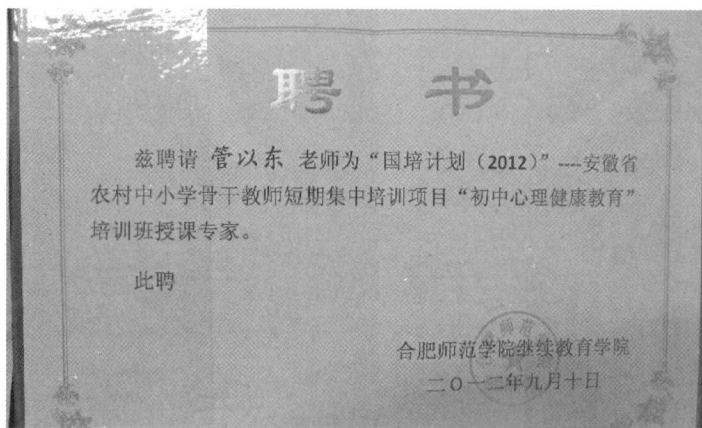

2012-09-14

语文、心理健康两项市级课题验收获好评

12月25日上午，合肥市教育局课题检查小组在方慧老师的带领下来到我校对两项市级课题进行检查验收，市教育局教研室陈明杰主任和区教研室王一枝副主任参加了本次检查验收。

三楼会议室里，邱先明副校长热情接待检查小组，对大家的到来表示欢迎。接着分两组进行检查。陈锋老师向检查小组汇报了"合肥二十九中作文素材积累研究"课题的进展，他们还编制了一本论文集，制作了课题小组的展板。语文组课题自2010年5月立项以来，课题组成员通过调查研究，探索出了一套适合我校学生作文素材积累及运用的模式，提高了我校学生的作文兴趣和作文能力。结题会上，专家们肯定了课题研究的意义，对研究的过程给予了充分的肯定，同时坦诚地提出了意见，希望语文教师们能以课题研究为抓手，加强语文教师间的交流，提高教研水平。

在接待室里，政教处管以东老师向检查小组汇报了"合肥二十九中农民工子女心理健康状况调查与教育研究"课题研究情况。管老师首先带领了阳光心理社团的 4 位同学从尊重、关爱、交流、梦想四个方面展示了二十九中阳光少年的风采；紧接着，他详细汇报了二十九中课题组开展的一系列调研和心理健康教育举措，同时还展示了广大学子和家长们对教育孩子成长的建议，分别向检查组成员赠送了《二十九中阳光心理社团成果手册》《我的青春我的梦》《我和你一样》以及《心理健康论文汇编》，得到了检查组成员的高度认可。最后他们还参观了二十九中阳光心理中心。检查小组老师提出了很多好的建议，希望我校在研究方法和研究工具上更科学更规范，向省级课题研究冲刺。

2012-12-26

包河心理老师荣获全国第二届
中小学心理课堂大赛一等奖

10 月 31 日下午，由中国教育心理学会学校教育心理分会主办的"第二届全国中小学心理健康课堂教学大赛"在毛主席母校湖南第一师范学院圆满落幕。安徽选手代表之一、合肥包河区二十九中心理老师管以东凭借专业的基本功、娴熟的教学技巧和先进的心理教育理念夺得大赛初中组一等奖。

各省共推选 56 位优秀选手参加了本次大赛，全国各地 920 名中小学心理老师观摩本次大赛。

管以东老师根据最新大片《头脑特工队》创编特色心理课堂教学设计：《接纳情绪》，引导学生了解生活中常见的 5 种基本的情绪：快乐、悲伤、愤怒、厌恶、恐惧，开展了

"真心话大冒险"游戏，继而开展分组讨论分享。来自湖南长郡梅溪湖中学的同学们积极表达积极和消极的不同情绪，进行针锋相对的课堂辩论，管老师引导孩子们从各种情绪中汲取积极力量，促进自身健康成长。悲伤让人深刻，愤怒帮助磨蹭的人立即行动起来，恐惧让我们小心谨慎，厌恶让我们懂得明辨是非；热烈让人激动，兴奋可以调动激情。课堂上同学们融入情绪主题分享，一位同学积极加入悲伤小组，流着眼泪说出自己奶奶去世、姐姐到外地上学，心里很难过，需要悲伤为自己解压。最后大家一起唱着《因为你因为我》，表达着这个世界需要我们接纳每一种情绪，接纳自己和世界，使生活更美好。在大家热烈的掌声中结束了本节课。中国教育学会学校教育心理分会副理事长北京师范大学俉新春教授和华中师范大学周宗奎教授一起为管老师颁奖。

为了准备参加本次全国心理健康课堂教学大赛，管老师先后多次到合肥五十中、四十六中邀请李妮、乙珊珊、张淑杰等心理教师指导打磨，同时还邀请南京、青岛潘

月俊和李静两位心理专家指导，还提前在长郡梅溪湖中学的 3 个班级进行一轮轮课程预演。千锤百炼中让《接纳情绪》课堂炉火纯青。真实、真情走进学生的内心，让学生主动参与，改变自我。评委老师南京师范大学谭顶良教授和四川师范大学戴艳教授指出管老师的课有爱心、使人温馨，如同春雨润物无声，学生上课心智自然打开，充分展示出当代心理健康教育工作者扎实的基本功和对教育、学生的深情。

2015-11-01

蓝天心理社荣获全市社团展示一等奖

合肥市中小学社团展演在合肥新十中举行，来自全市 86 个中小学、幼儿园的社团展示了人文、艺术、体育和科技等丰富多彩的素质教育活动成果。二十九中蓝天心理社展演微笑、梦想、悦纳与成长的心理理念。经过领导专家的评审，荣获一等奖的优异成绩，也是所有参展心理社团中唯一获此殊荣的社团。现场参观的市政协副主席程晓舫、省教育厅宣进处长、市教育局桑韧刚副局长等领导听了指导老师管以东的汇报，都大加赞赏。

蓝天心理社的展示分为 6 大区域。"蓝天魔法书"区域帮助大家找到解决生活中常见几种困惑的方案；"悦纳区域"展示出我们要心悦诚服接受自己和周围的世界，积极发挥每一种情绪积极的正能量；"成长树区域"指导我们正确认识两种心态对我们人生成长的决定作用；"梦想与心愿"区域是全校一千多名同学和老师的心愿；"开心一刻"区域是体验心理游戏的快乐,感受真心话冒险、你说我做、轻松一刻等游戏;"正能量传递区域"是发放"蓝天心语"正能量卡,你可以选择自己喜欢的信心、勇气、意志、平和等正能量;"主题区域"是全校100名同学的笑脸图片,用温暖的智慧之光照亮世界。参与展示活动的9位心理社团同学个个热情自豪、积极主动地介绍自己,在众多精彩的社区展示中,这里人头攒动,最为抢眼,有开心做游戏的,有认真听取讲解的,有激情写梦想的,有签名的,有选能量卡的等等。

2015年合肥市中小学幼儿园素质教育系列活动展暨社团文化艺术节展示优秀(特色)社团获奖名.

优秀(特色)社团一等奖		
序号	社团名称	学校
1	"心悦"剪纸社团	合肥市育新小学
2	皮影社团	合肥市包河区外国语第二小学
3	美味厨房	合肥师范附属小学
4	DIY纸浆画社团	合肥市第四十六中学南区
5	足球社	合肥市宿幼荣城南苑幼儿园
6	徽芽儿版画社团	合肥市卫岗小学
7	蛋雕社团	合肥市南岗小学
8	指尖沙画社团	合肥市梦园中学
		合肥市梦园小学西区
9	蓝天心理社	合肥市第二十九中学
10	陶塑	合肥实验学校
11	曦瑾诗社	合肥一六八中学
12	武术社团	合肥市安居苑小学

2015−12−14

《悦纳情绪》越来越贴心
安徽省中小学心理健康观摩课

　　12月7日上午，安徽省中小学心理健康观摩课在马鞍山二十二中、七中和珍珠园小学举行，大家一起观摩了来自芜湖、蚌埠、马鞍山、淮北、淮南等中学共9位老师的心理课。

　　与全国心理课的区别是，我将主题改为《悦纳情绪》。我觉得相对于接纳，悦纳更代表着积极主动的精神。原本结尾的《因为你因为我》歌曲改为开场暖场，层层推进，探究运用情绪的积极力量，注重学生自我分享个人情绪，从教师的指导变为教师的见解分享，大胆尝试生成课堂，让打字速度很快的学生直接把同学的见解在大屏幕上呈现，充分发挥组长和广大学生的积极性、主动性。比如，在"真心话大冒险"中，采用分享接力，结尾采用情绪悦纳小组互动。

　　第一节到周凤老师的班级七（5）班"磨课"，学生情绪高涨，分享也很精彩，都有收获。后稍微调整策略，第三节正式亮相。七（1）班的同学们也积极踊跃参与课堂，与老师融为一体，笑声中、沉思中、感悟中收获着心灵的成长。

　　铜陵心理教研员唐书老师、淮南德育科蔡薇老师、滁州教研室张作真老师、淮北教研室李老师都给予了充分的肯定。一堂心理课在于对学生心灵的唤醒，真正让学生充分地体验和感悟获得心理正能量。好课充分展示教师自身的魅力和实力，包括对主题的理解，对课堂的驾驭，自身的幽默和积极的人生态度。

2015-12-08

包河老师荣获全国心理健康教育卓越人才奖

　　4月8日，全国中小学心理健康教育特色建设与生涯教育高端论坛在常州高级中学举行，来自全国各地800多名中小学心理老师和教研员参加了本次论坛。包河区二十九中心理老师管以东从全国100多名心理老师中脱颖而出，荣获"全国中小学心理健康教育卓越人才"奖。

　　本次全国中小学心理健康教育主题论坛由中国高等教育学会学校心育委员会主办。论坛上，大家共同聆听了南京师大心理学院院长傅宏教授的《学校品质提升与心理健康教育》主题讲座、北师大心理教育中心主任乔志宏教授开展《中小学生涯规划教育》主题讲座，国家教育部基教一司赵珊老师专门就青少年心理健康教育的未来发展与心理教师专业化成长做了主题讲话。来自全国各地2015年的心理健康特色学校校长和老师代表就如何开展心理健康教育进行了主题发言和经验分享。

　　在全国心理名师主题论坛分享会上，合肥二十九中管以东老师专门就《中、高考团体心理辅导技巧战术》进行主题分享。他提出了中高考团体心理辅导的八大技巧。管老师从总结了30多人的小团体辅导到700人的大团体辅导的经验，指出，要唤醒毕业生原动力，加强辅导现场的互动交流，让学生敢于表达自己的内心世界，从暖场热身到贴心交流，从目标设定到计划实施，从引经据典积极心态引导到从容面对大考，从相互温暖鼓励支持到设立明确目标，从自我激励到集体携手共创美好未来……管老师运用层层递进的辅导技巧指导大家如何开展毕业生团体心理辅导，受到全国心理老师一致好评。

在心理健康教育专业成长之路上，管以东老师立足本校上好心理健康课，开展了梦想、自信、乐观、毅力、情绪等十大积极心理品质主题课程教学设计活动，组织本校兼职心理教育工作者编辑校本教材，联合全国心理名师联合出版了《班级积极心理团体心理辅导设计》一书；同时在去年的长沙全国心理课堂大赛中《悦纳情绪》主题课荣获一等奖，受到南师大、四川师大等大学教授高度评价。不仅如此，他还在全省的中小学心理健康观摩课上获得安徽省教科院领导专家一致好评。他积极参与心理志愿服务活动，走出包河，到肥东、庐阳、瑶海、蜀山、经开区组织开展毕业生心理辅导活动，发挥心理名师的模范带头作用。

2016-04-10

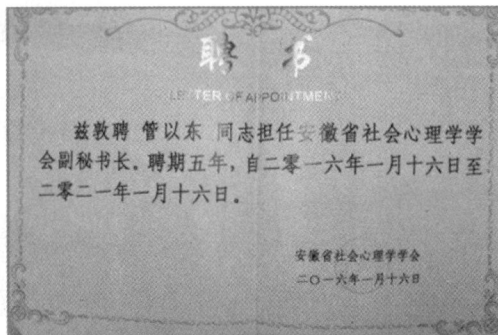

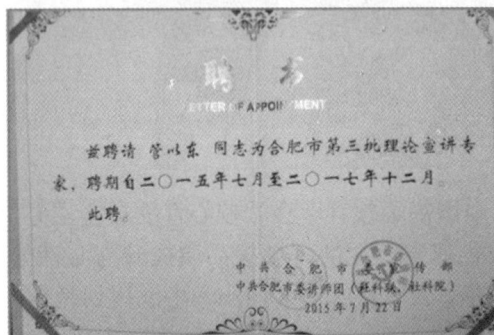
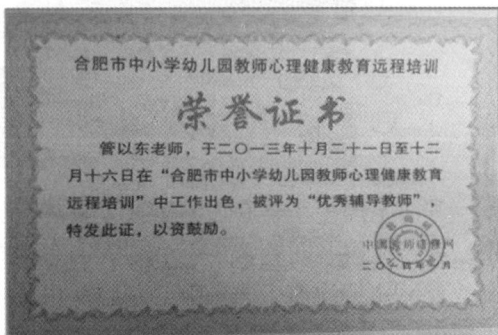

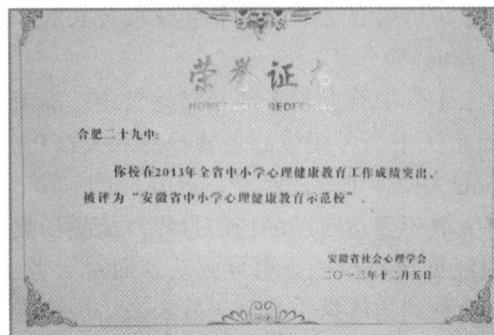
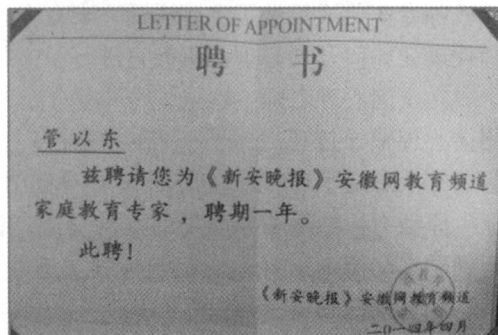

十、媒体报道

安徽青年报携手二十九中民工子女
共话健康成长

　　11 月 24 日，安徽青年报记者专程采访二十九中心灵氧吧。校政教处主任心灵氧吧负责人管以东老师热情接待前来采访的程记者和吴记者。管以东老师详细地介绍了二中九中心灵氧吧的建设情况：在校领导的大力支持和指导下，上半年进行谋划，9 月一间温馨的小屋正式面对学生开放。"小屋"里面有绿色、橙色和红色的大拇指和树叶形沙发、小巧玲珑的茶几，背景有蓝天大海、绿草茵茵的风景画。孩子们前来咨询，老师倒上一杯热茶，倾心交谈，温馨放松。"氧吧"共有 6 位老师负责，每周开放 6 次，每次约有3 ~8名同学前来咨询。孩子们咨询主要分为学习压力、交友烦恼、成长忧愁以及家庭不和谐。管老师还介绍我们已经通过心理咨询和心理信箱、网络交流、心理讲座以及假日社团活动开拓了心理健康教育的阵地，帮助孩子健康成长。

　　时值中午，两位记者还专门采访了前来咨询的几位同学，和孩子们进行了亲切的交流。几位来咨询的小同学表达了目前存在的烦恼：父母不理解，经常被同学误会，学习成绩提高不上去，自己控制不住自己爱好贪玩，特别是作为外地人经常受到城里孩子的歧视，等等。最后，孩子们还和前来的两位记者亲切合影留念。

2010-11-25

合肥中小学心理健康教研会在二十九中圆满落幕

安徽信息资讯汇总

当前位置：主页管理>滚动新闻>市县政企

发布时间：2011年05月23日08时53分　　　稿源：合肥市包河区教育局

合肥中小学心理健康教研会在二十九中圆满落幕

5月17日下午，由安徽社会心理协会主办合肥二十九中承办"合肥市中小学心理健康教育研讨会"在二十九中举行，全市各中小学60多位心理健康教育工作者参加研讨活动，安庆市3位老师远道而来参加活动，省教科院心理教研员、省心理学专家、包河区教体局教研室负责人等也来到研讨会现场。

大家首先观摩了50中心理老师乙姗姗的"交流，让心灵靠得更近"的主题课，乙老师先用有趣的游戏引导学生，得到了学生们的积极响应后，适时提出沟通的要诀，并开始了第二个游戏。孩子们在游戏中，明白了与人沟通交流时，要将自己的意思表达清楚，并考虑对方的接受能力和感受，注意倾听和理解对方的声音。穿插游戏的对话和交流课堂，深入浅出地诠释了沟通对学生心理健康的重要性。

紧接着二十九中心理中心管以东老师带来"唤醒你心中的巨人"的心理体验课。管老师带领参会老师和在场的同学们一起进入体验的角色。他例举大量生动真实的事例，号召农民工孩子要懂得珍惜亲情，让同学们反思自己在生活中的抱怨，理解父母的不易。情到深处，全场所有的同学都哽咽低声哭泣。最后他带领同学们高声呐喊"我要努力，我要加油，我要拼搏，我要为爸爸妈妈争光！"

2011-05-23

安徽省社会心理学会中小学心理教育委员会
成立大会在合肥二十九中闭幕

合肥热线 · 资讯 · 视频 · 图片 · 专题 · 财经 · 教育 · 汽车 · 购物 · 婚庆 · 数码 · 新房 · 楼盘 · 家居 · 微博

资讯中心
news.hefei.cc 合肥 | 视频 | 图片 | 网事 | 杂谈 | 专题

当前位置：合肥热线 > 新闻中心 > 合肥新闻 > 正文

宣酒 连续5年安徽畅销白酒

安徽省社会心理学会中小学心理教育委员会成立大会在合肥29中闭幕

2011年08月16日　来源：合肥热线　浏览次数:3682　　我来说两句(0)　　A 大中小

关键字：中小学心理教育 社会心理学会 合肥29中

核心提示：8月13日上午，安徽省社会心理学会中小学心理教育委员会成立大会在合肥29中隆重举行。参加本次成立大会的有来自马鞍山、铜陵、淮南、滁州、合肥等全省各地的教研室心理健康教研员和优秀心理健康先进集体的学校代表老师以及心理教育工作者共计86人，安徽省教育科学研究院心理教研室的领导和合肥市教育局的领导也莅临现场指导工作。

8月13日上午，安徽省社会心理学会中小学心理教育委员会成立大会在合肥29中隆重举行。参加本次成立大会的有来自马鞍山、铜陵、淮南、滁州、合肥等全省各地的教研室心理健康教研员和优秀心理健康先进集体的学校代表老师以及心理教育工作者共计86人，安徽省教育科学研究院心理教研室的领导和合肥市教育局的领导也莅临现场指导工作。

8月13日上午9点，成立大会正式开幕，合肥市29中副校长崔玉刚首先代表学校对各位领导和专家的到来表示热烈的欢迎，希望各位专家能为29中农民工子女的心理健康教育工作献计献策。

2011-08-16

二十九中心理健康节圆满落幕

包河文明网
—— bh.wenming.cn ——
今天是：2016年3月12日 星期六
包河区文明委办公室 主办

建设善治包河，创

| 首页 | 播报 | 文明动态 | 领导活动 | 未成年人 | 新农村建设 |
| 公告 | 简报 | 文明城市 | 志愿服务 | 思想道德 | 我们的节日 |

中国梦 我的梦　　讲文明 树新风公益广告展

当前位置：首页 > 未成年人

29中心理健康节圆满落幕

编辑日期：2013-5-28　来源：教体局　阅读次数：14 次 [关闭]

　　5月24日上午大课间，29中操场上人声鼎沸，525心理健康节最后一场拔河比赛正如火如荼地进行，9点50分伴随着裁判员老师一声嘹亮的哨声，八（10）班获胜，本届健康节正式落下帷幕。本届"心理健康节"上，同学们感受到了阳光诵读给心灵注入动力，全体师生一起为毕业生加油签名鼓励，针对毕业生各种减压活动以及中考心理疏导展览，开展了"放飞梦想"、"为你解烦忧"以及各种丰富拔河、兔子舞、袋鼠跳、七彩连环炮等心理拓展活动。

　　中考心理减压

　　5月20日周一毕业班的心理减压主题班会，各个班主任积极有效地针对毕业生开展各种心理健康主题分享活动。心理志愿者团队还走进毕业班开展毕业班级心理辅导活动，通过情绪宣泄和毕业留言等多种方式，缓解学生心理压力，让学生自我调整，轻松自信走上中考战场，每个同学写出了对彼此的祝福，最后每个同学也分享了大家对自己影响最大

2013-05-28

心理志愿者"走进十所中学考前心理减压"在行动

当前位置：安青网 > 资讯中心 > 安徽网事 >正文

心理志愿者"走进十所中学考前心理减压"在行动

2013-05-30 09:59:07 点击：642次 来源：市场星报 我要分享

【摘要】 2013年5月，合肥市心理健康教育格外得火热，由安徽社会心理学会成立的中小学心理健康志愿者讲师团活跃在城市的各所学校。

2013年5月，合肥市心理健康教育格外得火热，由安徽社会心理学会成立的中小学心理健康志愿者讲师团活跃在城市的各所学校，他们积极地开展一系列"考前心理减压进校园"活动。从合肥63中学到合肥29中学，再到滨湖48中学等学校，志愿者积极有效地开展各种针对考生减压活动，有效地帮助考生缓解紧张的心理。

5月22日，在美丽的新站生态公园旁，安徽社会心理学会心理志愿者服务队"走进10所中学考前心理减压"活动正式拉开帷幕。第一站走进63中，学会秘书长合肥工业大学潘莉教授受会长安徽大学社会科学副院长范和生教授委托发表减压主题讲话，现场为乙姗姗、许明晴、李海霞等15位老师颁发心理健康教育志愿者服务团讲师证书，安徽社会心理学会副会长合肥师范学院黄石卫教授也亲临指导工作。减压课堂上大家收获最多的就是感动，当课堂上响起了那首久远的小虎队的《蝴蝶飞呀》，在老师们的引导下，男生们彼此豪爽地拥抱握拳加油，女生热泪盈眶依然紧紧依偎在一起。大家彼此鼓励，现场观摩的所有老师们被感染得热泪盈眶，不由自主走上前去和孩子们拥抱鼓励，孩子们集体向母校老师鞠躬，致谢三年的谆谆教导。63中的许成武校长和参加活动的老师们还和毕业生们握手祝福，祝福他们中考顺利，鼓励同学们自信、轻松迎接中考。许校长在问及孩子们这节课的感受时，有的孩子说这是初中以来最感动的一节课，有的孩子说今晚回家可以踏实地睡一觉了。5月24日，志愿者走进29中，老师给每个同学发了一张纸，让每个同学写出自己的烦恼，全部同学每个人为10名同学解决烦恼，在柔和的钢琴曲中同学们聚精会神地写出帮助自己的同学解决烦恼的办法，然后全班同学一起分享同学们彼此之间的烦恼以及大家解决的办法，最后老师要求同学们做自己情绪的主人，放下包袱，把烦恼抛到九霄云外，所有的同学把烦恼纸张折叠成小飞机，老师要求大家，把烦恼抛去，放飞梦想，大家齐呼一起放飞小飞机。5月28日，晴空万里，志愿者走进滨湖48中，全校700名毕业生汇聚在田径场上，管以东老师组织全体同学首先做起了快乐的"兔子舞"，操场上变成了欢乐的海洋。分享彼此祝福的时候，激动之时，同学们个个积极踊跃跑上操场的看台，大声地对自己的同学说"加油!相信自己!"很多班级的同学围成一圈，拥在一起"加油"，许有群校长深受感染，和现场的同学们深深地拥抱，年级组长张老师抹着眼泪给毕业生留言，同学们把班主任抛到天空的欢呼此起彼伏。在美丽的滨湖48中师生情谊在浓郁的香樟树下散发出馨人心脾的芬芳。

　　因为有梦想，因为人生共同的志趣，因为心中有爱，志愿行动将继续进行。这一群心理志愿者走进毕业生的心灵，播撒着爱，唤醒孩子们的心灵。让他们更轻松、更自信、带着笑容潇洒迎接大考。

2013-05-30

包河区首届中小学心理健康教育论坛
在二十九中圆满闭幕

包河区首届中小学心理健康教育论坛在29中圆满闭幕

日期：2014-1-8　来源：教体局　阅读次数：43　分享 ▼

　　元月6日下午，包河区首届中小学心理健康教育论坛在29中隆重举行。此次论坛由包河区教研室组织，合肥市教育局心理健康教研员以及包河区教研室有关领导出席论坛，全区以及其他区县的50多位中小学心理健康专兼职老师代表参加论坛。

　　下午14点10分，论坛正式开始，29中校长首先发表了热情洋溢欢迎致辞，向来宾介绍了学校心理健康教育工作。接着，29中3位老师和10位同学还表演了心理情景剧《青春期撞上更年期》。

　　紧接着合肥市教研室心理健康教研员老师作了主题为《表达性团体辅导》的报告，报告介绍了一系列心理健康教育的途径，并具体讲解如何针对不同年龄孩子开展心理教育。合肥市心理健康骨干教师50中的乙姗姗老师，带来《心理健康教学8年经验谈》主题报告，乙老师作为2006年合肥市第一位引进的心理健康专职老师，她用自己从事心理教育工作的经验跟大家讲述了不同年级应该开展什么样的教育。

　　接着合肥525导航团老师、爱之梦心理团队负责人、63中沈云侠老师跟大家一起分享主题《心理导航与2014》。师范附小刘燕老师带来《启迪心灵，明亮人生》主题报告，从附小积极开展的课堂教学、心理社团、家长心理教育指导等方面分享。

2014-01-08

二十九中心理老师做客合肥电视台
《成长对话》栏目
谈"草莓儿童"心理健康成长

  4月11日上午9点，应合肥电视台邀请，二十九中心理中心管以东老师作为主讲嘉宾做客《成长栏目》栏目，分享"草莓儿童"心理成因和教育对策。

  本期访谈主持人就当前中小学生中孩子情感素质弱化，小到厌学大到自杀等心理问题进行访谈。管老师针对中小学生的厌学、焦虑、敌对、脆弱、敏感、抑郁、偏执以及极端心理现象，从社会、家庭、学校以及青少年成长特点进行了深度剖析。他就一些容易发生心理问题的学生和家庭进行分类，要求广大家长和老师共同关注孩子的成长。管老师说，教育首先是良好的关系，父母和老师要陪伴孩子一起成长，呼吁父母们可以放手让孩子去做一些力所能及的家务以及社会实践活动，给他们锻炼的机会，让孩子经历挫折。同时他要家长多跟孩子沟通，让孩子看到自己的优势和不足，懂得通过自身的努力，做最好的自己。在谈到教育方式时，管老师指出，家长要改变一味说教的教育方式，多开展丰富的亲子体验活动，让家长与孩子在共同的活动中完善人格健康成长。在学校教育中，广大教育工作者要不断创新，让课堂丰富起来，让校园丰富起来，改变分数的单一评价变为多元化评价，让孩子发展遍地开花。他还从马斯洛的需求层次理论阐明，家长和老师要创建美好校园、美好家园，让孩子喜欢学校、喜欢家，同时要搭建更多的平台，给孩子广阔的发展空间，让孩子在多样的尝试中收获自尊和自信。管老师还特别介绍了合肥市教育局每年一届文化艺术节的盛况。素质教育之花在庐州竞相绽放，越开越美。

2014-04-11

安徽媒体报道
百名心理教师齐聚合肥　共同展示心理教育成果

《新安晚报》7 月 30 日
百名心理老师齐聚合肥　共同清扫心灵的垃圾
http：//xawb. epaper. ahwang. cn/html/2014−07/30/content_ 301102. htm？ div＝−1

共同清扫心灵的垃圾

2014-07-30 17:17:48　来源：中安在线-新安晚报(合肥)　有0人参与　✎　分享到 ▼

　　7月26日，中国心理教师第四届年会暨安徽省社会心理学会中小学心理健康教育委员会第二届年会在合肥隆重开幕。来自陕西、成都、厦门、浙江等地的100多位中小学心理教师齐聚合肥，分享心理教育工作经验，学习先进教育理念。

　　安徽省社会心理学会会长范和生教授在致辞中表示，中小学心理健康教育委员会自2011年成立以来，一直秉持"交流、学习、服务社会"的理念。"开展'走进社区'、为中高考学生减压、心理健康主题工作等多种活动，为安徽省社会心理学会赢得了良好声誉，也为全面推进中小学生心理健康工作做了好榜样。"

厦门市心理学科带头人、中国心理教师群群主罗家永老师介绍，本届年会会议课程将理论知识与实践活动相结合，采用工作坊、互动讲座、拓展训练、现场演练与督导、互动论坛等形式，设计、体验、组织实施心智拓展游戏。此外具有丰富教学经验的心理教师将从各自擅长领域分享成功经验，供大家学习交流。"精心设置的各种心理拓展体验让教师在游戏中感受到团结，希望通过这次活动凝聚力量，打造社会影响力。"中小学心理健康教育委员会副主任管以东说道，把快乐、"信心、梦想带给别人，这就是我的信念。"
"大家聚在一起分享经验，还有专家进行培训，可以解决平时在工作中遇到的困惑。"与会者阜阳市城郊中学的心理咨询师白群峰在接受采访时说道，"参加协会组织的各种活动让我找准

《合肥论坛》7 月 27 日
百名心理教师齐聚合肥　经验碰撞共浇思想之花
http：//bbs. hefei. cc/thread−14616912−1−1. html

《安徽网教育频道》7月27日

http：//edu. ahwang. cn/6236. html

《安徽法制报》7月28日

全国各中小学百名心理教师聚首合肥，交流互动中国心理教师第四届年会

http：//epaper. anhuinews. com/html/ahfzb/20140728/article_ 3127906. shtml

《新浪安徽》7月30日

全国心理教师齐聚合肥　切磋一线心理学教学经验

http：//ah. sina. com. cn/edu/news/2014 – 07 – 30/104721801. html？ qq – pf – to = pc-qq. c2c

2014–07–30

做客《成长》栏目
畅谈中小学生孝心教育和亲子交流

7月30日上午，应合肥电视台邀请来到《成长》栏目，和主持人婷婷一起分享孝心教育和亲子交流。

关于当今社会上存在的一些子女对父母长辈缺乏孝心孝行的行为和现象，主持人婷婷列举了很多。我觉得要辩证地看待这一现象。首先就事论事，比如女儿指责妈妈没有经过允许喝自己的饮料，一方面说明孩子独立，也是卫生的表现，另一方面，孩子应注意自己的态度。对于目前普遍存在的 4+2+1 的家庭模式下，"小王子""小公主"飞扬跋扈的现象，首先，我们家长要反思。当我们突然在人前惊诧孩子对父母不尊重的表现时，其实是日积月累的结果。我们家长应从点点滴滴抓起，孩子一旦习惯于家中最好的东西给自己，以自己为中心，久而久之就形成缺少关爱别人的习惯。我们家长们把不孝顺责任都归咎于孩子，殊不知正是我们纵容导致的结果。其实害了孩子！当主持人问及：如果孩子缺乏孝心孝行，会对其成长以及社会有何影响？我分析，没有孝心的孩子何谈感恩，没有孝心的孩子何谈爱心，没有孝心何谈爱国、为社会做贡献。最后我总结，父母是孩子的第一任老师，要在生活的点滴中培养孩子懂得感恩、懂得珍惜。别人送礼物时说一句"谢谢"，说错话做错事的时候说一句"对不起"，为家庭承担起一点家务和责任。我们父母往往单一关注孩子的成绩以及才艺等，忽略了孩子孝心的培养，认为让孩子搞好学习或者发展特长就可以了，同事朋友邻里往来谈的更多的是孩子的成绩和才艺，忽略孝心培养。这都是片面的教育和影响。孩子在第一次表达孝心时，你不关注或者否定，最终让孩子只懂得冷漠，不知道关心周围的人。当然，以身作则以及良好的社会孝心宣传对孩子也有潜移默化的影响。

在和主持人谈到孩子、家长之间沟通困难的现象时，我觉得首先要求家长读懂孩子，我们要关注孩子的心理需要，如同关注孩子喜欢吃什么菜，孩子有什么兴趣爱好、有哪些朋友。只有你关注孩子的心理需要，说出孩子感兴趣的话题时，孩子才会信任

你、信服你，愿意和你交流。一旦信任形成，就能建立良好的关系。教育中最重要的就是关系，亲其师、信其道。

在和主持人沟通的时候，我一直特别提到安全的环境对孩子成长的重要性。对于孩子来说，安全的环境首先是良好的家庭氛围，夫妻之间平等尊重、和睦相处。放任型或者专制的家庭中，孩子都会比较胆怯，很难让孩子有安全感，或者在外表现比较放肆。还有一点，就是父母在外的沟通态度，父母不愿意积极与外界沟通，对孩子也会产生负面的影响。当主持人问我，如果亲子沟通存在问题，家长应该如何来改善？我的观点是，改变孩子从改变自己做起。良好的家庭氛围，父母开放的眼光，多元的评价，欣赏的目光。总之，不放弃，亡羊补牢，为时不晚。

2014-07-31

不得不说的一个"礼"字

凤凰 资讯 凤凰网资讯 > 滚动新闻 > 正文

不得不说的一个"礼"字

2014年11月26日 12:07
来源：新安晚报

0人参与   0评论

原标题：不得不说的一个"礼"字

合肥29中 管以东

最近"看门狗"一词火了，合肥出名了，在创建全国文明城市之际。

历来我们都以"泱泱大国礼仪之邦"自居，其实不仅是大，更要彰显华夏文明的厚重，礼"字当头。"

作为大人，我们经常教育孩子"讲文明、懂礼貌"，然而究竟我们自己做的怎样？不管是对领导笑脸相迎，还是对环卫工人以礼相待，我们的一张脸是否做到"礼"字当头。对于我们敬重的人，我们都能做到彬彬有礼，甚至顶礼膜拜，对待有能力的人做到礼贤下士、知书达理。而对于一个毫不相干的路人，对待一个我们自认为普通的劳动者，对待自认为应该尊重我们自己的人，我们如何相待。

中国人讲究礼尚往来，其实相互尊重都能以礼相待，不要自认为高人一等，可以指手画脚，不要

2014-11-26

做客合肥电视台《成长》栏目
谈"有本事的父母" 培养出没有出息的孩子

　　受到电视台的邀请，谈这样的话题，其实，这只是个别现象。我在与主持人的谈话中，更多交流分享的是强势父母的控制。所谓成功的父母中那些个性强势的，认为自己走过的桥比孩子走过的路多，于是乎一切帮助孩子的安排认为最合适的，结果恰恰与孩子的想法相背离，或者孩子感受不到尊重，产生逆反心理。很多父母总认为自己的安排最科学，孩子应该听自己的，从吃的喝的穿的，从学习课外业余时间安排，安排井井有条，却往往事与愿违，用心良苦却成空。其实，真正成功的父母应该更多地把自主权交给孩子，让孩子自己去选择，给孩子选择的空间，应该在一旁欣赏、鼓励、加油。即使孩子做不好，也不要施压，也许他的花期没有到，或者他不是一朵花，可能是一棵树。假如孩子已经出现没有出息的表现，家长要立即停止施压，首先配合老师分析反思自身的行为，然后改变自己的态度。不要让孩子成了你的尊严的筹码和标签，要以欣赏的目光看待孩子的进步与优点，从缓和关系入手，调整目标，改变自身认知，改变自己的态度。

　　关于孩子偏科的现象，我想，作为一名学科老师，首先要反思自身教育教学的方法，是否公平公正地对待每一位学生。从家长的角度来说，你是否关心关注孩子学业作业的点点滴滴，适时适当鼓励，让作业变得有趣，同时创建一个良好的氛围让孩子感受到父母在关心，老师在关注，同学们一起在努力。假如孩子已经偏科了，要及时补救，但不能用所有时间都来补短，扬长本身就能促进补短。

2014-12-04

做客合肥电视台　谈亲子陪伴质量

　　元月 29 日应合肥电视台邀请，来到《成长》栏目谈亲子陪伴质量。主持人婷婷反应，目前，有很多全职妈妈为了孩子的吃饭、穿衣、睡觉操碎了心，孩子却在一旁怨天尤人。父母都是为了孩子好，却不知道怎样为孩子好。我们和孩子在一起究竟该干些什么？怎样才能让与亲子在一起的时光有意义，让孩子眷恋这个家？我一一作答。首先，父母要关注孩子心里在想什么、关心什么，你的孩子最感兴趣的是什么、爱好有哪些、有哪些特长。只有了解才有发言权。只有知道孩子的内心世界，才能读懂孩子成长的密码。世界上最远的距离不是天涯海角，而是心的距离。当下很多父母只懂得看管孩子，不懂得怎样教育孩子，只会叫他们吃饭、穿衣、睡觉、写作业，不懂得关注孩子的精神世界。知道怎样的营养搭配，却不了解孩子真正喜欢吃什么；知道给孩子报这样那样的补习班，却不知道孩子到底爱玩什么。父母的责任不仅是教会孩子吃饭读书，还要读懂他们的内心世界。带孩子一起玩，或者带孩子和别的孩子一起玩，发展孩子的特长，培养孩子的自信，增强孩子的人际交往能力。往往很多家长为了学习而学习，为了写作业而写作业，不知道作业也可以增加一些乐趣。增加一些评价、关注和鼓励，作业、写字、背书都可以变成非常有意思的事情。作为一名全职妈妈，你要知识全面，孩子感兴趣的话题你能插嘴发表观点，孩子喜欢的体育运动你得会两手，孩子喜欢吃的菜你会做，孩子喜欢什么颜色衣服你心知肚明，孩子喜欢看的电影和电视你能全面掌握，你就永远高人一筹，你就能教育孩子于未雨绸缪，当孩子难过的时候有你温暖的怀抱，失败的时候有你鼓励、欣赏、信任的目光，孩子在你的启发下就找到自信、快乐，找到自尊和自信，这样，孩子心中的伟大的父母形象就完全确立了。

　　另外我们谈到光环效应，情人眼里出西施，爱屋及乌，所谓一好百好，一坏百坏。主持人婷婷提到，目前家长或者老师遇到孩子一点点失败和错误就对孩子全盘否定，我认为主要还是家长和老师的个人评价片面，以学习为中心的心理在作祟，一叶障目、不见泰山必然导致孩子成长呈两极分

化。但是，巧用光环效应也能让孩子自觉扬长避短，成长更健康，认识自己不足，朝着良好的健康的方向发展。全面地了解一个人，全面发展孩子的特长，让孩子主动地展示自己，只有这样才能让孩子生活在更大的光环中，不断有勇气和信心去探索。

教是最终为了不教。一方面，我们要默默地保驾护航，另一方面，我们要给孩子展翅高飞的机会、勇气和信心。

2015-01-30

《安徽青年报》专访管以东：
用心理教育帮助学生笑对人生

管以东：用心理教育帮助学生笑对人生

来源：本站原创　作者：本报记者 程梅娟　发布日期：2015-03-18 16:54:49

3月3日下午，合肥市第29中学七（6）班学生迎来本学期的第一节心理健康课，按照惯例，这节课依旧从教室里搬到学校的心理咨询室上。

"转眼间新年过完了，今天大家就来分享下这个年里最让自己开心的、不开心的甚至倒霉的事情吧。"站在学生中间的教师管以东一脸的笑容，镜片后面的一双眼睛快速地扫视着全班学生。

然而，教室里一片寂静。

"今天第一个发言的学生加三颗星"。三五秒后，原本安静的教室炸开了锅，学生们纷纷举起手，"我这个春节最开心的就是收到好多压岁钱"、"我最开心的是认识了一个新朋友"……

看着学生倒豆子般地分享着年里的故事，管以东欣慰地笑了，作为心理教育工作者，他始终觉得现在的学生都很聪明，那些大道理他们都懂，他们只是缺乏倾诉的空间，而他只需给他们这样一个平台。或许正是这种被需要着，使得这节才开设了一个学期的课在学生心中拥有超高人气，每次上课学生都很兴奋。

2003年，从安徽教育学院毕业的管以东第一次踏进合肥市第29中学的大门，多才多艺的他接手了学校的德育工作。在教学中，他渐渐感觉到很多学生都存在不同程度的心理问题，但大多数学校因为没有专业的心理教师都未能重视起来。为了能做点什么，管以东开

2015-03-26

淝河小学召开毕业生心理健康家庭教育讲座

淝河小学召开毕业生心理健康家庭教育讲座

【字体：大 中 小】【2015/4/12】【作者/来源 淝河小学】【阅读：94 次】 【关 闭】

针对毕业生的学习压力大，心理波动较大，容易亢奋、激动，也为了给毕业班的学生营造健康的家庭教育环境，促进家校联系，形成合性教育合力，共同促进孩子的心理健康成长，4月10日下午，淝河小学召开了毕业班心理健康家庭教育讲座。

六年级全体近200名家长参加了此次会议。会议分两部分进行，各位家长先齐聚淝河小学多功能报告厅聆听专题讲座。讲座特别邀请了心理健康教育硕士、心理健康专职老师、29中政教处主任管以东老师给大家带来了一场主题为"陪伴，欣赏"的心理健康家庭教育专题讲座，管老师从各位家长在家庭教育中面临的困惑以及孩子的具体家庭情况谈起，和家长朋友们一起分析了"教育是什么？"提出了"教育的80%是沟通，20%是引导"，只有多陪伴孩子，多和孩子沟通，了解孩子的心理需求，才能更好地教育孩子；其次是正确的引导，教育孩子不能简单粗暴，否则孩子感受不到父母的爱，影响亲子关系，造成家庭教育的危机，管老师从身边的具体事例入手，深入浅出地例谈了家庭教育的重要性，让参会的家长们深刻地感受到了"孩子要成长，关键靠家长"！

随后，沈音校长结合淝河小学的育人目标——让每个孩子都成为有用之才，强调了分数不是评价孩子的唯一标准，找准适合自己孩子的教育方法，才能让孩子幸福成长、成才。沈校长特别关心200名毕业生的暑假生活，对这一特殊时期的安全、学习管理给予了家长中肯的指导，并希望家长们在忙于生计之余能多多陪伴自己的孩子。

紧接着，各位家长相继回到各个班级中，参加班级家长会。班会课的话题围绕以下几点展开：各班班老师详细介绍了小升初的有关政策；仔细核对毕业班学生花名册的相关信息，再次强调孩子的安全教育问题，特别是交通安全和预防溺水等，各任科老师也相继走讲班级，

2015-04-12

《青少年远离手机、游戏、网瘾回归纸本阅读》

——答安徽日报记者问

记者说：

随着网络时代的到来，青少年已经成为网民的重要组成部分。网络在促进青少年快速成长的同时，其负面影响也日益凸显。如何使青少年远离"网瘾"、回归阅读，是整个社会都应关注的问题，而阅读书籍正是治疗青少年"网瘾"的精神良药。管老师，您作为家庭教育心理专家，请您献计献策。

我说：

任何一个时代，青少年的成长都需要精神食粮，没有手机、游戏和网络之前，读书无疑成了满足精神食粮的主要载体，然而伴随着今天日益丰富的物质文化和精神文化，青少年的生活方式发生了改变。

当代青少年沉迷网络游戏或者玩手机，不读书，究其根源，可能有四种情况：

1. 家庭没有读书氛围。父母缺少精神追求，自己都不喜欢读书，还指望孩子喜欢阅读，很容易遭到孩子质疑。没有良好的氛围，孩子会说，你都不读，凭什么要我读。家长自己把读书当作是一种苦差事、累差事，孩子很自然不会积极主动来读。

2. 父母不能健康引领孩子的生活，家庭生活单调乏味。在物质贫乏的年代，一家都有好几个孩子，那个时代都住平房或二三层的楼房，人与人交流简单，孩子之间玩耍的空间大，大人没有时间照顾孩子、陪孩子玩，孩子自己会玩，或者兄弟姐妹在一起玩；现在的社会，如果父母不陪孩子的话，孩子玩耍的安全性很难保障，家长没有时间照顾孩子，只有让孩子玩手机、电脑，借此稳住孩子一时半会，久而久之变成了一种生活习惯。所以，周末或平时，父母要多带孩子出去郊游，多参加社会活动增强见识、陶冶情操，避免孩子老是过单调乏味的家庭生活。

3. 青少年好奇从众。周围的小孩都玩手机，无形中，玩手机就成为大家共同的话题，诱发孩子从众跟风。

4. 青少年生活或学业受挫折，为了逃避生活，选择玩手机或上网寻求心理支持。

回归阅读倡导纸本阅读，必须满足以下条件：

1. 家长热爱阅读，创建良好阅读氛围，并提供适合孩子阅读的读本，引导激发孩子阅读的兴趣和热情。

2. 对于孩子玩手机游戏，要"约法三章"，时间有度，要将利害得失告知孩子。

3. 建立有趣的读书氛围，全社会要盛行读书之风，社区、学校都要行动起来，建立社区读书沙龙、家长读书沙龙、亲子阅读沙龙等。

4. 父母要有健康的生活方式，自己不玩游戏，抽时间带领孩子参与社会活动或自然实践活动，通过丰富的亲子活动，让孩子改正手机网络成瘾等不良习惯。

2015-04-21

包河区五里庙志愿者走进望湖小学讲述雷锋故事

2015-03-23

《中国德育》杂志专访二十九中特色心理健康教育

5月28日上午，《中国德育》杂志社温建锋社长一行，在区教体局办公室周妍主任陪同下来到二十九中，对该校心理健康教育进行专题采访。

　　二十九中张成校长向各位嘉宾介绍了我校进城务工人员子女特色学校的创建历史，针对蓝天文化精神"是己以自立，宽人而协同"进行细致讲解。负责德育工作的占明忠校长重点介绍了我校进城务工人员子女特点、家庭教育问题以及开展的一系列针对性的教育工作。心理中心主任管以东老师介绍了学校从2010年开始组建心理健康教育团队，并在学生入学、考试前后、毕业和不同年龄阶段开展学生和学生家长的心理健康教育和心理辅导等一系列活动的情况。管老师重点介绍了2014年以来本校的心理健康校本课程体系，提出十大积极心理品质为学生幸福人生奠基的新理念。温建锋社长对二十九中丰富多彩的心理健康教育工作大加赞赏，同时指出，心理健康教育工作要和学校的其他课程紧密联系，和班级管理工作紧密联系，并和整个区域以及大学和社区心理健康教育工作形成立体化网络，协同推动本校心理健康教育工作再上新台阶。

2015-05-28

向前冲，让我们与众不同

2015-06-10

安徽青年报报道六十四中毕业生心理辅导

安徽青年报　关注青年成长　关注今日教育
第997期　总第总第56期期　2015年06月15日

返回首页　　　　　　　　　　　　　上一期　当前第997期　下—

■版面导航　■本版导航　　　　⊕上一篇 ⊙下一篇 ⊕放大 ⊖缩小 ⊗默

图片新闻

来源：本站原创　作者：佚名　发布日期：2015-06-15 16:04:06

一年一度的中考于6月14日~16日如期举行，合肥市第64中学一百多名毕业生于中考前在教师的带领下到风景如画的"四季花海"，玩急速60秒游戏，让初中生活成为彼此生命中最美好的回忆。

□本报记者　晓 君 通

讯员　管以东/摄

2015-06-17

"孩子！为何你的精神家园会崩塌？"
答中国心理教师问

现在，很多孩子不懂得感恩，现在的孩子越来越不听父母和老师的话，现在的孩子啊……

今天，我们几位朋友在聊天，目前我们安徽的民办寄宿制大行其道，很多家长认为自己管不了、教育不了自己的孩子，所以送给别人教育，无助本身就会导致教育角色扮演失败。孩子在成长的关键期，也是人生观、价值观最容易改变的时期，家长和学校的影响，社会的影响，决定着孩子的心态。所以我就在反思，为何当下美国很多的大片，"末日崩塌""速度与激情""美国队长"，包括国产"英雄""大腕""智取威虎山"，大行其道。可能是我们老师和父母自己的言行，在孩子心目中没有树立一种榜样，出现英雄角色的缺失。我们和孩子的心目中都在呼唤着英雄的角色。现实中，因为工作生活压力等等原因，我们大人就变得烦躁，价值观也飘摇不定，所以直接导致孩子无法定位。

安徽卫视超级演说家中，小儿麻痹症患者崔万志历经成长最成功的演讲是，记住父亲的一句话，"埋怨没有用，一切靠自己！"

在我们经常爱好的篮球运动中经常说的精神，会说团队协作和竞争，篮球明星乔丹说篮球的精神是永不言弃。孩子精神家园的缺失，可能也在映射出我们大人的精神世界。

现在社会更多的谈论，是为孩子奉献多少、付出多少，经常讨论一切以孩子为中心的话题，很容易让孩子迷失了人生的方向，也让父母迷失了自己的方向。父母和老师永远都要在前面引路，我们要自觉成长为孩子的榜样和英雄。我们自己没有骄傲的资本，就无法在孩子的精神世界立足。至于提到留守儿童的关爱问题。留守儿童的父母，一种是为了家在打拼，一种是不顾家在打拼。即便是留守儿童，现在这个社会通信如此发达，完全可以通过电话、网络和孩子建立正向联系，对孩子传递正能量。相反，有的父母为了陪伴孩子，放弃了工作，但仅仅是身体的陪伴，没有精神的陪伴，不一定就能起到很好的效果。有的留守儿童成长得很健康，有的孩子父母离异也成长得很健康，这些孩子，肯定通过不同途径得到了精神的慰藉。孩子需要自己的精神家园，一方面是父母的爱和呵护，一方面是学校、社会为他们成长搭建一个平台，让孩子自信。任何人都要有尊严的生活，老师也好，父母也好，孩子也好。对于孩子来说，最有尊严的生活就是父母的关爱，即使不经常陪伴，能够学习生活各方面被肯定认可，即使有一些不完美，教育也是有效的，所以我们一直在努力！

2015-06-24

中国中小学团体心理辅导首届专题论坛

安徽首家媒体关注全国中小学团体心理辅导主题论坛

新浪安徽教育频道

中国中小学团体心理辅导联盟正式成立

http：//ah. sina. com. cn/edu/news/2015-07-27/163529581. html

中安在线

中国中小学团体心理辅导首届主体论坛在合肥召开

http：//edu. anhuinews. com/system/2015/07/27/006890874. shtml

中安教育网
www.eduanhui.com

当前位置：教育 >> 新教育 >> 新闻 >> 地方新闻

中国中小学团体心理辅导首届主体论坛在合肥召开

来源：中安教育网 时间：2015-07-27 17:27:53 作者：

7月26日上午，中国中小学团体心理辅导首届主体论坛会暨安徽省社会心理学会中小学心理健康教育委员会第三届年会于合肥召开。据了解，此次论坛活动由中国中小学团体心理辅导委员会和安徽省社会心理学会中小学心理健康教育委员会主办，由中国蓝天团体心理联盟和安徽阳光心理咨询有限公司协办。

全国200余名心理老师齐聚合肥

2015年08月01日 星期六 **安徽商报** 国内统一刊号：CN34-0044

安徽日报报业集团报系：安徽商报 ▼ 日期 2015-08-01 查询 更多▼

订阅安徽手机报 发送hah到10658000即可随身阅读每天早晚报 5元/月

➕ 分享到： 0

全国中小学团体心理辅导主题论坛在合肥落幕

7月28日下午，在《相亲相爱一家人》的音乐中，200名来自全国各地的中小学心理老师彼此握手拥抱，中小学团体心理辅导主题论坛在合肥圆满落幕。来自新疆、内蒙古、广西、云南等全国14个省48个地市的200名中小学心理老师乘兴而来，满载而归。

据悉，本次论坛不仅有专家讲座、心理拓展游戏和课堂互动问答，还有生动活泼的心灵手语操，组委会还专门开展了"走近大湖名城"岸上草原心理拓展活动。几天的培训学习让大家感受颇深，泗县的毛雪梅老师说："合肥这次远行，犹如一场及时雨，给干涸的心灵以滋润，带给我们太多的感动，太多的思考和美好。"内蒙古的李爱学老师表示，自己带着一颗激动、期盼和渴望的心来到美丽的合肥参加这次中小学团体心理辅导大会，三天下来，收获的不仅是知识，更让自己坚定了前行的目标和方向。

2015-07-29

安徽青年报报道包河心理志愿者新闻

安徽青年报 关注青年成长 关注今日教育
第1022期 总第总第58期期 2015年08月26日

返回首页 上一期 当前第1022期 下一期

■版面导航 ■本版导航 ⊕上一篇 ⊕下一篇 ⊕放大 ⊖缩小 ⊗默认

图片新闻

来源：本站原创 作者：佚名 发布日期：2015-08-26 16:40:42

8月17日，合肥市包河区未成年人心理辅导站的心理教师志愿者走进五里庙社区居民委员会，为12组亲子家庭开展亲子成长心理辅导活动，通过绘画、书法等游戏，并根据孩子成长的不同阶段，开展各种人际交往、青春期等主题心理辅导，为迎接新学期做好充分的准备。 □本报记者 晓 君/摄

2015-08-28

2015 年全省中小学心理健康教育活动课观摩研讨会
在马鞍山市顺利举办

会场

　　7日上午，会议安排小学、初中、高中三个学段分别在马鞍山市珍珠园小学、马鞍山七中、马鞍山二十二中进行心理健康教育活动课分组观摩研讨。小学组的两节课分别是芜湖市环城西路小学薛倩老师《情绪彩虹》和蚌埠高新实验学校柯婧《"盲人"旅行》；初中组的三节课分别是合肥市四十六中张淑杰老师的《生命因成长而多彩》、淮北市西园中学陶怀颖老师的《做时间的主人》和合肥市二十九中管以东老师的《悦纳情绪》；高中组的三节课分别是淮南一中王艳老师的《说你、说我》、安师大附中谢莉老师的《积极人生》和马鞍山二十二中高琦璐老师的《找自己》。16个市的心理健康教育教研员分在三组，组织点评和交流，各组参会老师积极参与研讨和互动，效果良好。

2015-12-10

包河区志愿者为 500 余名毕业生心理释压

包河区志愿者为500余名毕业生心理释压

日期：2016-01-04 来源：包河区教体局 字号：[大 中 小] 视力保护色：☐ ☐ ☐ ☐ ☐ ☐

　　近日，包河区心理志愿者一行走进肥东一中，为当地500余名高三文科班的同学们开展了一场"温暖前行放飞梦想"的主题毕业生团体心理辅导活动。

2016-01-04

市未成年人心理健康辅导站志愿者走进肥东二中

中共合肥市委教育工委 合肥市教育局主办

合肥教育网
www.hfjy.net.cn

治学求真 立德求善 树人求

首页 教育概况 教育动态 教育资源 依法治教 校园安全 教育督导 招考信息 信息公开 网上服务 互动交

欢迎访问合肥市教育信息网！

⌂ 当前位置：首页 ＞ 教育动态 ＞ 学校简讯

市未成年人心理健康辅导站志愿者走进肥东二中

日期: 2016-01-13 来源: 肥东县教育局 字号: [大 中 小] 视力保护色: □□□■□■□

　　为进一步增强肥东二中学生的心理健康意识，帮助高三学生放松身心、培养自信、激发学习热情，2016年1月8日下午，合肥市未成年人心理健康辅导站管以东、张晓艳、李海侠一行走进肥东二中，为该校部分高三毕业生开展团体心理辅导。县心理健康教研员吴贝贝也现场观摩了本次活动。

　　本次团体辅导在肥东二中二阶教室举办，主题为"温暖前行，放飞梦想"，由管以东老师主讲。肥东二中的三百名高三学子参加了这次团体辅导。管以东老师系合肥二十九中心理老师、德育主任，长期从事心理健康教育工作，目前担任安徽社会心理学会中小学心理健康教育委员会副主任，合肥师范学院应用心理学兼职教师，安徽师范大学国培班特聘心理培训专家，《新安晚报》特聘家庭教育专家，合肥电视台《成长》栏目特聘心理教育嘉宾，是合肥市资深的心理健康教育专家。

　　管老师首先以一首"平凡之路"将学生缓缓带入到团体活动中，让学生写下自己的五个烦恼，折成飞机用力抛出去，用这种方式来释放压力，抛弃烦恼。接着，管老师通过亲身经历，帮助学生深入了解为什么学习，教会学生输得起才能赢得起。王正文老师代表班主任表达了对同学们的期望，教育大家学会感恩：感恩老师，感恩家长，感恩同学。最后，全体同学合唱真心英雄成功结束此次团体辅导。

　　本次团体辅导活动有助于端正同学们对待学习、考试和高考的态度；教会了同学们释放压力、调节焦虑的方式，教会了学生用积极心态面对高考。

2016-01-13

心理拓展志愿服务培训进社区

2016-03-09

包河心理志愿者走进合师院附中中考心理辅导

包河心理志愿者走进合师院附中中考心理辅导

【字体: 大 中 小 】【编辑日期: 2016-3-9 9:05:51】【来源: 】【作者: 29中学】【点击次数: 42】

　　3月8日下午，包河心理志愿者管以东、张淑杰、肖玉洁、王甲春四位专业心理老师走进合师院附中为300名毕业班学生开展一场"积极、超越、共进"主题团体心理辅导。

　　下午4点10分活动正式开始，"距离中考还有96天大家的心情怎么样？"这是主讲老师管以东的开场白，管老师带领大家分析积极乐观、紧张焦虑、茫然无措、得过且过的四种不同的心态，带领大家一起玩"真心话大冒险"的游戏。让同学们自己写出目前的5条烦恼，并邀请大家现场分享，同学们大胆站起来说出自己的烦心事：恐惧中考考不好，父母的唠叨，每天学习辛苦，同学关系紧张，担心自己的未来等等。老师们带领大家一起玩纸飞机游戏，当一起放飞自己的烦恼和忧愁，同学们的欢呼声此起彼伏。

cn/SortHtml/590/List_531.html

2016-03-09

包河《师说心语》开讲

29中：包河《师说心语》开讲

【字体：大 中 小】【编辑日期：2016-3-6 23:34:49】【来源：】【作者：29中学】【点击次数：12】

　　3月4日下午，包河区新学期心理健康教育教学工作会议在美丽的滨湖46中举行，心理教研员刘燕老师布置了本学期的简报、教研安排，正式宣布本学期推出包河心理名师《师说心语》正式开讲。

　　第一讲主讲嘉宾是来自合肥29中的专职心理老师管以东。从一个羞涩的男生成有着岁月沉淀的伟丈夫，从一名体育名的心理达人，听梦想、执着、热爱的力量！他开讲的主题是"做一颗成长的苹果例"，我是什么？我找了什么？我要成个似乎哲学的话题展开，指出心理老师的专业化成长之路，管老师以身说法，从自身的梦想成为篮球明星迈克乔丹到演讲行动、赖书生。他指出老师要有一颗火热的教育心，唯有热爱才能用心用情创造性做好事。管老师指出心理 老师要积极和大学心理学专家教授积极联系，让心理专业理论高屋建瓴指导中小学心理健康教育实践；心理老师要积极利用好专业资源名师积极联系，不断推陈出新提升自己的专业素养，还要充分利用好社会资源，和公益组织、报刊媒体、家长、社区、其丰富拓宽自己的视野和跨界思维；管老师还提出心理老师要开拓自己的资源，搭建平台让广大心理健康教育工作者融合汇找激励与融解，自我超越。管老师特别强调心理老师要内外兼修，宝剑锋自磨砺出，心理老师要不断历练自己，要使自己粒，就要不断地磨砺自己，使自己成为一颗闪光的珍珠。强化锻练自己的专业能力，增加生命的厚度，提升生命的品质，让人生更加精彩，让学生因为我们的幸福而更加幸福。生命是我们自己的，我们有责任对它珍重，生活是我们自己的，我在心理健康教育这片广阔的舞台，我们要活出自己的精彩，让学生和我们在一起的每一天成为美好的回忆。我们要成为一

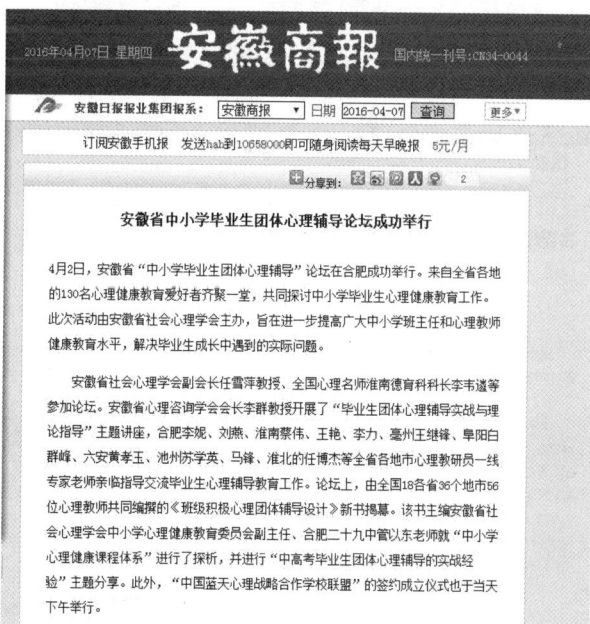

安徽省中小学毕业生团体心理辅导论坛成功举行

　　4月2日，安徽省"中小学毕业生团体心理辅导"论坛在合肥成功举行。来自全省各地的130名心理健康教育爱好者齐聚一堂，共同探讨中小学毕业生心理健康教育工作。此次活动由安徽省社会心理学会主办，旨在进一步提高广大中小学班主任和心理教师健康教育水平，解决毕业生成长中遇到的实际问题。

　　安徽省社会心理学会副会长任雪萍教授、全国心理名师准南德育科科长李韦遒等参加论坛。安徽省心理咨询学会会长李群教授开展了"毕业生团体心理辅导实战与理论指导"主题讲座，合肥李婉、刘燕、准南蔡伟、王艳、李力、亳州王继峰、阜阳白群峰、六安黄孝玉、池州芬学英、马锋、准北的任博杰等全省各地市心理教研员一线专家老师亲临指导交流毕业生心理辅导教育工作。论坛上，由全国18各省36个地市56位心理教师共同编撰的《班级积极心理团体辅导设计》新书揭幕。该书主编安徽省社会心理学会中小学心理健康教育委员会副主任、合肥二十九管以东老师就"中小学心理健康课程体系"进行了探析，并进行"中高考毕业生团体心理辅导的实战经验"主题分享。此外，"中国蓝天心理战略合作学校联盟"的签约成立仪式也于当天下午举行。

关注青少年心理健康 为快乐成长保驾护航

2016年04月07日 新安晚报

4月2日，130名来自安徽省各地市的心理健康教育事业爱好者齐聚合肥，开展全省中小学毕业生心理健康教育工作经验交流主题论坛。据了解，由安徽社会心理学会主办的"中小学毕业生团体心理辅导"主题论坛旨在帮助广大中小学毕业生悦纳自我、端正态度、明确目标、增强信心、坚定信念、克服懒惰、放飞梦想，从容应对成长关键期。同时，也为了进一步提高广大中小学班主任和心理教师健康教育水平，解决毕业生成长中遇到的实际问题。

论坛上，由全国18个省36个地市56位心理教师共同编撰的《班级积极心理团体辅导设计》新书揭幕问世。全国各地一线心理工作者将积极探索积极团体辅导的丰富经验汇编成一个个案例，为广大心理工作者及班主任打开做好学生团体心理辅导工作的一扇窗。此外，合肥二十九中、一六八中学等全省近30所学校发起的中国蓝天心理战略合作学校联盟也与当天签约正式成立。心理联盟校的成立必将推动心理健康教育工作在全省各地的辐射交流，有力促进心理健康在区域内实现跨越式发展。

中安教育网 www.eduanhui.com

首页 安徽 科教 热点 热图 要闻 时评 网视
校园 考试 留学 职场 书画 幼教 专题 问政

当前位置：教育 > 安徽教育

安徽省"中小学毕业生团体心理辅导"论坛举办

时间：2016-04-05 09:47:18

分享到：

搜狐 首页 用户名/邮箱/手机号 登录 注册 我的搜狐 邮件

搜狐公众平台 >教育

废弃楼房成吸毒会所
侦查员潜伏进去发现惊人一幕：全是吸管，K粉。

合肥曙光小学开展毕业生团体心理辅导讲座

公徽网 2016-04-15 13:41:30 孩子 毕业 毕业生 阅读(2987) 评论(0)

声明：本文由入驻搜狐公众平台的作者撰写，除搜狐官方账号外，观点仅代表作者本人，不代表搜狐立场。 举报

为了进一步培养小学毕业生良好的心理素质，助推孩子们的心灵成长，4月13日上午，合肥曙光小学龙图校区开展了以"雏鹰展翅，放飞梦想"为主题的毕业生团体心理辅导讲座。

本次讲座曙光小学有幸请来了29中的管以东主任作为主讲专家。管主任通过一个笑话和一个游戏，迅速地拉近了与孩子们的距离。紧接着，管主任以"毕业了，心情如何？"为题，揭示了六年级毕业生的四种心态：自信乐观、焦虑紧张、茫然无措和得过且过。随后让孩子们在纸上写出目前的5种烦心事，分享烦恼，折成纸飞机，抛出烦恼。接着管主任和孩子们一起观看动画片《悦纳》和《笛子与竹衣裳的对话》，让孩子们明白：有烦恼是很正常的，要学会悦纳各种情绪。通过观看演讲视频《抱怨没有用，一切靠自己》和《Yes, I can》，激励每个孩子都要为自己的梦想努力奋斗。最后，通过"写下自己十年后的梦想"，让整个讲座的氛围达到了高潮，孩子们齐呼自己的梦想，齐为自己的梦想奋斗，整个场景十分震撼。

一个小时的讲座非常短暂，可是它带给孩子们的心灵的力量将继续激励每个孩子前行。拥有积极健康的心理，乐观的面对生活中的喜怒哀乐，相信每个孩子都会迎来属于自己的曙光！（王宏菊）

合肥教育网
www.hfjy.net.cn

治学求真　立德求善　树人求美

首页　教育概况　教育动态　教育资源　依法治教　校园安全　教育督导　招考信息　信息公开　网上服务　互动交流

⌂ 当前位置:首页 > 教育动态 > 学校简讯

合肥三十五中：明媚的四月 自信的自己

日期: 2016-04-21 来源:合肥三十五中 徐鹏 字号:[大 中 小]视力保护色：□□□□■□

　　最好的教育是浸润孩子心灵的教育，最好的老师是走进孩子心灵的导师。

　　为了让全校汉藏学子以积极的心态迎接春天、以自信的面貌面对学习和人际关系，合肥三十五中将本学年度四月确定为"心理健康教育月"，4月17日举行的"自信做自己"心理健康团体活动将整个心理健康教育月系列活动推向高潮。

中国文明网
hf.wenming.cn 合肥

学习雷锋 奉献他人

2016年6月28日 星期二

中国文明网　头条　图片新闻　领导动态　公告栏　好人好事　志愿服务　新规
合肥文明网　要闻　县区联播　专题专栏　央媒聚焦　文明传播　创建活动　合肥

志愿服务最新动态　　当前位置：首页 > 志愿服务 > 志愿服务最

包河心理志愿者送教池州十中毕业生团体辅导

来源：合肥文明网　时间：2016-04-26

池州市举行毕业班团体心理辅导活动

2016-05-03 池州文明网

阳光四月,春光明媚,4月29日下午,池州市中小学毕业班团体心理辅导研讨会暨池州市十一中毕业班团体心理辅导活动隆重举行。市委宣传部副部长、市文明办主任刘保权,市关工委秘书长武昌和,市教体局副局长江建华,市教育系统工会工作委员会主任、关工委主任姚惟耕,以及贵池区教体局副局长刘若冰等应邀出席。安徽省社会心理学会中小学心理健康教育委员会副主任、2015年全国心理健康教育活动课大赛一等奖获得者、合肥市29中德育处主任管以东等心理志愿者提供了志愿服务。

在活动启动仪式上,江建华副局长阐述了此次活动的重大意义,并代表池州市教体局提出了几点意见与希望,一是开展毕业班心理辅导活动要面向全体毕业班学生,帮助他们释放压力,调整心态,感恩励志,挖掘潜能;二是教师、家长要形成合力,保持平常心态,共同营造有利于毕业班学生健康、积极、和谐成长的环境与氛围,引导孩子们以积极心态迎接未来挑战;三是希望参加毕业班团体心理辅导研讨会的中小学班主任及心理健康教师代表认真学习,积极研讨,努力提高心理辅导意识,掌握心理辅导技能,在今后的教育实践中加以运用,促进青少年心理健康成长。

15点30分,作为研讨会第一部分,毕业班团体心理辅导活动在池州十一中的运动场上正式开始。心理辅导老师以问候同学们的心情为开场,引导大家正确认识成长乐观、自信超越、放飞梦想、温暖沟通、感恩励志等心态以及树立积极心态的重要性,还带领大家通过玩纸飞机游戏,一起放飞自己的烦恼和忧愁。团体游戏活动中,在辅导老师的示范带领下,同学们以班级为单位,在欢快的音乐声中一起跳兔舞。同学们不仅感受到班级凝聚力的重要性,也体会到人生就像兔子舞的舞步一样虽然有暂时的倒退,但经过努力依然会向前进。针对考试心态调整,辅导老师勉励大家要不屈不挠面对自己的人生,正确看待考试结果,并引导同学们要和自己比,要和昨天比,要不断的自我超越。团体辅导情感互动环节,各班级围成一个圈,回顾三年的美好时光,并在自己同伴背后的心形写真贴上写下自己的祝福。辅导老师引导学生懂得珍惜眼前的每一天,珍惜身边的同学,感恩老师,感恩父母。13位班主任和6位家长代表上台纷纷向现场所有的同学们和自己的孩子表达出自己的祝福:不管结果如何,自己努力了就行,老师、爸妈永远是你坚强的后盾,我们相信你!你是我们的骄傲!许多同学听了都流下了激动的泪水,并对着班主任老师和父母大声说出"我爱你!"、"你们辛苦了!"。在规划目标与毕业留言环节,所有的同学都在心愿卡片上写下自己的人生目标与青春誓言,学生代表们站在舞台上面向全体同学大声说出自己的目标与理想,并把它写在现场喷绘背景上。在辅导老师的带领下,

前位置：教育 > 安徽校园 > 教育机构

肥东县举办中小学生心理健康教育专题讲座

时间：2016-04-30 12:29:13

　　为进一步提高肥东县广大中小学班主任和心理老师的心理健康教育水平，4月27日上午，肥东县中小学生心理健康教育专题讲座在合肥通用技术学校实训楼四楼会议室召开。

　　本次讲座由合肥市二十九中心理健康教师、心理健康教育硕士、安徽社会心理学会中小学心理健康教育委员会副主管以东老师担任主讲。作为学校心理健康教育的一线资深专家，管老师从自己的成长经历和工作经验出发，分析了心理健康教师如何充分的开发调动专业资源和社会资源，指出了毕业生的烦恼主要是"成绩不好"、"害怕考不上好的学校"、"未来很迷茫"、"同学之间的矛盾"、"担心对不起父母和老师"、"功课任务重"和"睡眠少，没有时间玩"，提出从情绪、认知、学习方法和心态四个方面帮助学生正确地面对中、高考。

　　管老师还提出毕业生心理辅导首先要了解毕业生的心理特征，建议辅导前适度通过音乐营造一个温馨的场氛围，辅导过程中要充分调动家长、老师、学生等多方面因素，激发毕业生的心灵动力。他还运

中心成功举办大型考前心理辅导活动
作者：心理中心　　　　日期：2016-5-12

　　随着中考脚步的临近，考生考前心态的调节成为家长、学生和老师共同关心的话题。5月10日，市青少年心理健康辅导中心特邀安徽省中小学心理健康教育委员会副主任、合肥市二十九中德育主任、心理专家管以东老师，在市四中给初三的学生、老师及部分家长开展以"梦想 超越 在一起"为主题的大型考前心理辅导活动。

　　管老师通过带领学生集体折叠纸飞机，飞纸飞机，抛开烦恼游戏；以"梦想"、"超越"、"在一起"三个主题，展开互动；给同伴写鼓励加油的话，传递温暖卡；邀请家长走上讲台对学生进行祝福寄语；邀请11位同学一起走上讲台，分享中考目标与人生梦想。让同学们逐渐放松心情，自我调整，勇敢面对，以积极心态迎接中考。

　　在一个半多小时的活动里，同学们和老师一起愉快地体验、互动，现场笑声、呐喊声不断，达到了预期的效果。最后大家齐声朗诵了一首《骄傲的少年》，依依不舍、意犹未尽的结束了本次活动。

　　青春是初升的太阳，是潮起的浪花，青春要有激情，更要有梦想。5月23日下午，合肥市庐阳高级中学高一年级全体师生齐聚三楼报告厅，共同见证庐阳高级中学2015级高一年级青春励志大会的隆重举行。

　　庐阳高中副校长刘彩虹主持召开本次励志大会，活动还邀请了安徽社会心理学会副秘书长、中国蓝天团体心理联盟团队创始人管以东老师为同学们带来以"为梦想，时刻准备着"为主题的励志讲座。管老师通过一个个生动有趣的小故事，与同学们分享努力学习的意义，并邀请同学们分享各自的感悟。讲座最后，管老师提议同学们写下自己的人生规划并上台展示，同学们积极响应，设计服装、环游世界、制造汽车等各式各样的人生规划引得台下师生家长们掌声不断、喝彩连连。

卫岗小学：心海扬帆 逐梦远航

【字体：大 中 小】 【编辑日期：2016-5-19 12:17:31】 【来源：】 【作者：卫岗小学】 【点击次数：30】

2016年5月18日下午，合肥市卫岗小学邀请了包河区心理志愿者管以东、张淑杰两位老师，为全体毕业班学生开展了一场"心海扬帆 逐梦远航"的团体心理辅导活动。来自八个班的400多名六年级毕业生、班主任、任课老师和部分家长参加了此次活动，区心理教研员刘蔡老师也亲临现场观摩指导。

QQ图片20160519111930_副本_副本.jpg

管老师首先以轻松愉悦的味游戏做热身活动，帮助学生放松身心，缓和紧张情绪。"异掌同声"游戏展示了班级同学们之间的整齐划一和来自团队的力量；在欢快的音乐声中，老师带领同学们以班级为单位一起跳起了"左左右右前后前前前前"节奏下的兔子舞，同学们不仅感受到班级凝聚力的重要性，也体会到人生就像兔子舞的舞步一样，虽然会有暂时的倒退，但经过调整和努力，依然向前进。

观点

对话六安市裕安区城北幼儿园园长胡世俊

幼小衔接应从发展和提高幼儿自身适应能力入手

对话安徽社会心理学会副秘书长管以东

尊重教育规律 避免给孩子过早贴标签

徽州二中邀请专家为毕业班学生做心理辅导

2016-05-31 14:23:13 点击：615次 来源：安青报 我要分享　🐦 🌐 👤 🐧 ➕

> 【摘要】 本报讯5月27日下午，徽州二中邀请了全国第二届心理健康课堂教学评比一等奖得者、安徽社会心理学会中小学心理健康教育委员会副主任、合肥市二十九...

本报讯5月27日下午，徽州二中邀请了全国第二届心理健康课堂教学评比一等奖获得者、安徽社会心理学会中小学心理健康教育委员会副主任、合肥市二十九中教师管以东来到徽州人民会堂给全体毕业班学生做考前心理辅导。

全国第二届中小学 团体心理辅导论坛在肥举办

管以东 吴苗苗 殷江霞

团体辅导游戏"孙悟空"

7月26～28日，全国第二届中小学团体心理辅导论坛在合肥举办，本次活动以振兴中小学心理健康教育为己任，促进青少年心理咨询水平提升，提升广大一线心理健康教育工作者教育教学能力，形成团体心理辅导工作的合力，促进同行之间彼此交流学习为目的。该论坛由安徽省社会心理学会中小学心理健康教育委员会和中国蓝天心理联盟主办，邀请了19位全国心理名师倾情授课，为全国各地的300多位心理老师们带来了一场精彩无比的工作指导大会。活动内容丰富、形式多样，包括专家报告、生命教育与青春健康论坛、团体辅导形式和内容创新讲座、"心的方向"主题演讲、青春期性教育的实施、家乡特产分享、自我成长风采展示、十大精品心理健康课堂教学设计分享等内容，获得了与会老师们的热烈欢迎。满满的课程，满满的收获，现场不时有老师在微信群、

当前位置：您当前的位置：教育 > 安徽教育

全国第二届中小学团体心理辅导论坛在合肥开幕

时间：2016-07-27 08:41:00

7月26日上午，由中国蓝天团体心理联盟和安徽省社会心理学会中小学心理健康教育委员会联合主办的全国第二届中小学团体辅导论坛在合肥正式开幕。安徽省社会心理学会会长范和生参加论坛会议并

2016-03-06

全国老师对管老师的评论

太和三中——王虎

我从管老师的身上学习了满满的正能量，很受启发和鼓舞。

安徽亳州——刘浩

管以东总管，他来自合肥二十九中，发起创建"中国蓝天团体心理联盟"，集才气、大气、勇气和豪气于一身，也是这次活动的发起人，主要的组织者，让人看到了心理学在教育领域强大的发展势头。他比较早地抓住机会，运筹帷幄，积聚人才，整合资源，顺势而为，使该机构蒸蒸日上，势不可挡！他也为安徽赢得了一张心理教育的名片！

安徽马鞍山——吴文梅

管以东遇到你，看见我！喜欢这句话！真的是遇到你和你们，改变了自己提高了自己，所以看到更好的自己！

蚌埠六中——刘俊英（330379116）19：06：33

致敬管老师！教育，是师生精神的一次相遇，是一种相互取暖的心灵互动。

教育是有传递性的，一个内心充盈、幸福感强烈的教师，传递给学生的一定是阳光和温暖。想要培养出阳光快乐的少年，教师首先要是快乐的！我要让学生因我而快乐！

九江——张赤英（76531973）10：19：13

谢谢以管以东为首的会务组全体工作者的辛勤付出，相信爱的种子已经播撒在神州大地，低调的奢华带给我们满满的正能量，谢谢所有专家的无私分享。

杭州——陈少慧（864509167）19：39：05

管老师：你为安徽人民，合肥的老师办了一件实事、好事！希望有一天把这种学术研讨的交流精神也带到我们杭州来。

厦门——曾燕玲<zeng200269@qq.com>18：09：33

非常感谢管老师等组委会老师的热情周到的组织和服务，还有专家们的辛苦付出，带着满满的正能量回厦门，期待明年再相聚！

力比多学院——吴静（405946998）18：00：58

谢谢管老师以及为大家服务的每一位团队成员！期待明年再次相聚！

泸州天立学校——张洁（2640369305）16：33：17

每一年都要迎接新生，新生适应是一个永恒的主题，管老师的课又提供了很多资源，点燃了思想的火花。谢谢管老师！

灵璧——陆冬梅（912868432）16：44：48

管老师激情洋溢的演讲让我有很深的触动！我马上要进行的一年级的新生入学适应教育有着落了，谢谢！看来回去得好好设计一下。

安徽砀山五中——赵淑运（445188184）14：23：51

各位同事，怀着依恋不舍的心情踏上了归程。三天的感受是充实而难忘。感谢同事们的相伴，感谢组委会及管以东老师的辛勤付出。

安徽亳州涡阳一中——张丽（12715302）13：07：43

刚刚从23号亳州心理学会成立大会知道了管老师，带着"追星"的心情来到这里。没想到通过这三天的学习，惊喜连连，从陈虹老师的积极语言happy模式，李昌林老师的生命教育，罗家永老师的拓展游戏……到今天余老师的自主增能，让我看到他们成功的经验，看到他们的艰辛，看到他们的坚持，就是这些让我更加清晰未来的方向，我会努力地走下去！感谢！

合肥——马晓虹（2759289010）9：54：12

把心理学的知识用到学科教学，一定会成为各学科的佼佼者，把心理学的知识用到商业，一定是成功的商人，把心理学的知识用到生活中，一定是生活中的常乐者！心理学的知识有百利而无一害，努力学习心理学，让自己更精彩，让别人更美好！

涡阳一中——黄敬军（729009089）9：48：31

感谢大会的组织者，是你们让我们有了这个难得的学习机会。感谢各位专家的辛苦教学，让我学习到很多！跟陈虹老师学到积极语言让学生健康成长；跟李昌林老师学到健康教育；跟罗家永老师学习如何利用心理拓展游戏开展心理健康教育等等。前面两天的学习已经让我收获丰盈，相信第三天的学习会更精彩！

北京小汤山——陈艳华（631241495）9：28：16

一个人走得快，一群人走得远。很多事情，如果没有人引领，没有人陪伴，会事倍功半，甚至半途而废。成功不是一个人的事，需要一群人去做，一群人之间互相鼓励、互相推动、互相支持，才能在成功路上走得更远——简单，快乐，坚持！

淮南——俞老师 （505960718） 8：18：44

一个人可以走得很快，一群人可以走得很远。论坛是个集结号，集结了一群热爱生活的人；论坛是个大熔炉，锻造一批追求梦想的人。

济南——刘晓彤 （69587381） 8：01：33

感谢会务组老师们的辛勤奉献，感谢专家团的指导，感谢各位老师们的分享，短暂的学习给了我无限的力量，不忘初心，一路前行。

安徽亳州——杨玲侠 （1272613780） 7：59：41

常常困惑心理老师在我们当地学校可有可无，兼职的我们怎样有动力走下去。今天看到那么多的老师克服种种困难一直在这条曲折的路上艰难地走着，真得向他们致敬，亲们。一起加油！

陕西宜川——李江波 （波波） （2039584743） 7：48：55

感谢三天来的会务组老师们以及各位老师的悉心陪伴！

同享团体心理盛宴，共铸你我教育梦想！相聚在热情似火的合肥，共同感受团体心理学的魅力，大家的分享与沟通交流一次又一次感动和感染着我们每一个人，一个个传奇故事，一个个有趣的活动体验，一次又一次点燃并唤醒我们内心深处最温暖的教育情怀。

心理学教育是一个让世界变得更美好的事业，她播种希望，驱走彷徨，坚定信念，谱写华章；心理健康教育是班务管理的利器，引导、激发每一个学子不断前行。

再次感谢管老师、组委会和志愿者们的爱心付出，在分享、交流、提升的过程中，既有仰望星空的高远，也有脚踏实地的真诚，每个人体验着，感受着，参与着。大家的坦诚、信任让人倍感亲切，如沐春风；微笑、点赞与拥抱让彼此更加温暖和谐！

不远千里来合肥，感悟团体心理学；

参与活动勤思考，感觉温暖又和谐；

感谢大家齐分享，成长反思加应用，

做好教育谱华章！

安徽涡阳一中——刘浩 （745070568） 7：08：23

衷心地感谢管以东主任！您是我们心理老师团队的总管，是我们贴心的管总。您创建的"中国蓝天团体心理联盟"是心理老师交流学习的平台，是心理老师成长成才的舞台，是心理老师共同的心灵家园！

感谢蓝天团队的每一位辛勤可爱的志愿者们！你们的真诚微笑告诉我们这里是我们的家！你们贴心的服务让我们更爱这个温馨的大家！

哈尔滨——丁峰 （359994798） 3：04：27

感谢三天来的管老师与会务组老师们悉心陪伴！

悦于心，历于行。同享蓝天盛宴，共铸团体梦想！在热情似火的合肥我们时时感动着，传递着，每一个人都是一个传奇故事，用心聆听，他/她就能点燃并唤醒我们内心深处最温暖的情怀。

心理健康是播撒种子的事业，坚守、坚韧是淬炼好钢的烈焰；心理健康是行者无疆的旅程，超越、创造是永不落幕的行囊。

再次感谢管老师、组委会和志愿者们的爱心付出，在分享、交流、提升的"蓝天联盟"平台上，既有仰望星空的高远，也有脚踏实地的真诚，每个人体验着从参与者、传递者到同盟者的心路历程。心理人的坦诚、信任与安全让人如沐春风；微笑、点赞与拥抱让咫尺间距离全无！

参加论坛不少，独有此次必将历久弥新，成为滋养生命的灵泉！期待明年聚首！

蚌埠六中——刘俊英 （330379116） 23：23：16

谢谢管总！管总是我们身边的教育大家，多才多艺，充满激情，传递美和爱，传递正能量！希望这样的活动多开展。

温学琦

今日学习收获：

1. 所有老师、专家不约而同提到同一个关键词：积极。

2. 多次提到的几个关键词：生命、信念、价值观、幸福。

3. 个别提及我个人以为非常重要的关键词：爱、文化、追随、定位。

4. 非常有感悟的几句话：

教育的最高境界是文化的熏陶，要为孩子建构一种积极的文化。

发现爱，感受爱，享受爱，生发爱，传播爱。

生命教育是以身示范的教育，即生命影响生命。

事业成功一阵子，婚姻幸福一辈子。任何事的成功都抵不过家庭教育的失败。

信任别人，做好自己。

我畅想，我追问，我规划，我行动！

传教士精神+情怀价值观+杀手级应用。

追随才能学到精髓。

定位定地位！

九江——张赤英

年轻人的朝气蓬勃和大胆创新深深地影响了我，视觉听觉的冲击告诉我要加快脚步自我提升，并培养团队的新生力量。安徽合肥不虚此行。衷心感谢会务组全体专家及工作人员的辛勤付出，期待你们去美丽的庐山传经送宝。

潘少云

有幸参加了全国第一届中小学心理团体辅导论坛，岸上草原的欢乐夜晚一幕幕如在眼前，每每回忆起都是幸福溢满心怀。很遗憾没有参加本次论坛活动，每天都在关注群里各位心理大师们的学习分享。欢迎来自全国各地的心理同仁。我和第三届有个约会。

苏先俊

感谢管老师！王老师说平台为王，没有这个平台，我们还是散落在全国各地的自由电子，有了管老师团队的精心付出，才让我们这些自由电子定向移动，产生强大电流了。

吴燕飞

谢谢管老师、徐凯老师、刘博老师的默默付出，各位专家的精彩演讲，主持的精彩介绍，摄影师的敬业精神等。

江西——温睿

首先，心理不是万能的，心理咨询师更不是万能的，不是一个讲座，一个咨询，就足以改变世界。真实且可信的现实就是，心理学只是众多学科中的一门，心理老师只是众多职业中的一种，别把自己看得太重要，也许会发展得更好……

其次，我们可以发出自己的声音，但是别强迫别人接受。生命的意义，在于不折腾，等大家能把自己的生活过好，能平和地包容，不是各种各样折腾的时候，心理健康教育就达到了目的。

成长不成长，是自己的事情，我希望我自己能有自由，我希望大家允许我有不想成长的时候。

管老师给的这次分享的机会，让我见到了很多之前就有远程交流，但尚未谋面的老师：李妮，李昌林，刘鹏志，林甲针……

每一个专家都可能给我们的生命带来影响，每一个都以某种形式参与到了我专业的成长历程。感谢大家都在！

胡建军

从高寒缺氧的青藏高原，来到火热的合肥，更感受管以东为代表合肥人的热情，我呼吸了很多的氧气也吸取了很多的养料，不虚此行！

在偏远的大西北从事心理教育，我不知道我应该干些什么，我应该从哪些方面着手。听了三天各位专家们的讲座和分享，我才明白，原来我们用积极的语言、快乐的情绪，去生活，去感染身边的人，甚至可以用绘本来让学生感受生命的美好。在团体心理拓展训练中让孩子们明白人生的道理，要做一个有动力、有动能的新型老师，要培养学生的生涯规划的能力等等。收获很多很多。

所以要感谢各位专家带给我的养份，感谢管老师，不辞辛苦为我们带来这么大的盛宴！感谢那些默默无闻的志愿者们！

唐恩厚

对照余老师务实接地气的建议，这次论坛年会给我们留下更多温馨画面和励志言语。回忆一下，就像每年春晚流行热词一样，现在眼前脑海里面想得最多最快的就是那个词：折腾。人生就是不停地折腾，生命在于运动！

王继锋

论坛大会让散在的沙粒聚到了一起，人声鼎沸，动能激发，管老师功德无量！

哈尔滨——丁峰

每一个不曾起舞的日子都是对生命的辜负！
蓝天团体联盟，我们一起寻找生命的那盏灯！

灵璧飞翔学校——王泓

三天的时间真短暂，因为我们很多都来不及记住大家的名字，但三天的相聚是永恒的，因为永远定格在我们的记忆！我一直相信释迦牟尼说的一句话：无论你遇见谁，他们都是你生命中该出现的人，绝非偶然，而且一定会教会你一些什么。所以感谢命运中曾经同行和正在同行的老师、同学们。祝：生活快乐！

一米阳光——波波

团体心理，相约合肥；
认真聆听，彼此畅谈；
收获经验，感悟幸福；
反思应用，共谱华章；
将要别离，多有不舍；
期待重逢，来年相约！

余宗晋

管老师，提醒着我们，这个世界没有蠢材，没有庸才，只有放错位置的大才！

佛山——吴燕飞

但老师的话说到我心里啦！借用：这次培训虽然自己掏了几千"大洋"，但是感觉很值。都是干货！谢谢组委会的老师们！谢谢各位大伽和前辈的无私分享！
感动感动！

温睿

三天三夜的学习，认识了很多新朋友。见到了很多的老朋友，听了很多一流的讲座，让自己的视野瞬间开阔了很多！这几天，我认认真真听课，规规矩矩做笔记！拿专家的经验去反思自己的努力，发现自己真的太弱了……回去，我一定跟着专家、朋友、先学者们的脚步，踏踏实实做好自己的工作，不断缩小和这些专家的距离！

余红霞

攒了 3 天的群信息，刚刚一一浏览，带着对会务组所有老师的感谢，老师们认真的学习，热心的分享，交流不断，思想的火花闪耀，感谢所有的老师，愿我们同行共成长，幸福着！

方法

庐州心路之旅乃幸福之旅，满满的正能量，感谢管老师及工作团队的辛勤付出，祝福大家！

广州——叶春鸿

谢谢袁群主和管老师把余老师接过来！感谢这份恩缘！感谢学生的作业单带给我们的感动和增能，让我们找到对自我的认同。感谢余老师用心保存、记录这些珍贵的资料！

学生对管老师心理健康课堂的评价

课堂活动同学感受

课堂活动同学感受

课堂活动同学感受

课堂活动同学感受

课堂活动同学感受

课堂活动同学感受

课堂活动同学感受

每次上完心理课，我们班的同学都非常兴奋和激动。上完心理课，我们往返回班的路上都会讨论心理课的内容，甚至会回味老师安排的小游戏而在那争论不休。感觉一切都是那么好玩，那么有趣。不得不说，上完心理课的结果是那么明显，每个同学的心情都十分放松，坏心情早已不翼而飞。总之，我非常喜欢上心理课，喜欢和同学们一起玩小游戏，喜欢听同学们说的心理剧。我想，同学们一定也是这么认为的。

课堂活动同学感受

心理课也许不同于平常的主课，但对我们的心理健康有重要作用。有些平常不怎么发言的同学，也在课上大胆举手表达内心的感受，这让我感到欣慰！希望大家能多说说心里话，对同学敞开心扉。

合肥二十九中心理健康教室使用记录表

时间	2016年 6月 12日 星期日	班级	七(2)班

课堂活动安排以及同学表现

回想心理课，不禁让人开怀大笑，妙趣横生。还记得那一场集荒诞搞笑、家庭伦理悲欢惊喜都没有的爆笑情景剧，"小丑"的悲催冤笑，"调解"的美人计，还有心理委员每次上课前排练的"雷剧"，让人哭笑不得。但在每一个搞笑的表演背后，同学们也很认真地排练，有时候也会通过心理剧在家长会上排演，家长们也看得不亦乐乎！也许，这也是一种成长吧！

张妍

合肥二十九中心理健康教室使用记录表

时间	2016年 6月 12日 星期七	班级	七<2>班

课堂活动安排以及同学表现

让我印象最深的是那次以悦纳自我为主题的心理课。同学们都有自己的不足，每个人都想改变自己的缺点。老师让我们说一说自己的优点与缺点，同时也告诉我们有缺点不可怕，可怕的是没有一颗敢于悦纳缺点的心。美玉虽好，也有瑕缺。勇于悦纳自我，才能拥抱阳光的明天！

课堂活动同学感受

上心理课会给我们大家带来很多欢乐，使我的心理能更健康地发展。同学们在心理课上都积极地举手发言，与大家一起分享许多有趣的、伤心的、难忘的事。在每一节的心理课前，同学们都讲了许多笑话，都给为大家带来笑。通过每一节的心理课，同学们之间也更加了解了。总之，在每一节心理课上，我总是很开心。

我知道我要如何缓解压力，我还知道了时的效果不好，不要轻言放弃，重新鼓起信心，自信的去面对，继续努力，相信自己！也要学会帮别人缓解压力，不要气馁，加油！继续努力！相信自己！

合肥二十九中心理健康教室使用记录表

时间	2016年 6月 12日 星期日	班级	七(2)班

课堂活动安排以及同学表现

这一天老师上了悦纳自我这个课题，让我想起我们班最勇敢的几个女生。同学们纷纷发言，激情四射，更具有感染力，她们——我们的朋友，给我希望，活波、友好。这节课正动力的阳光激起了同学们上课上，同学们很积极地举手，老师在讲悦纳自我的方法时，同学们也热烈积极都在说着自己的想法。但是，使我静静的听着。

每次上完心理课大家有什么所得，正如你最好的朋友没。心理课，每次有有不一样的色彩，还有同学们的精彩表现，更具有各种各样的想法。我多么希望多上一节心理课啊！每次上完心理课，我的心情很舒适。我想这节课，都会是我美好的回忆。开心的一节课，每次上完心理课。

魏振扬

心理课使我有了上台表演、发言、分享自己故事的勇气，让我勇敢展现、表现自己。上心理课是一件轻松、有趣的事。

——WZY

课堂活动同学感受

课堂活动同学感受

课堂活动同学感受

课堂活动同学感受

课堂活动同学感受

课堂活动同学感受

课堂活动同学感受

课堂活动同学感受

①我知道了"一切都就是最好的安排"，自由促使作出确定一些。

②把自己就是自己，不理别人，我们不能选择别人的生活，要做自己。

③好好愉悦的自己，让自己活泼，开朗，自信，乐观。

④我们身了解到多同学的兴趣，要不仅能和同学交流，还要和别人交流。

⑤在心理课上这里要能收获并和同学们们一起的愉快的认识。

⑥每次在心理课上总是能感到自己进步，使得更开朗起来。

⑦完善自己，知道了在他人眼中，自己的缺点。

———— 王赫迪

课堂活动同学感受

在心理课上，我们学会了自立自强，如何调解自己的小情绪。从与同学和老师的交流中，我们让心理得到了缓解。心理得到了进化，坚强乐观地面对逆境和挫折。从而端正自己做人处事的态度。

———— 李梦君

合肥二十九中心理健康欢乐堂使用记录表

时间	2016年6月16日	星期	五	班级	16班

课堂活动安排以及同学表现

最令我难忘的是那一次心理课，老师让我们老演考试后家长会的情景。观看到了家暴，家暴和家暴合在就是满满的家暴，真是惊心动魄！

通过一堂堂的心理课，我学到了怀念家人，懂得别人的心理，还有反对家暴！家暴违法反对暴打倒家暴帝国主义！也也学会了自信，自立，勇敢，乐观。

课堂活动同学感受

给我打100分满分！

我对心理课的评价满分

爱笑的我，上心理课活泼

真成3一人，一个不爱笑的我

3很好，4一个不爱笑的人

理课后，自己觉得事情被流

本的心太心总混乱的，上

太心，是每个人必备要原

关重要人有一颗健康的心

是：心理健康是对待生活

从本学期的心理课的发获

课堂活动同学感受

在心理课上，我收获了快乐，同学们一起玩耍，一起欢笑，十分轻松，我收获了健康，悦纳自己，正确认识自己的缺点，了解了生海活的价值。老师与同学们都十分活泼与放松，是乏味的学习后最好的发泄。

———— 袁宏燕

写给管以东老师的诗歌：

蓝天的大总管

张林山

有一个地方叫合肥，
有一位老师他姓管，
他的名字叫管以东；
他教过体育，教过音乐，
但他对心理学产生了浓厚的兴趣，
从此，他担任二十九中的心理老师。

一个人走，走不远，
一群人走，才能到达目的地。
他振臂一呼，蓝天为证，志同道合者
我们一齐向前走。
于是，全国的专家，名家走到了一起，
　　全国的心理老师走到了一起，
　　读书学习，聆听专家智慧，
　　勇于实践，各种探索如火如荼，
　　搭建平台，学习交流，
　　让大家一起成长，

没有政府的支撑，
没有单位的赞助，
全凭对事业的执着，
你把不可能变成了可能，
三百多名老师纷至沓来。
大会组织，井然有序，
培训内容，精彩纷呈，
大会服务，精心细致，
让大家感受到家的温暖，
让大家享受学习的快乐，
以前他的名字叫管以东，
今后他的名字不叫管以东，
因为他以西，以南，以北都要管，
"他就是蓝天的大总管！"

（作者单位：陕西汉中龙岗学校）

写给中国蓝天团体心理联盟：

蓝天，我爱你

张林山

八号酒店喜洋洋，
心理老师聚一堂，
四面八方来合肥，
共同来把梦想追。

天热没有我的内心热，
温高没有我的斗志高；
聆听教诲，拓展训练，
相互学习，不断借鉴，
蓝天，把我们的心儿紧紧相连。

蓝天下，有时会有乌云翻滚，
有时候电闪雷鸣，大雨倾盆，
我们，就是要驱散学生头顶的乌云，
我们，就是要为学生安装"避雷针"；

当暴雨来临时，
为学生撑起那把"伞"，
让每一株幼苗茁壮成长，
让每一朵花蕾尽情绽放。

谁说我们距离蓝天十万八千里，
不！我们分明听到了蓝天的呼吸，
我要与他心连心，共命运，
把明天的太阳高高托起。
我要向世界大声呐喊：
蓝天，我爱你！

后　记

　　走一步，写一步，上一课，写一课，经一事，写一事，遇一人，写一人。六年至今，笔耕不辍，为着心中的热情和对心理健康教育事业的忠诚。

　　依稀记得 2005 年，第一次参加安徽社会心理学会年会，第一次遇到老师姚本先教授，带领着"姚氏弟子"上论坛"华山论剑"，记得在安徽大学的报告厅和科大的水上苑报告厅内，听樊富珉老师讲解团体心理辅导，未曾想到 11 年后的我走上了团体心理辅导的教育之路。

　　本书收录的 200 多篇文章系本人经历的 200 多件事的记叙，从个人成长学习、组织心理活动、心理课堂以及开展丰富的心理主题教育，针对家长、学生、教师开展的主题心理健康培训活动，展示着一位专业心理老师的成长之路，从陌生到熟悉，从默默喜欢到不离不弃。心理健康教育是助人自助，彼此成就的共同事业，帮助我们在学科教育教学领域不断突破，帮助我们在德育工作领域大胆创新，帮助我们的学生家长更好自我认识，帮助我们广大的教育工作者心海泛舟、筑梦远航。

　　感恩我的父母，他们的淳朴、勤奋、坚强是我人生最宝贵的财富，让我的心灵永远感受到无穷的爱、温暖和安全；感恩我的妻子和儿子让我感受爱与被爱的幸福；感恩我的高中语文教导者刘老师，在我迷茫怀疑自己的时候给予我赞许的目光；感恩李群、黄石卫、李继秀、吴秋芬、陈宏友等老师对我的赏识；感恩导师姚本先教授您的厚爱给我不断向上的力量；感恩范和生教授在社会心理学领域对我的指导支持；感恩新河中学三年的美好时光陪伴我的孩子们，感恩那片贫瘠的土地里却孕育我教育家的梦想；感恩合肥二十九中，从这里我找到了自己人生的目标，在心的方向，我们一起相约出发。

　　如果说过去的 2015，我的心灵之路主题是"悦纳"，2016 年就是：彼此成就，共同成长，奔向远方。遇到你，看见我！遇到你和你们，改变了自己，提高了自己，看到更好的自己！成长就是首先自己的成长，然后才有孩子的成长，家庭的成长！漂亮首先是自己漂亮，然后才有家庭、事业、人生的漂亮！心理学的事业就是爱的事业，爱自己，成就自己，继而成就人生和家庭，成就我们自己更好的未来！这个世界是什么样子，取决你的心态，如果心中有光，世界便无限辉煌！

管以东

2016 年 7 月 23 日于合肥二十九中